土壤源热泵
技术及应用

杨卫波 编著

TURANGYUANREBENG
JISHU JI YINGYONG

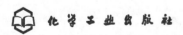

化学工业出版社

·北京·

本书主要阐述了土壤源热泵的基本原理、相关理论、设计方法以及应用技术，内容包括土壤源热泵的概念、土壤源特性分析、岩土热响应测试、地埋管换热器传热理论与模型、地埋管换热系统设计、土壤热平衡问题及其控制、地埋管换热系统施工、系统运行能效测评及运行维护管理，并介绍了部分土壤源热泵工程实例。本书系统性与实用性相结合，反映了土壤源热泵领域最新的科学研究成果和工程应用进展。

本书可供从事土壤源热泵的研究、设计、施工及运行管理人员使用，也可供建筑、环境与能源应用工程等相关专业院校师生参考。

图书在版编目(CIP)数据

土壤源热泵技术及应用/杨卫波编著 . —北京：
化学工业出版社，2015.12
ISBN 978-7-122-25476-4

Ⅰ.①土… Ⅱ.①杨… Ⅲ.①热泵 Ⅳ.①TH3

中国版本图书馆 CIP 数据核字（2015）第 253291 号

责任编辑：张 艳 刘 军　　　　　　　　装帧设计：王晓宇
责任校对：王 静

出版发行：化学工业出版社（北京市东城区青年湖南街 13 号　邮政编码 100011）
印　　装：北京科印技术咨询服务有限公司数码印刷分部
710mm×1000mm　1/16　印张 19¼　字数 373 千字　2015 年 12 月北京第 1 版第 1 次印刷

购书咨询：010-64518888　　　　　　　　售后服务：010-64518899
网　　址：http://www.cip.com.cn
凡购买本书，如有缺损质量问题，本社销售中心负责调换。

定　价：68.00 元　　　　　　　　　　　　　　版权所有　违者必究

前言 | FOREWORD | ////////////////////////////

随着经济的快速发展和人们生活水平的逐步提高，能源与环境问题日益突出，并成为各国在发展经济的同时急需解决的全球性问题，因此，寻求一种节能、环保、可持续性能源利用模式是世界各国能源建设与发展战略的重点。 土壤源热泵作为一种既可供暖又可制冷，还可提供生活热水的新型空调技术，因其具有绿色、高效及适应性好等优点而备受各国青睐，且成为国际上公认的最具发展潜力的采暖空调技术之一。近期在我国也得到了快速发展，并被相关政府机构列为可再生能源利用专项技术支持与资助的重点领域之一。

土壤源热泵技术作为一种可再生能源建筑应用技术，在建筑节能领域得到了较为广泛的应用。 至今，该技术在国外已有 50 多年的历史，积累了丰富的应用设计经验，已逐步趋向于成熟。 然而，国内约在 10 年前才开始对其展开大规模的研究与开发。 近年来，受国家及地方政府的大力推动，尤其是可再生能源建筑应用示范城市与示范项目的实施，土壤源热泵技术在我国得到迅速发展。 但是，由于认识与技术上还不成熟，设计经验欠缺，导致部分土壤源热泵工程能效较低，甚至出现系统运行失败的情况。 尤其在地埋管传热理论与模型、系统动态仿真及其优化设计、土壤热平衡设计及其控制、运行调试与管理等方面需要进一步认识。 本书结合作者多年来的研究与工程应用经验，对土壤源热泵技术进行全面的阐述，以期为该项技术在国内的健康发展提供参考。

本书内容力求理论联系实际，从土壤源热泵概念、土壤源特性分析、地下热响应测试、地埋管换热器传热理论与模型、地埋管换热系统设计、土壤热平衡问题及其控制、系统运行能效测评、系统运行维护管理及工程实例等方面来全面介绍土壤源热泵技术，并汇集了作者 10 多年来的研究与应用成果。 因此，本书不仅可供从事土壤源热泵的研究、设计、施工及运行管理人员使用，也可供建筑、环境与能源应用工程等相关专业院校师生参考。

本书由扬州大学杨卫波副教授编著，并负责全书的统稿工作。 本书在编著过程中，研究生杨晶晶、孙露露协助进行了部分文字和图形处理工作，并协助进行文字、公式、插图与表格的校对，在此一并表示衷心的感谢。

本书的出版得到了化学工业出版社的大力帮助和热情支持，在此表示衷心的感谢。

本书的工作得到江苏省自然科学基金项目（BK20141278）、扬州市自然科学基金项目（2015 年度）扬州市科技计划项目（2014-6）、中国科学院可再生能源重点实验室开放基金（y507k51001）、广西建筑新能源与节能重点实验室开放基金（桂林能 15-J-22-3）、热流科学与工程教育部重点实验室(西安交通大学)开放基金 (KLTFSE2014KF05)

等的资助，在此一并致谢。

本书引用了许多参考文献和部分工程案例，谨向有关文献的作者和工程案例的设计者表示衷心感谢。限于编著者的水平，书中不妥之处在所难免，敬请前辈与同行批评指正，以便在以后的教学科研中改进。电子邮箱：yangwb2004@ 163. com。

杨卫波

2015 年 10 月于扬州大学

| 目录 | | CONTENTS | ////////////////////////////////

第1章
绪论

1.1 能源、环境与可持续发展

1.1.1 能源消费现状

能源、环境及可持续发展问题作为全球关注的焦点，一直困扰着世界各国，是各国在发展经济的同时急需共同来解决的全球性问题。能源与环境问题作为当前人类面临的最大挑战，直接导致了可持续发展思想的提出，且成为21世纪人类社会发展的共识和指导人们生产与生活的重要理论。然而，能源消费所造成的能源短缺与环境问题是制约可持续发展的关键性因素。要实现社会的可持续发展就必须首先解决社会发展最重要动力——能源的可持续性开发与利用问题。

能源作为现代社会发展最重要的物质基础，与国民经济发展有着密切的关系。随着世界经济的快速发展和技术进步以及人口的迅速增长，整个世界对能源的需求量越来越大，并呈现出逐年递增趋势（图1-1）。石油、天然气、煤炭等常规能源已满足不了日益增长的能源需求量，世界各国都感到传统矿物燃料的蕴藏量正

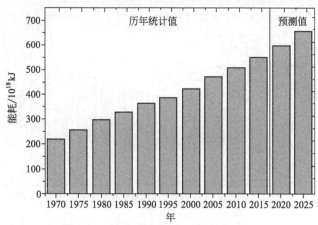

图 1-1　全球能源消耗统计与预测图

在减少，甚至有耗竭的可能。据估计，如按石油储量的综合估算，当前可支配与开采的化石能源大约为 1180 亿～1510 亿吨，以 1995 年 33.2 亿吨/年的世界石油年开采量计算，则石油储量约在 2050 年左右用完；天然气储备量约为 131800～152900Mm³，年开采量维持在 2300Mm³，将在五六十年内用完；煤的储量约为 5600 亿吨，按 1995 年 33 亿吨/年的消费量，可供应 170 年。另据统计：现在全世界每年消耗的矿物燃料相当于地球史前 200 万年的储藏量，如照此消费增长率持续下去，估计在今后三四十年内矿物燃料将有用竭的可能。能源需求量的增长与相对减少的能源供应之间的矛盾日趋加剧，当今世界的能源问题已变得十分尖锐，如不寻找新的替代能源，整个世界不久将会面临一次新的能源危机。

环境污染已成为世界各国普遍关注的重大问题。传统的能源资源（如煤、石油及天然气等）的大量消耗在带动工业经济快速发展的同时，也造成了环境的恶化。目前，世界上开发利用的能源主要是煤、石油、天然气等传统矿物燃料和水力资源，原子能也有一定程度的开发利用，其他的如太阳能、地热能及风能等可再生能源只有小规模的开发利用。煤、石油、天然气等矿物燃料的燃烧所生成的 CO_2、烟尘和硫化物等有害物质排放到大气中造成大气污染，严重地影响了生态环境和人们的正常生活。图 1-2 中示出了全球 CO_2 排放量的统计及预测图，可以看出，因使用传统能源资源而造成的 CO_2 排放量是逐年增加的，且上升幅度很快。据统计，1992 年燃烧排放到大气中的 CO_2 就有 $6.4 \times 10^9 t$，目前大气中 CO_2 的年增长率为 $1.5 \mu g/g$，而大气中 CO_2 含量每增长一倍就会使低层大气年均温度升高 1.5～3.0℃，造成温室效应，破坏自然界正常生态平衡。现在我国能源构成中煤占 70% 以上，石油及天然气占 25%，能源利用率均只有 30% 左右，再加上燃烧率低、采暖锅炉吨位小、燃烧点分散等问题，进一步加重了污染程度。因此，必须进一步改进能源消费结构，大力开发使用清洁可再生能源，并提高其利用率。

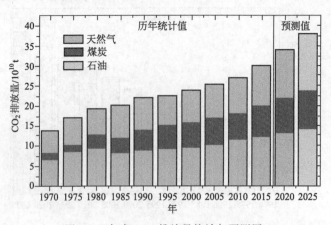

图 1-2　全球 CO_2 排放量统计与预测图

1.1.2 可持续发展对能源利用的要求

20 世纪末期，没有任何一个概念能够像"可持续发展"那样引起全人类的共鸣，人类在深刻反思过去发展历程的基础上，严肃地提出了未来的发展模式——必须走可持续发展的道路。可持续发展理论已经被世界各国所接受，也必然成为指导当前能源利用技术发展的理论。

能源工业作为国民经济的基础产业，对于促进社会经济发展和提高人民生活水平极为重要。在经济快速增长的环境下，能源工业面临着经济增长和环境保护的双重压力，世界上越来越多的国家在经济发展中日趋认识到：一个可持续发展的社会应该是一个既能满足当今社会的需求而又不危及后代前途的社会。适应可持续发展的要求，面对现有能源资源的日趋枯竭及能源消耗所造成的臭氧层破坏和全球变暖进程加剧等全球性问题，在满足人类健康、舒适要求的前提下，合理配置资源、优化能源结构、可持续开发利用可再生能源、减少常规能源消耗，对于缓解日益紧迫的资源与环境压力，显得尤为迫切和重要。

生态建筑作为新世纪住宅建设的重要发展趋势，是近代可持续发展思想与理论在建筑业上的体现，也是人类解决能源危机、土地危机、环境污染等一系列严重社会问题的重要措施之一。21 世纪，人类面临能源和环境两大重要课题，寻求和利用清洁可再生能源在生态建筑中的应用，以解决作为国民经济支柱产业之一及耗能大户的建筑的可持续发展也是能源发展的必然趋势。热泵作为一种节能环保型能源采掘与利用装置，对于清洁可再生能源的开发利用具有重要意义，并成为生态建筑能源利用系统的一个必备元素。因此，节约能源，提高能源利用效率，大力开发使用新能源和可再生能源，并研制、开发其相应的利用装置与利用模式已成为世界各国能源建设与发展战略的重点，是走可持续发展的必由之路。

1.2 热泵与节能减排

1.2.1 热泵的定义

热泵是一种通过消耗一定的高位能，把不能直接使用的低位热能（空气、水、土壤、太阳能及废热等）经过提升后转换成可以利用的高位热能，从而可达到节约一部分高位能（煤、石油、天然气及电能等）的节能装置。按照新国际制冷辞典的定义，热泵（heat pump）就是以冷凝器释放出的热量来供热的制冷系统，从热力学或工作原理上来说，热泵就是制冷机。

从能量守恒的角度，热泵是遵循热力学第一定律的，即在热量传递与转换过程中遵循着守恒的数量关系。同时，热泵还遵循着热力学第二定律，即热量不可能自发地从低温区转移至高温区，必须消耗一定的高位能。热泵虽然是以消耗一定的高位能作为代价而实现热量从低温区向高温区传递，但所得到的有用热能却是消耗的高位能与吸取的低位热能的总和。由此看来，用户应用热泵技术所获得的热量必定大于所消耗的高位能，因此，热泵是一种典型的节能装置。

理想的热泵可看作是图 1-3 所示的节能装置，由动力机和工作机组成热泵机组。利用高位能来推动动力机（如电机、汽轮机、燃气机、燃油机等），然后再由动力机来驱动工作机（如制冷机、喷射器）运转，从而实现把低位的热能转变为高位能，以向用户供热。

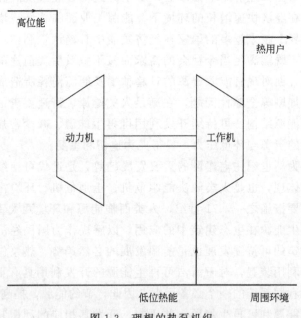

图 1-3　理想的热泵机组

1.2.2　热泵空调系统

热泵空调系统是热泵系统中应用最为广泛的一种系统。在空调工程实践中，常在空调系统的部分设备或全部设备中选用热泵装置。空调系统中选用热泵时，称其系统为热泵空调系统，或简称热泵空调，如图 1-4 所示。它与常规的空调系统相比，具有如下特点：

（1）热泵空调系统用能遵循了能级提升的用能原则，避免了常规空调系统用能的单向性。所谓的用能单向性是指"热源消耗高位能（电、燃气、油和煤等）→向建筑物内提供低温的热量→向环境排放废物（废热、废气、废渣等）"的单向用能模式。热泵空调系统用能是一种仿效自然生态过程物质循环模式的部分热量循环使用的用能模式。

（2）热泵空调系统用大量的低温再生能替代常规空调系统中的高位能。通过热泵技术，将贮存在土壤、地下水、地表水或空气中的自然能源，以及生活和生产排放出的废热，用于建筑物采暖和热水供应。

（3）常规暖通空调系统除了采用直燃机的系统外，基本上分别设置热源和冷源，而热泵空调系统是冷源与热源合二为一，用一套热泵设备实现夏季供冷、冬季供热，冷热源一体化，节省设备投资。

（4）一般来说，热泵空调系统比常规空调系统更具有节能效果和环保效益。

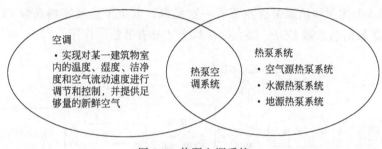

图 1-4　热泵空调系统

1.2.3　热泵的驱动能源与驱动装置

1.2.3.1　热泵的驱动能源

目前运行的热泵大部分都是由电能驱动的。除了电能驱动热泵之外，热泵还可以利用石油、天然气的燃烧热以及蒸汽或热水来驱动，故称为热驱动热泵。电能属二次能源的范畴，而煤、石油、天然气属一次能源的范畴。电能是由一次能源转换而成的，在转换过程中会有损失。因此热泵的驱动能源不同时，必须用一次能源利用率来评价热泵的效率。一次能源利用率也称为能源利用系数，一般用 E 表示，它表示供热量与一次能耗的比值。电能驱动的热泵和带热回收的内燃机驱动热泵的能流对比如图 1-5 所示。

对于图 1-5（a）所示的电能驱动热泵，如果发电效率为 η_1，输配电效率为 η_2，热泵制热系数为 COP_h，则能源利用系数 $E=\eta_1\eta_2COP_h$。火力发电站的发电效率 $\eta_1=0.25\sim0.35$，输配电效率 $\eta_2=0.9$。假如取 $\eta_1\eta_2=0.30$，$COP_h=3.0$，则电能驱动热泵的能源利用系数 $E=0.90$。

对于图 1-5（b）所示的内燃机驱动的热泵，如果内燃机的热机效率为 η，热泵的制热系数为 COP_h，排气废热和冷却水套热量的回收率为 $\eta_回$，则能源利用系数 $E=\eta COP_h+\eta_回$。若内燃机的热机效率取 0.37，热泵制热系数 COP_h 为 3.0，则内燃机驱动热泵的能源利用系数 E 为

$$E=0.37\times3=1.11$$

由此可见，内燃机驱动热泵的能源利用系数比电动驱动的热泵要高。内燃机驱动热泵还可以利用内燃机的排气废热和冷却水套的热量，这样就有更高的能源利用系数。如果利用内燃机废热和汽缸冷却水套热量的 46%，则能源利用系数 E 为

$$E = 0.37 \times 3 + 0.46 = 1.57$$

燃煤锅炉房的供热系统能源利用系数为 0.60～0.70，燃气锅炉能源利用系数约为 0.95。上述两种热泵是否能节省一次能源，取决于热泵制热系数 COP_h，一般情况下热泵制热系数 COP_h 要在 3.2 以上才具有节能的作用。

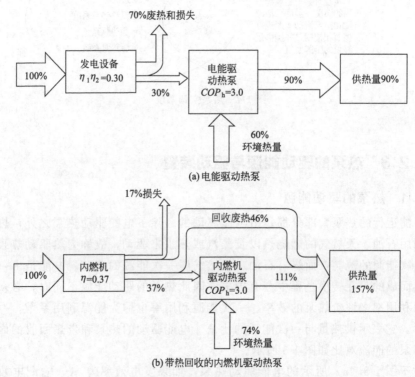

图 1-5 电能驱动热泵和带热回收的内燃机驱动热泵的能流图

1.2.3.2 热泵的驱动装置

（1）电动机 电动机是一种方便可靠、技术成熟和价格较低的原动机。家用热泵均采用单相交流电动机，中、大型热泵一般采用三相交流电动机。三相交流电动机的效率比单相交流电动机的效率高。如果采用变频器调节电动机转速，既可减小起动电流，又能方便地实现热泵的能量调节。热泵也可以采用直流电动机驱动，直流电动机

可以无级调速且启动转距大，适用于热泵频繁启动和调速的工作过程。

全封闭式压缩机或半封闭式压缩机的电动机和压缩机是装在一个壳体中的。当温度低的气体制冷剂通过电动机时有冷却作用，从而可提高电动机工作效率，也增加了电动机使用寿命。另一方面又可使气体制冷剂获得过热状态而实现干压缩过程，提高热泵装置运行的安全性。

（2）燃料发动机　燃料发动机按热机工作原理不同有内燃机和燃气轮机两种，其效率一般都在30％以上。当电力短缺而有燃料可利用时，使用燃料发动机对城市的能源平衡有着积极的意义。

内燃机可用液体燃料或气体燃料，根据采用的燃料不同有柴油机、汽油机、燃气机等。内燃机驱动的热泵如果充分利用内燃机的排气和汽缸冷却水套的热量，就可得到比较高的能源利用系数，具有明显的节能效果。另外，还可利用内燃机排气废热对风冷热泵的蒸发器进行除霜。

燃气轮机（燃气透平）的功率较大，常用在热电联产与区域供冷供热工程中。在热电联产系统中，一次能源的综合利用效率可达80％～85％。燃气轮机以天然气为燃料，发电供建筑物自用（包括驱动热泵的用电），废热锅炉回收燃气轮机高温排气的热量产生蒸汽，蒸汽可作为蒸汽轮机的气源，蒸汽轮机产生动力驱动离心式制冷机。蒸汽轮机的背压蒸汽还可用作吸收式制冷机的热源或用来加热生活热水。

（3）燃烧器　燃烧器是热驱动热泵达到良好使用性能的最重要的部件。燃烧器由燃料喷嘴、调风器、火焰监测器、程序控制器、自动点火装置、稳焰装置、风机、燃气阀组等组成。由程序控制器控制燃烧器的整个工作过程。

液体、气体燃料的主要成分是烃类，燃料与空气的充分混合、加热和着火、燃尽等是燃料燃烧时的几个关键过程。燃烧器就是组织燃料与空气混合及充分燃烧，并实现要求的火焰长度、形状的装置。燃烧器的质量和性能对吸收式热泵安全运行至关重要。因此，对燃烧器的基本要求如下。

① 在额定的燃料供应条件下，应能通过额定的燃料并将其充分燃烧，达到需要的额定负荷。

② 具有较好的调节性能，即在热力设备由最低负荷至最高负荷时，燃烧器都能稳定的工作，而且在调节范围内应使燃烧器获得较好的燃烧效果。

③ 火焰形状与尺寸应能适应燃烧室的结构形式。

④ 燃烧完全、充分，即尽量降低不完全燃烧热损失。

⑤ 减少运行时的噪声和烟气中的有害物质。

⑥ 有利于实现自动化控制。

1.2.4　热泵的节能与环境效益

在能源消耗总量中，暖通空调的能源消耗量占很大比例。据统计：日本和美国为30％，瑞士为45％，并且平均每年以4％～5％的速度增长。我国采暖空调能耗占总能耗的比例也很大，约为 40％，因此，在能源利用率低的前提下，在能耗占总能耗比例如此之大的暖通空调领域内进行节能研究，潜力很大，且有长远的战略意义。热泵是暖通空调节能的一条重要途径，所谓热泵就是通过消耗一定的高品位能（煤、石油、天然气及电能等），把不能直接使用的低品位能源（空气、水、土壤、太阳能及废热等）经过提升后转换成有用热能，从而可达到节约一部分高位能的装置。通常输入一份的高位能，通过热泵提升后可得到 3～4 份的有用热能。因此，在矿物燃料日益短缺的当今世界，利用低位能的热泵技术已引起人们的兴趣和重视，这不仅是一条极重要的节能途径，同时也是可持续发展的需要。

热泵作为绿色空调技术也具有显著的环境效益。据统计：与燃煤锅炉相比，使用热泵平均可减少 30％的 CO_2 排放量；与燃油锅炉相比，CO_2 排放量减少68％，排热量也减少。据国际能源署（IEA）热泵中心对热泵环境效益所作的评估：1997 年，全世界建筑物和工业中所装热泵使得每年全球 CO_2 排放量（220 亿吨）减少了 0.5％（1.14 亿吨），如果目前市场上的热泵全部投入使用，并在建筑物采暖方面所占份额达 30％，则能减少 CO_2 排放量 10 亿吨，同时工业热泵再减少 2 亿吨，则全球 CO_2 排放量可减少 6％（12 亿吨）。因此，为了节约能源、保护环境，应该积极开展热泵在能源利用领域中的应用研究。

1.3　热泵的理论基础

1.3.1　理想的热泵循环

理想的热泵循环是可逆循环，由若干个可逆过程组成。根据热源情况的不同，有恒温热源间工作的逆卡诺循环和变温热源间工作的劳伦兹循环。

1.3.1.1　逆卡诺（Carnot）循环

最理想的热泵循环是逆卡诺循环，它是由两个可逆绝热过程和两个可逆等温过程所组成。按逆卡诺循环的理想热泵是在温度分别为 T_H（高温）与 T_L（低温）的两个恒温热源间工作。图 1-6 所示为逆卡诺循环的温熵图，工质在卡诺热泵中作等温膨胀自状态 4 变化至状态 1，同时在 T_L 温度下从低温热源吸取热能；接着工质被等熵压缩至状态 2，其温度由 T_L 升高至 T_H，随后工质被等温压缩到状态 3，同时在 T_H 温度下向高温热源排出热能，最后工质再经等熵膨胀回复至状态 4，其温度也随之由 T_H 降至 T_L，从而完成整个循环。由热力学循环可证明，按逆卡诺循环工作的热泵制热性能系数为：

$$COP_h = \frac{T_H}{T_H - T_L} \tag{1-1}$$

利用热力学第二定律可以证明，在同样的高温与低温热源温度下，逆卡诺热泵循环具有最大的制热性能系数，即在相同供热量时消耗的功最小。

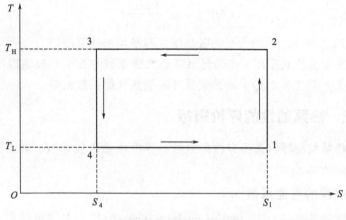

图 1-6 逆卡诺循环的温熵图

1.3.1.2 劳伦兹（Lorenz）循环

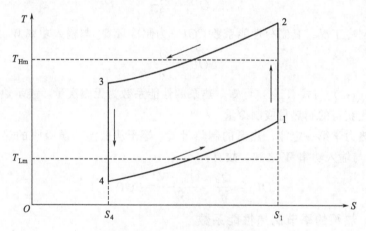

图 1-7 劳伦兹循环的温熵图

实际热泵循环中，由于热源质量是有限的，因此，随着热源与工质间热交换过程的进行，高温热源与低温热源温度都将发生变化。对于这种在变温热源间工作的热泵循环可以用劳伦兹循环来表示，它是由两个等熵过程和两个工质与热源间无温差的传热过程组成。图 1-7 为劳伦兹循环的温熵图，图中 1→2 表示等熵压缩过程，2→3 表示工质的可逆放热过程，其温度由 T_2 降低到 T_3，而高温热源的温度则由 T_3 升高至 T_2，热源的吸热过程线与工质的状态变化线重合，但方向相反。3→4 表示等熵膨胀过程，4→1 表示工质的可逆吸热过程，其温度由 T_4 升高至 T_1，而低温热源的温度由 T_1 降低至 T_4，同样两者的过程线重合，但方向相反。为了使工质与热源间实现无温差的热交换，劳伦兹循环必须采用理想的逆流式换热器。由热力学循环可证明，按劳伦兹循环工作的热泵制热性能系数为：

$$COP_h = \frac{T_{Hm}}{T_{Hm} - T_{Lm}}$$ (1-2)

式中，T_{Hm} 与 T_{Lm} 分别为平均吸热温度与平均放热温度，℃。

由此可得按劳伦兹循环工作的热泵制热性能系数与在平均吸热温度 T_{Hm} 和平均放热温度 T_{Lm} 间工作的逆卡诺热泵循环的制热性能系数相等。

1.3.2 热泵的性能评价指标

常用的热泵性能评价指标有性能系数、季节制热性能系数、热泵能源利用系数和热泵的㶲效率。

1.3.2.1 热泵的性能系数

热泵的性能系数（coefficient of performance，COP）是评价热泵节能性能的最重要指标之一，对于制热工况，其制热性能系数 COP_h 为制热量 Q_h 与输入功率 W 之比，即：

$$COP_h = \frac{Q_h}{W}$$ (1-3)

对于制冷工况，其制冷性能系数 COP_c 为制冷量 Q_c 与输入功率 W 之比，即：

$$COP_c = \frac{Q_c}{W}$$ (1-4)

由式（1-3）与式（1-4）可知，热泵的性能系数为无因次量，表示热泵消耗单位能耗所能获得的制热量或制冷量。

根据热力学第一定律，热泵的制热量 Q_h 等于从低温热源吸收的热量（即制冷量）Q_c 与输入功率 W 之和，故有：

$$COP_h = \frac{Q_h}{W} = \frac{Q_c + W}{W} = COP_c + 1$$ (1-5)

1.3.2.2 热泵的季节制热性能系数

由于热泵的性能不仅与热泵本身的设计和制造有关，还与热泵的运行环境条件紧密相连。而环境条件又是随地区及季节性的变化而变化的。为了评价热泵用于某一地区在整个采暖季的性能，提出热泵的季节制热性能系数（heating seasonal performance factor，$HSPF$）。$HSPF$ 是整个供热季热泵总供热量与总输入功耗之比，即：

$$HSPF = \frac{供热季热泵总供热量}{供热季总输入功耗}$$ (1-6)

美国能源部（DOE）制定的测定集中式空调机组能耗的统一试验方法中规定，对热泵的经济性用 $HSPF$ 表示，而对空调器则用季节性能效比表示。

1.3.2.3 热泵能源利用系数

热泵能源利用系数 E 是指热泵对于一次（初级）能源的利用效率。热泵的驱动能源有多种，且每种转换到一次能源的热值和转换效率不同。因此，对于有同样制热性能系数的热泵，若采用的驱动能源不同，则其节能意义和经济性均不相同。为此，提出用能源利用系数来评价热泵的节能效果。能源利用系数 E 定义为供热量 Q_h 与热泵运行时消耗的一次能源的总量 E_p 之比，即：

$$E = \frac{Q_h}{E_p} \tag{1-7}$$

例如，用电能驱动的热泵，除了考虑制热系数的高低，还应考虑所利用的一次能源转换效率，它包括发电效率 η_1 和电力输配效率 η_2，所以能源利用系数 $E = \eta_1 \eta_2 COP_h$。当 η_1、η_2 分别为 0.3 和 0.8 时，$E = 0.24 COP_h$。

1.3.2.4 热泵的㶲效率

根据热力学第二定律，实际热泵循环中进行的热力过程为不可逆过程，如果热泵循环越接近理想热泵循环，则实际热泵的不可逆损失越小。为了准确定量描述实际热泵循环的不可逆程度，引入㶲效率来表示热泵循环的热力学完善度。热泵的㶲效率 η_{ex} 可定义为热泵的输出㶲 E_{hex} 与消耗能量㶲 E_{eex} 之比，即：

$$\eta_{ex} = \frac{E_{hex}}{E_{eex}} \tag{1-8}$$

η_{ex} 高说明系统㶲损失小，不可逆损失小，热力学完善度高。反之，则说明系统㶲损失大，不可逆损失大，热力学完善度差。因此，η_{ex} 可以定量反映热泵热力过程的不可逆性。

1.4 热泵的低位热源

热泵的作用是将低位热源的热能经过提升温度后变为有用的高位热能供给用户，热泵工作时，通过蒸发器吸收低位热源的热能，经冷凝器供给用热对象。因此，热源的选择对热泵的运行特性及经济性有着重要影响。作为热泵的热源应满足的特性要求有：①热源温度尽可能高，使热泵的工作温升尽可能小，以提高热泵的性能系数；②热源的容量要大，以确保热泵工作时热源温度变化小；③热源应尽可能提供必要的热量，最好不需要附加装置；④所选取的热源应分布广泛、使用方便，用以分配热源热量的辅助设备（如风机、水泵等）的能耗应尽可能小，以减少热泵的运行费用；⑤热源对换热设备应无腐蚀作用，且尽可能不产生污染和结垢现象。目前，满足以上特性要求的常用热泵热源有空气、水、太阳能及土壤等。

1.4.1 空气

空气作为热泵的低位热源，取之不尽，用之不竭，处处都有，可以无偿地获取，而且设备安装和使用比较方便，系统简单，年运行时间长，初投资较低，技术比较成熟。在冬季气候较温和的地区，如我国长江中下游地区，已得到相当广泛的应用。利用空气作为低位热源的主要缺点在于其制热量的变化与建筑热负荷的需求趋势正好相反，而且在夏季高温和冬季寒冷天气时热泵效率会大大降低，甚至无法工作。由于除霜技术尚不完善，在寒冷地区和高湿度地区热泵蒸发器的结霜问题成为较大的技术障碍。当冬季室外温度较低时，换热器表面的结霜不但影响蒸发器传热，而且增加了融霜能量损失；另外空气热容量小，为了获得足够的热量，需要的空气量较大，对应的风机容量及换热器面积要求较大，相应能耗偏高。此外，热泵机组的噪声及排热易对周围环境产生一定的影响，会对城市造成噪声和热污染。

用空气作为热源时，热泵性能受气候特性影响非常大。随着室外空气温度的降低，机组供热量逐渐减小。同时，当室外温度较低而相对湿度又过大时，室外换热器会结霜而导致换热恶化，供热量骤减，甚至发生停机现象。另一方面，随着室外温度的降低，建筑物的热负荷逐渐增大，与机组的供热特性恰好相反。设计时，若按冬季空调室外计算温度选择热泵机组，则势必导致热泵机组过多或过大，使系统初投资过高；同时，在运行中热泵机组又无法在满负荷下运行，导致热泵机组的能效比下降，使系统运行费用增加。为了避免这一情况发生，设计时通常选择一个优化的室外温度，并按此温度来选择热泵机组。如图1-8所示，图中机组所提供的实际供热量曲线 $Q_f = f_3(T)$ 与建筑物热负荷曲线 $Q_1 = f_1(T)$ 的交点 O 称为空气源热泵的平衡点，该点所对应的室外温度 T_b 称为平衡点温度，根据此温度选择热泵机组的大小，则机组提供的热量与建筑物所需热负荷正好相等。

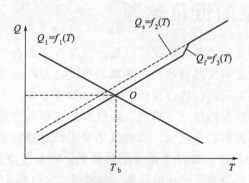

图 1-8　空气源热泵稳态供热量 Q_s、实际供热
量 Q_f、建筑物热负荷 Q_1 随境温度的变化

1.4.2　水

地表水（江河水、湖泊水、海水等）、地下水（深井水、泉水、地热尾水等）、工业和生活废水（生活污水、矿井水、电厂冷却循环水等）都可作为热泵的低位热源。对于地表水，一般来说，只要冬季不结冰、水面深度合适、具有足够的水

域面积，均可作为热泵低位热源使用。对于地下水，在满足当地水资源管理部门要求的条件下，如果回灌得当，则可成为一种优良的热泵热源。利用水作为热泵热源，其优点是：水的热容量较大，流动与传热性能好，使换热设备结构紧凑；水温相对于气温而言一般较稳定，因而水源热泵运行工况较稳定。缺点是：水量与水质受到一定的限制，必须靠近水源或有一定的蓄水装置；若水质较差，排水管和换热设备容易被堵塞或腐蚀；同时也必须遵守水资源管理部门的要求。影响水源热泵系统运行效果的重要因素有水源系统的水量、水温、水质和供水稳定性。应用水源热泵时，对水源系统的原则要求是：水量充足，水温适度，水质适宜，供水稳定。

用地表水作为热泵的热源有两种方式，一种方式是用泵将水抽送到热泵机组的蒸发器（或板式换热器）换热后返回水源的开式循环系统［图 1-9（a）］。另一种方式是闭式循环系统，即在地表水体中设置换热盘管，用管道与热泵机组的蒸发器连接成回路，换热盘管中的媒介水在泵的驱动下循环经过蒸发器［图 1-9（b）］。用地表水作为热泵热源，适用于附近有江河湖泊等水域的地方。为使系统运行良好，水域大小最好在 4000m² 以上，深度超过 4.6m；该系统安装费用不高，即使水面结冰，仍能正常工作。在采用地表水时，应尽可能减少换热对河流或湖泊造成的生态影响。

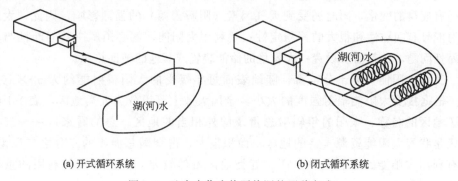

(a) 开式循环系统   (b) 闭式循环系统

图 1-9　地表水作为热泵热源的两种方式

用地下水作为热泵热源也有两种形式，即单井回灌系统［图 1-10（a）］与双井回灌系统［图 1-10（b）］。单井回灌系统用同一口井作为抽水井与回灌井，在单个水井一端抽取地下水，在热泵（或板式换热器）中经过换热后从同一个井的另一端回灌到含水层，井的深度一般为几百米，直径 15cm 左右。运行过程中，在回灌口与抽水口间水头差的作用下，系统循环水有一部分沿井筒直接由回灌口流至抽水口，另一部分循环水从井筒壁渗出，在含水层中与周围土壤直接接触换热后，再由抽水段井筒壁渗入井筒，与沿井筒流下的循环水混合，经抽水管送回热泵系统。双井回灌系统有两个热源井：抽水井和回灌井，地下水从抽水井取出后经热泵（或板式换热器）换热后，再通过回灌井返回到含水层。一般回灌井位于抽水井的下游位置，以免出现"短路"。

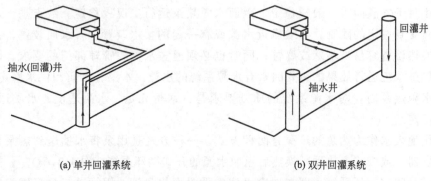

(a) 单井回灌系统   (b) 双井回灌系统

图 1-10　地下水作为热泵热源的两种形式

1.4.3　太阳能

以太阳能作为热泵的低位热源，其优点是：太阳能是地球上最丰富的清洁能源资源，处处皆是，无需输送，可就地使用。缺点是：由于各地区的太阳辐射强度不同，因此太阳能热源只适用于一定的地区；太阳辐射能的大小随着季节与昼夜而有规律的变化，同时还受到天气因素（阴晴云雨）的强烈影响，因此，太阳辐射能具有间歇性和很大的不稳定性；要利用太阳能，就必须解决其间断性与不可靠性问题，这就需要设置一大容量的储能装置或其他的辅助热源。

我国太阳能资源十分丰富，陆地表面每年接受的太阳辐射能约为 50×10^{18} kJ。根据接受太阳能辐射强度的大小，全国大致上可以分为五类地区，表 1-1 给出了地区的名称、太阳的年辐射总量及国外相当的地区。总的看来，一～三类地区是我国太阳能资源丰富的地区，面积很大，占全国总面积的三分之二以上，具有利用太阳能的有利条件；四、五类地区虽然较差，但仍不失其利用的重要意义。

表 1-1　我国太阳能资源的区划

地区分类	全年日照时数/h	年辐射量/(GJ/m²)	相当于标准煤/kg	包括的地区	与国外相当的地区
一	2800～3800	6.69～8.36	230～280	宁夏北部、甘肃北部、新疆东南部、青海西部和西藏西部	印度和巴基斯坦北部
二	3000～3200	5.85～6.69	200～230	河北北部、山西北部、甘肃中部、青海东部、西藏东南部和新疆南部	印度尼西亚的雅加达一带

地区分类	全年日照时数/h	年辐射量/(GJ/m²)	相当于标准煤/kg	包括的地区	与国外相当的地区
三	2200～3000	5.02～5.85	170～200	山东、河南、吉林、辽宁、云南等省、河北东南部、新疆北部、广东和福建的南部、江苏北部和北京	美国的华盛顿地区
四	1400～2200	4.18～5.02	140～170	湖北、湖南、江西、广西广东北部、陕西南部、江苏南部和黑龙江	意大利的米兰地区
五	1000～1400	3.34～4.18	110～140	四川和贵州	巴黎和莫斯科

1.4.4 土壤

以土壤作为热泵热源，利用大地土壤作为热泵机组吸热和排热场所。已有研究表明：在地下5m以下的土壤温度基本上不随外界环境及季节变化而改变，且约等于当地年平均气温，可以分别在冬夏两季提供较高的蒸发温度和较低的冷凝温度，因此土壤是一种比空气更为理想的热泵热源。利用土壤作为热源的优点有：①地下土壤温度一年四季相对稳定，冬季比外界环境温度高，夏季比环境温度低，是很好的热泵冷热源；因此，利用土壤作为热泵的热源性能系数较高，系统运行性能较稳定，具有明显的节能效果；②土壤有较好的蓄能特性，冬季从土壤中取出的热量在夏季可通过地面向地下的热传导或在制冷工况下向土壤中释放的热量得到补充，从而在一定程度上实现了土壤能源资源的内部平衡；③利用土壤作为冷热源，既没有燃烧、排烟，也没有空气源热泵的噪声和热污染，同时也不需要堆放燃料和废弃物的场所，埋地换热器在地下土壤中静态地吸放热，且埋地换热器可布置在花园、草坪甚至建筑物的地基下，不占用地上空间，因此，具有很好的环保效益；④埋地盘管无需除霜，减小了融霜、除霜的能量损失；⑤土壤温度相对于室外气温具有延迟和衰减性，因此，在室外空气温度处于极端状态，用户对能源的需求量处于高峰期时，土壤的温度并不处于极端状态，而仍能提供较高的蒸发温度与较低的冷凝温度，从而可获得较高的热泵性能系数，提供较多的热量与冷量。

土壤作为热泵热源的缺点是：①由于土壤的热导率较小，换热强度弱，在相同的负荷情况下所需的换热面积较大，因此盘管用量多，占地面积大，系统初投资大；②土壤源热泵在连续运行时会因埋地盘管在土壤中的连续吸热或放热而导致盘管周围土壤温度的逐渐降低或升高，从而引起热泵蒸发温度和冷凝温度的变化，因此，土壤源热泵间歇运行时的效果比连续运行要好；③埋地换热器在土壤中的换热过程是一个比较复杂的动态传热传质过程，给其设计、计算及模拟研究带来了很大的困难；④用土壤作为热源需要钻孔或挖掘，因此，增加了系统的初投资。

为了进一步比较不同热源的特性，表1-2列出了各热泵热源的综合比较。

表 1-2 热泵热源特性的比较

热源种类	空气	地表水	地下水	太阳能	土壤	生活污水	工业废水
热源实用性	良好	良好	良好	良好	良好	一般	一般
适用规模	小~大	小~大	小~大	小~中	小~中	小~中	小~大
利用方法	主要热源	主要热源	主要热源	主要或辅助热源	主要或辅助热源	主要或辅助热源	主要或辅助热源
注意问题	1. 热泵供热能力与建筑负荷不易匹配 2. 当室外温度较低时要解决蒸发器的除霜问题 3. 热泵的选择应以平衡点温度为基准 4. 对于北方极端气候条件,可以考虑增加辅助热源 5. 可考虑采用蓄能设备,小容量热泵机组可采用变频器改善	1. 注意水垢和腐蚀问题 2. 对于海水,因腐蚀问题较大,可采用水垢换热器 3. 除有水垢和腐蚀性外,还要防止生长藻类 4. 对于江河水,应注意水期水位的下降,同时考虑季节性温度变化对水量及加水量或辅助加热 5. 对于池塘或湖泊水,注意对水生态的影响	1. 注意管道与腐蚀对管道的影响 2. 设计前应进行当地水资源管理部门的要求,慎重选用 3. 设计前应对地下水文地质勘察,确定可用的地下水温与水量 4. 建议采用板式换热器,地下水环路换热,防止腐蚀热机组 5. 注意采取合适的回灌技术,以确保回灌抽比	1. 可与太阳能结合应用暖联采用 2. 因间歇性,必须设置太阳能储能装置 3. 注意根据当地太阳能资源状况及建筑负荷特性选取合适的太阳能保证率 4. 注意与其他辅助热源联合应用,以提高系统的可靠性	1. 设备费用估算困难、投资较大 2. 不能采用金属埋管,以防腐蚀 3. 土壤导热系数较小,所需埋管换热面积较大 4. 连续运行过程中吸/放热能力会逐渐衰减 5. 注意北方寒冷气候地区应采用防冻液作为循环介质 6. 注意全年土壤的取放热量应保持相当,以确保土壤温度的恢复	1. 注意水质的处理,以防止换热设备的结垢和流动堵塞 2. 注意管道间问题 3. 在无特殊情况下,建议采用间接式管换热处理 4. 注意运行过程中污水温度与流量的不稳定性 5. 注意污水温度对运行厂正常运行的影响 6. 为了改善换热效率,注意定期对污水换热器的清洗	1. 根据不同工艺过程中产生的废水进行处理和应用 2. 注意应根据废水的温度高低进行能量梯级利用

1.5 热泵的分类

1.5.1 热泵的分类方法

由于热泵系统构成、热源种类、工作原理以及用途等的多样性,热泵的分类也多种多样。常见的分类方法有按热源种类分类、按热泵驱动方式分类、按热泵在建筑物中的用途分类、按热泵供水温度分类等,图1-11给出了主要的热泵分类框图。

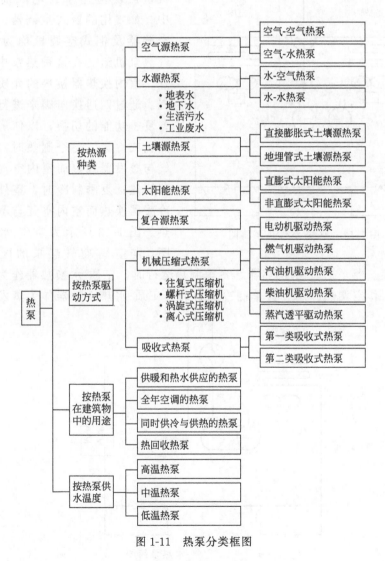

图1-11 热泵分类框图

1.5.2 按热源种类分类

按热泵所使用的低品位热源种类的不同，可分为空气源热泵（又称为风冷热泵）、水源热泵（又可分为地表水源热泵、地下水源热泵、土壤源热泵、太阳能热泵及复合源热泵等。

1.5.2.1 空气源热泵

空气源热泵是以室外空气作为热泵的低位热源，又称为风冷热泵，包括空气-空气热泵和空气-水热泵。图 1-12 所示为空气-空气热泵简图，这种热泵机组广泛应用于住宅和商业建筑中，如常用的窗式空调器、分体式空调器及柜式空调机均为空气-空气热泵机组。在这种热泵中，与室外、室内换热器换热的介质均为空气。通过四通换向阀来进行换热器冬夏季功能的切换，以使房间获得热量或冷量。冬季制热时，室外空气与蒸发器换热而室内空气与冷凝器换热；夏季制冷时，室外空气与冷凝器换热而室内空气与蒸发器换热。图 1-13 所示为空气-水热泵简图，与空气-空气热泵的区别在于

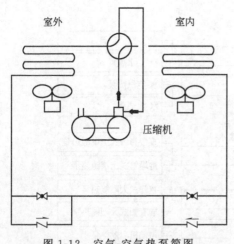

图 1-12 空气-空气热泵简图

有一个换热器是工质-水换热器，冬季制热运行时，工质-水换热器作为冷凝器提供热水作空调热源用。夏季制冷运行时，工质-水热交换器作为蒸发器提供

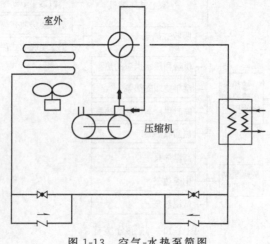

图 1-13 空气-水热泵简图

冷冻水作空调冷源用。

1.5.2.2 水源热泵

水源热泵以地表水和地下水作为热泵的低位热源，主要包括水-空气热泵和水-水热泵。图 1-14 所示为水-空气热泵简图，该类热泵与室内换热器换热的介质为空气，而与室外换热器换热的介质是水。根据水的来源不同，有以下几种情况。

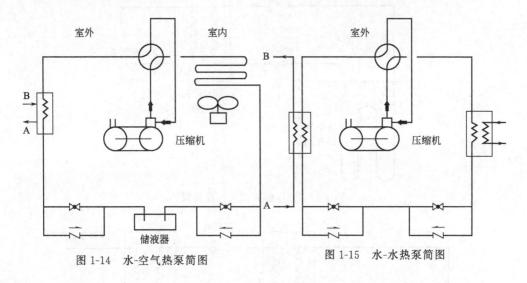

图 1-14　水-空气热泵简图　　　　　图 1-15　水-水热泵简图

（1）地表水　如长江、河流、湖泊、池塘、海水，这时又称为地表水源热泵。

（2）地下水　如深井水、泉水、地热尾水，这时又称为地下水源热泵。

（3）循环水　在地下换热器循环流动的、与大地耦合换热的循环水。

（4）其他含有余热的水源　如工业废水、生活污水及太阳能热水等。

图 1-15 所示为水-水热泵机组简图，这种热泵的蒸发器与冷凝器均为工质-水换热器，制热或制冷工况间的切换可通过四通换向阀改变制冷剂流向来实现。对于现在应用较多的大型水-水热泵机组，也可以通过改变热泵机组的水流向来实现冬夏季工况切换。

1.5.2.3 土壤源热泵

土壤源热泵是一种以浅层大地土壤作为热泵冷热源的既可以供热又可以供冷的高效节能环保型空调系统，该系统把传统空调器的冷凝器或蒸发器直接埋入地下（图 1-16），使其与大地进行热交换（称为直接膨胀式土壤源热泵），或者通过中间换热介质（通常是水）作为热载体（图 1-17），并使中间介质在封闭环路中通过大地循环流动，从而实现与大地进行热交换的目的（又称为地埋管式土壤源热泵）。冬季通过热泵将大地中的低位热能提高品位对建筑供暖，同时蓄存冷量，以备夏季使用；夏季通过热泵将建筑内的热量转移到地下，对建筑进行降温，同时蓄存热量,以备冬季用。由于土壤源热泵具有节能环保、节省占地面积及可再生能源综合利用的特征,使其成为传统采暖空调的有力竞争方式,被国际上公认为最具发展潜力的采暖空调技术之一。近期在我国也得到了快速发展,并被国家列为可再生能源利用专项技术支持与资助的重点领域之一。

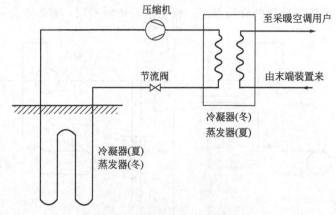

图 1-16　直接膨胀式土壤源热泵

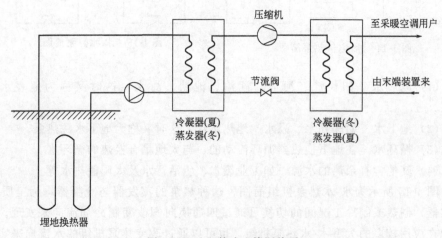

图 1-17　地埋管式土壤源热泵

1.5.2.4　太阳能热泵

太阳能热泵是指将太阳能系统和热泵系统组合使用,用太阳能集热器吸收的热能作为热泵系统蒸发器的低温热源,区别于以太阳能光电或热能发电驱动的热泵机组,也被称之为太阳能辅助热泵系统。太阳能热泵以太阳辐射能作为热泵的低位热源,把太阳能技术与热泵结合起来,可以解决空气源热泵低温下由于减少结霜而提高空气源热泵的可靠性及供热性能问题。此外太阳能集热器与热泵的结合可以同时提高集热器集热效率与热泵的供热性能。

根据太阳能集热器与热泵的组合形式,太阳能热泵可分为直膨式太阳能热泵

（direct-expansion solar assisted heat pump，DX-SAHP）与非直膨式太阳能热泵两种形式。在直膨式系统中，太阳集热器与热泵蒸发器合二为一，即制冷工质直接在集热器中吸收太阳辐射能而得到蒸发，如图 1-18 所示。该形式因系统性能良好日益成为人们研究关注的对象，并也得到实际的应用（如太阳能热泵热水器）；但是由于涉及机组本身结构部件（蒸发器）的改进，因此其可靠性及制作要求较高。

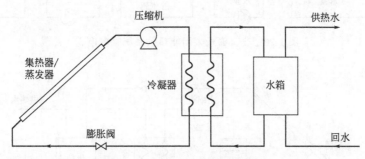

图 1-18 直膨式太阳能热泵系统

在非直膨式系统中，太阳集热器与热泵蒸发器分立，通过集热介质（一般采用水、空气、防冻溶液等）在集热器中吸收太阳能，并在蒸发器中将热量传递给制冷剂，或者直接通过换热器将热量传递给需要预热的空气或水。根据太阳能集热环路与热泵循环的连接形式，非直膨式系统又可进一步分为串联（图 1-19 与图 1-20）、并联（图 1-21）及双热源式（又称为混联式）（图 1-22）三种形式。串联式是指集热环路与热泵循环通过蒸发器加以串联、蒸发器的热源全部来自于太阳能集热环路吸收的热量；并联式是由传统的太阳能集热器和空气源热泵共同组成，它们各自独立工作、互为补充，热泵系统的热源一般是周围的空气，当太阳辐射足够强时只运行太阳能系统，否则运行热泵系统或两个系统同时工作。双热源式与串联式基本相同，只是蒸发器可同时利用包括太阳能在内的两种低温热源。

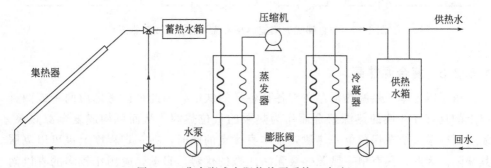

图 1-19 非直膨式太阳能热泵系统（串连 1）

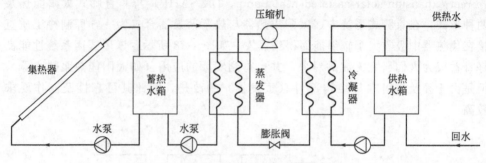

图 1-20　非直膨式太阳能热泵系统（串连 2）

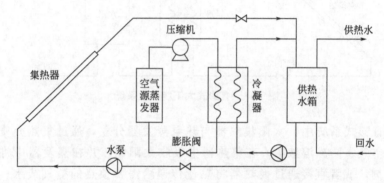

图 1-21　非直膨式太阳能热泵系统（并联）

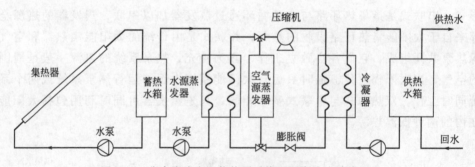

图 1-22　非直膨式太阳能热泵系统（混合式或双热源）

1.5.2.5 复合源热泵

　　由于以上单一热源热泵存在着各种各样的缺陷，因此可以考虑由两种或两种以上的具有互补性的热源组合而作为热泵的低位热源，从而可构成复合源热泵。复合源热泵系统在保留单一热源热泵本身优点的同时，在一定程度上也可以克服其缺陷。因此，具有单一热源热泵无法比拟的优势。目前，应用比较多的有以南方气候为代表的冷却塔-土壤复合源热泵系统及以北方寒冷气候为代表的太阳能-土壤复合源热泵系统。图 1-23 给出了冷却塔-土壤复合源热泵系统简图，与单独土壤源热泵系统相比，该复合系统可在减少埋管数量的同时，降低夏季空调时热泵进口流体的温度，从而在降低系统初投资的前提下，可提高热泵机组的性能系数及其运行效率，达到节能目的。图 1-24 所示为适用于热负荷占主导地位的北方寒冷地区的太阳能-土壤复合源热泵系统的简图，该系统以太阳能和土壤作为热泵的复合热源，可弥补热负荷大地区单独土壤源热泵制热量不足，制热效率低及埋地盘管多、投资大等缺陷，使运行更稳定。

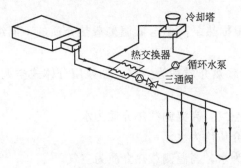
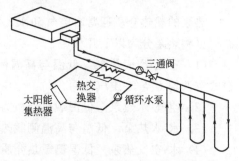

图 1-23 冷却塔-土壤复合源热泵系统简图　　图 1-24 太阳能-土壤复合源热泵系统简图

1.5.3 按热泵驱动方式分类

按热泵驱动方式的不同，热泵可分为机械压缩式热泵和吸收式热泵。

（1）机械压缩式热泵　根据驱动能源形式的不同，机械压缩式热泵可分为电动热泵、燃气热泵、燃油热泵、蒸汽或热水热泵等。

① 电动热泵　以电能作为驱动热泵运行的能源，如蒸汽压缩式热泵、螺杆式热泵等。

② 燃气热泵　以天然气、煤气、液化石油气、沼气等气体燃料作为热泵驱动的能源。

③ 燃油热泵　以汽油、柴油、重油或其他液体燃料作为热泵的驱动能源。

④ 蒸汽或热水热泵　以蒸汽或热水（可由锅炉及太阳能、地热能、生物质能等可再生能源产生）作为驱动热泵运行的能源。

（2）吸收式热泵　吸收式热泵是以热能为主要驱动力的热泵，根据工作特性来分，吸收式热泵可分为第一类吸收式热泵和第二类吸收式热泵。

① 第一类吸收式热泵　以消耗高温热能为代价，通过向系统输入高温热能，进而从低温热源中回收一部分热能，提高其品位，以中温的形式供给用户，也称增热型热泵。

② 第二类吸收式热泵　靠输入中温热能（废热）为动力，将其中一部分能量品位提高送至用户，而另一部分能量则排放至环境中，常称为工业增温机，也称升温型热泵。

1.5.4　按热泵制热温度范围分类

按制热温度的不同可分为常温、中温和高温热泵，其大致温度范围如下。

(1) 常温热泵　所制取的热能温度低于 40℃时为常温热泵。

(2) 中温热泵　所制取的热能温度在 40～100℃时为中温热泵。

(3) 高温热泵　所制取的热能温度高于 100℃时为高温热泵。

1.5.5　按载热介质分类

热泵的载热介质通常有空气和水，根据热泵高温与低温侧载热介质的不同组合，可将热泵分为以下几种。

(1) 空气-空气热泵　低温与高温侧载热介质均为空气，如家用分体式空调、窗式空调均为空气-空气热泵。

(2) 空气-水热泵　低温载热介质为空气，高温侧载热介质为水。

(3) 水-水热泵　低温与高温侧载热介质均为水。

(4) 水-空气热泵　低温侧载热介质为水，高温侧载热介质为空气。

(5) 土壤-水热泵　低温侧热源为土壤，高温侧载热介质为水。

(6) 土壤-空气热泵　低温侧热源为土壤，高温侧载热介质为空气。

1.6　热泵的发展历程与现状

热泵的理论基础起源于 1824 年法国著名物理学家卡诺（S. Carnot）发表的著名论文，英国的开尔文教授于 1852 年发表的论文中首次提出并描述了关于热泵的设想，当时称之为热量倍增器（heat multiplier）。

20 世纪 20～30 年代，热泵的应用研究不断拓展。1927 年，英国在苏格兰安装了第一台用氨作为工质的家用空气源热泵。1931 年，美国南加利福尼亚安迪生公司洛杉矶办公楼，将制冷设备用于供热，这是大容量热泵的最早应用。1937年，在日本的大型建筑物内安装了两台采用 194kW 透平式压缩机的带有蓄热箱的热泵系统，以井水为热源，制热系数达 4.4。1938～1939 年，瑞士苏黎世议会大厦安装了夏季制冷冬季供热的大型热泵装置，该装置采用离心式压缩机，R12 作工质，以河水作为低位热源，输出热量达 175kW，制热系数为 2，输出水温 60℃。在此之后，美国、英国、瑞典等欧洲国家及日本相继开始对热泵进行了不少的设计与研究，并取得了许多成果。

20 世纪 40～60 年代，热泵技术进入了快速发展期。二战的爆发，在影响与中断热泵发展的同时因战时能源的短缺又促进了大型供热和工艺用热泵的发展。20世纪 40 年代后期出现许多更加具有代表性的热泵装置设计，1940 年美国已安装了15 台大型商业用热泵，并且大都以井水为热源。到 1950 年已有 20 个厂商及 10 余所大学和研究单位从事热泵的研究，各种空调与热泵机组面世。当时拥有的 600 台热泵中，约 50％用于房屋供暖，45％为商用建筑空调，仅 5％用于工业。1950 年前后，英、美两国开始研究采用地埋管的土壤源热泵。1957 年，美军决定在建造大批住房项目中用热泵来代替燃气供热，使热泵的生产形成了一个高潮。至 20 世纪 60 年代初，美国安装的热泵机组已达近 8 万台。直至 60 年代末 70 年代初，由于过快的增长速度造成的热泵制造质量较差、设计安装水平低、维修及运行费过高等不利因素致使热泵的发展进入了低谷。

1973 年，能源危机的爆发又一次推动了世界范围内热泵的发展。一些国际组织如国际制冷学会（IIR）、世界能源委员会（WEC）及国际能源机构（IEA）等经常组织有关热泵的国际活动与学术会议，促进了热泵技术的发展。美国对热泵的兴趣又开始抬头了，1971 年生产了 8.2 万套热泵装置，1976 年年产 30 万套，到 1977 年跃升为年产 50 万套。而日本后来居上，年产量已超过 50 套。据报道，1976 年美国已有 160 万套热泵在运行，1979 年约有 200 万套热泵装置在运行，联邦德国 1979 年约有 5000 个热泵系统正常使用。1992～1994 年，国际能源机构的热泵中心对 25 个国家在热泵方面的技术与市场状况进行了调查和分析。全世界已经安装运行的热泵已超过 5500 万台，已有 7000 台工业热泵在使用，近 400 套区域集中供热系统在供热，全世界的供热需求中由热泵提供的近 2％。

热泵在我国起步于 20 世纪 50 年代，天津大学热能研究所是国内最早开展热泵方面研究的单位。从 20 世纪 60 年代开始，热泵在我国工业上开始得到广泛应用。热泵式空调器、热泵型窗式空调器、水冷式热泵空调器及恒温恒湿热泵式空调机等相继诞生。进入 80 年代，我国热泵技术的应用研究有许多的进展。广州能源研究所设计并在东莞建造了一套用于加热室内游泳池的热泵，该低温加热系统由太阳房和水-水热泵组成，制热系数达 5～6，用 25～40m 深井中的 24℃地下水作热源。1984 年上海 704 研究所、开封通用机器厂和无锡第四织布厂联合试制了双效型第一类吸收式热泵；1985 年上海空调机厂和上海冷气机厂试制成功国内生产的第一批热泵型立柜式空调机系列；1989 年青岛建筑工程学院建立了国内第一个土壤源热泵实验室；1999 年上海通用机械技术研究所首次进行了第二类吸收式热泵的模拟试验；同年，上海交通大学、上海第一冷冻机厂及上海溶剂厂联合研制了 350kW 第二类吸收式热泵。

20 世纪 90 年代逐步形成了我国完整的热泵工业体系。热泵式家用空调器厂家约有 300 家；空气源热泵冷热水机组生产厂家约有 40 家，水源热泵生产厂家约有 20 家，国际知名品牌热泵生产商纷纷在中国投资建厂。我国已步入国际上空调用热泵的生产大国，产品的质量也与世界知名品牌相距不远。

进入 21 世纪，我国热泵技术的研究不断创新。热泵理论研究工作比以前显著地加大了深度与广度，对空气源热泵、水源热泵、土壤源热泵、水环热泵及各类复合式热泵系统等进行了系统研究。热泵的变频技术、计算机仿真与优化技术、制冷剂替代技术、空气源热泵的除霜技术、土壤源热泵地埋管的传热模拟、各种热泵系统的优化设计与自动控制技术等都取得了实质性的进展。2000～2003年热泵专利总数287项，年平均为71.75项，是1989～1999年专利平均数的4.9倍。同时，热泵文献增多，热泵技术研究更加活跃，创新性成果累累。热泵方面的实际工程全国各地均有，且呈现出逐年增多的趋势。

第2章

土壤源热泵

土壤源热泵是地源热泵的一种，它是以浅层大地土壤作为热泵冷热源的既可供暖、又可制冷及提供生活热水的热泵能源利用系统。相比传统空调方式，土壤源热泵因其运行的稳定性、节能性及环保性而被称为 21 世纪最具发展潜力的采暖空调装置之一。本章主要介绍土壤源热泵的概念、工作原理、技术特点、类型、热力学分析、适应性评价、应用关键问题及发展历史与现状。

2.1　土壤源热泵概述

2.1.1　土壤源热泵的定义

根据 2003 年出版的《ASHRAE Handbook Applications（SI）》的第 32 章中对地源热泵的定义：地源热泵（ground-source heat pump，GSHP）是一种使用土壤、地下水、地表水作为热源和热汇的热泵系统，包括以下三类：

（1）土壤耦合热泵系统（ground coupled heat pump systems），也可称为闭环地源热泵（closed loop ground source heat pump）。

（2）地下水热泵系统（groundwater heat pump systems）。

（3）地表水热泵系统（surface water heat pump systems）。

根据国家标准《地源热泵系统工程技术规范》（GB 50366—2009）中第 2.0.1条对地源热泵系统的定义：以岩土体、地下水或地表水为低温热源，由水源热泵机组、地热能交换系统、建筑物内系统组成的供热空调系统。根据地热能交换系统形式的不同，地源热泵系统分为地埋管地源热泵系统、地下水地源热泵系统和地表水地源热泵系统。

由上述内容可看出，土壤源热泵实际上是地源热泵系统的一种形式，它是以大地土壤（岩土）作为热泵冷源或热源的热泵能源利用系统。由于其通常采用闭式地埋管换热器与大地土壤进行耦合换热而实现从土壤中取热或向土壤中放热，因此又称为土壤耦合热泵或地埋管式地源热泵，以区别于地下水热泵与地表水源热泵。国际上关于土壤源热泵的英文表述有：ground coupled heat pump

（GCHP），earth coupled heat pump，closed loop ground source heat pump，closed loop geothermal heat pump 等。

2.1.2 土壤源热泵系统的构成及工作原理

土壤源热泵系统利用浅层大地土壤作为热泵的热源/热汇，如图2-1所示，它主要由三部分组成：室外地埋管换热环路、水源热泵机组制冷剂环路及室内末端环路。与一般热泵系统相比，其不同之处主要在于室外地埋管换热环路由埋设于土壤中的高密度聚乙烯塑料盘管构成，该盘管作为换热器，在冬季作为热源从土壤中取热，相当于常规空调系统的锅炉；在夏季作为冷源（热汇）向土壤中排热，相当于常规空调系统中的冷却塔。

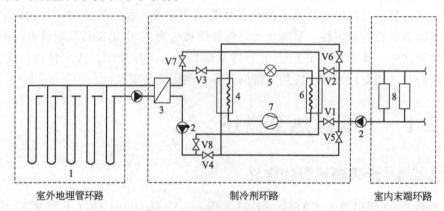

图 2-1　土壤源热泵系统的构成

1—地下埋管；2—循环水泵；3—板式换热器；4—蒸发器；5—节流机构；
6—冷凝器；7—压缩机；8—用户末端；V1～V8—转换阀门

（1）室外地埋管环路　埋在地下土壤中，由高密度聚乙烯塑料管组成封闭环路，采用水或防冻液（北方）作为换热介质。冬季它从地下土壤中吸取热量，夏季向土壤中释放热量。室外环路中的换热介质与热泵机组之间通过换热器（蒸发器或冷凝器）交换热量。其循环由循环水泵的驱动来实现。

（2）热泵机组制冷剂环路　即热泵机组内部四大部件组成的制冷循环环路，与空气源热泵相比，只是将空气/制冷剂换热器换成水/制冷剂换热器，其他结构一样。

（3）室内末端环路　室内末端环路是将热泵机组的冷（热）量输送到建筑物，并分配给每个房间或区域，传递热量的介质有空气、水或制冷剂等，而相应采用的热泵机组分别为水-空气式、水-水式、热泵式水冷多联机。

有的土壤源热泵系统还增加了生活热水加热环路。将水从生活热水箱送到冷凝器进行循环的闭式循环环路，是通常采用的生活热水加热环路。对于夏季工况，该循环可充分利用冷凝器排放的热量，基本不消耗额外的能量而得到热水供应，同时也减小了排放至土壤中的热量，有利于降低土壤的热堆积效应。

图 2-2 示出了土壤源热泵系统的工作原理，夏季空调制冷时，室内的余热经过热泵转移后通过埋地换热器释放于土壤中，同时蓄存热量，以备冬季采暖用；冬季供暖时，通过埋地换热器从土壤中取热，经过热泵提升后，供给采暖用户，同时，在土壤中蓄存冷量，以备夏季空调制冷用。它利用相对恒温的浅层土壤作为储能体，通过热泵技术，冬季将夏季蓄存于土壤中的热量取出向建筑供热后蓄存冷量，夏季又将冬季蓄存的冷量从地下取出向建筑供冷后蓄存热量，如此往复在冷、热源交替应用过程中实现了能源的可再生化与高效利用。因此，以浅层大地土壤作为热泵"冷热源"的土壤源热泵技术实际上是一种可实现能量"夏灌冬取"的跨季节性地下土壤动态储能过程。

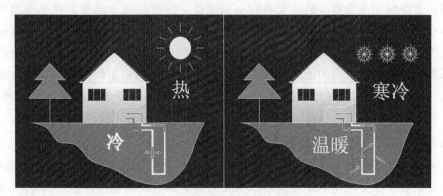

图 2-2 土壤源热泵系统工作原理

2.1.3 土壤源热泵的技术特点

土壤源热泵利用地下土壤作为热泵机组的吸热和排热场所。研究表明：在地下 5m 以下的土壤温度基本上不随外界环境及季节变化而改变，且约等于当地年平均气温，可以分别在冬夏两季提供较高的蒸发温度和较低的冷凝温度。因此，土壤是一种比空气更理想的热泵热（冷）源。土壤源热泵节能性好、性能稳定、效率高，其技术优势体现在以下几方面。

2.1.3.1 节能效果显著

地下土壤温度一年四季相对稳定，冬季比外界环境空气温度高，夏季比环境温度低，是很好的热泵热源和空调冷源，土壤的这种温度特性使得土壤源热泵比传统空调系统运行效率高出约 40％～60％，因此，可节省运行费用 40％～60％；同时，土壤温度较恒定的特性也使得热泵机组运行更稳定、可靠，整个系统的维护费用也较锅炉-制冷机系统大大减小，从而保证了系统的高效性和经济性。据美国环保署 EPA 估计，设计安装良好的土壤源热泵，平均可节约用户 30％～50％的采暖空调运行费用。

2.1.3.2 环境效益显著

土壤源热泵利用地下土壤作为冷热源，既没有燃烧、排烟，也没有空气源热泵的噪声和热污染，同时，也不需要堆放燃料和废弃物的场所，埋地换热器在地下土壤中静态地吸热、放热，且埋地换热器可布置在花园、草坪甚至建筑物的地基下，不占用地上空间，因此，是一种绿色空调装置。土壤源热泵的污染物排放，与空气源热泵相比减少了 40% 以上，与电供暖相比减少 70% 以上，如果结合其他节能措施节能减排效益会更明显。

2.1.3.3 土壤的蓄能特性实现了冬、夏能量的互补性

大地土壤本身就是一个巨大的蓄能体，具有较好的蓄能特性；通过地埋管换热器，夏季利用冬季蓄存的冷量进行空调制冷，同时将部分热量蓄存于土壤中以备冬季采暖用，冬季利用夏季蓄存的热量来供暖，同时蓄存部分冷量以备夏季空调制冷用；一方面，实现了冬夏季能量的互补性，另一方面，也提高了热泵的性能系数，达到明显节能的效果。同时，也消除了常规热泵系统带来的"冷、热污染"。目前，在我国长江中下游地区，夏季空调制冷和冬季采暖的时间大致相当，冷、热负荷基本一致，因此，可以实现冷暖互为补偿，达到互为联供的目的。

2.1.3.4 符合可持续发展的要求

土壤源热泵是利用地下土壤能源资源作为热泵低品位能源进行能源转换的供暖空调装置；地表浅层土壤相当于一个巨大的太阳能集热器，收集了约 47% 的太阳辐射能量，比人类每年利用能量的 500 倍还要多；且不受地域、资源等限制，真正是资源广阔、取之不尽、用之不竭，是人类可利用的可再生能源；同时，土壤源热泵的"冬取夏灌"的能量利用方式也在一定程度上实现了土壤能源资源的内部平衡。因此，土壤源热泵符合可持续发展的趋势。

2.1.3.5 一机多用、应用范围广

该热泵机组既可供暖，亦可空调制冷，同时还能提供生活用热水，一机多用，一套系统可以替代原有的供热锅炉、制冷空调机组以及生活热水加热装置三套系统，省去了燃气、煤及锅炉的使用；机组紧凑，节省空间；可应用于商店、宾馆、办公大楼、学校等建筑，而且特别适用于小型别墅；此外，机组寿命长，平均可运行 20 年以上。

当然，土壤源热泵也存在着缺点，从目前国内外的研究与应用情况来看，主要有以下几方面：

① 由于需要钻孔埋管，因此，初投资大、施工难度大；

② 埋地换热器受土壤物性影响较大，连续运行时热泵的冷凝温度或蒸发温度受土壤温度的影响而发生波动；

③ 土壤热导率小而导致地埋管换热器的面积较大。

但是，随着进一步的研究与发展，这些缺点会逐渐被克服，并被广大用户所接受。

2.2 土壤源热泵系统的热力学分析

以图2-3给出的土壤源热泵系统常规供热运行流程为例，对系统进行热力学分析。假设整个系统处于稳定状态，换热器中工质的进出口温度呈线性分布，忽略流体沿程输送中的能量损失，则可根据热力学第一定律和第二定律，列出图2-3中所示土壤源热泵系统中各部件及系统的能量与㶲平衡方程，在此基础上可对系统实际运行时的能量与㶲传递进行分析，从而可确定出系统中最薄弱的环节，以找出改善方案。

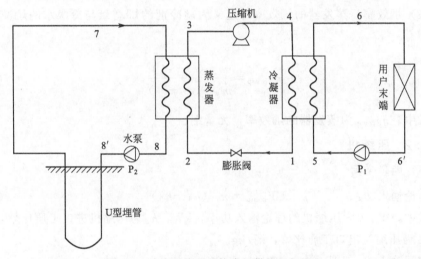

图 2-3　土壤源热泵系统常规供热运行流程

1—冷凝器出口（膨胀阀进口）工质状态；2—蒸发器进口（膨胀阀出口）工质状态；

3—蒸发器出口（压缩机进口）工质状态；4—压缩机出口（冷凝器进口）工质状态；

5—冷凝器进口（用户侧水泵出口）水状态；6—冷凝器出口（风机盘管进口）水状态；

6'—风机盘管出口（用户侧水泵进口）水状态；7—蒸发器进口（U形埋管出口）水状态；

8—蒸发器出口（热源侧水泵进口）水状态；8'—热源侧水泵出口（U形埋管进口）水状态

2.2.1 热泵机组

2.2.1.1 蒸发器

（1）能量平衡

$$Q_e = \dot{m}_r (h_3 - h_2) = c_{pw}\dot{m}_{we} (T_7 - T_8) \tag{2-1}$$

式中，Q_e为蒸发器的吸热量，kW；$\dot{m}_r$为热泵工质的质量流量，kg/s；h_2为蒸发器进口工质比焓，kJ/kg；h_3为蒸发器出口工质比焓，kJ/kg；c_{pw}为水的定压质量比热容，kJ/（kg·K）；$\dot{m}_{we}$为蒸发器冷冻水质量流量，kg/s；T_7为蒸发器进口水温，K；T_8 为蒸发器出口水温，K。

（2）㶲平衡

$$\Delta E_{evap} = \dot{m}_{we}(e_7 - e_8) - \dot{m}_r(e_3 - e_2)$$

$$= T_a[\dot{m}_{we}(s_7 - s_8) + \dot{m}_r(s_2 - s_3)] \tag{2-2}$$

式中，ΔE_{evap} 为蒸发器㶲损失，kW；e_7 为蒸发器冷冻水进口比㶲，kJ/kg；e_8 为蒸发器冷冻水出口比㶲，kJ/kg；e_2 为蒸发器进口工质比㶲，kJ/kg；e_3 为蒸发器出口工质比㶲，kJ/kg；T_a 为周围环境温度，K；s_2 为蒸发器进口工质比熵，kJ/（kg·K）；s_3 为蒸发器出口工质比熵，kJ/（kg·K）；s_7 为蒸发器冷冻水进口比熵，kJ/（kg·K）；s_8 为蒸发器冷冻水出口比熵，kJ/（kg·K）。

（3）㶲效率　蒸发器的㶲效率可定义为制冷剂的㶲增量与冷媒水的㶲减量之比，即有：

$$\eta_{E,evap} = \frac{\dot{m}_r(e_3 - e_2)}{\dot{m}_{we}(e_7 - e_8)} \tag{2-3}$$

式中，$\eta_{E,evap}$ 为蒸发器的㶲效率，无量纲。

2.2.1.2　压缩机

（1）能量平衡

理论输入功：
$$W_{comp} = \dot{m}_r(h_4 - h_3) \tag{2-4}$$

式中，W_{comp} 为压缩机的理论输入功率，kW；h_3 为压缩机进口工质比焓，kJ/kg；h_4 为压缩机出口工质比焓，kJ/kg。

实际输入功：
$$W_{comp,act} = W_{comp}/\eta_{comp} \tag{2-5}$$

式中，$W_{comp,act}$ 为压缩机的实际输入功率，kW；η_{comp} 为压缩机的综合效率，无量纲。

（2）㶲平衡

$$\Delta E_{comp} = W_{comp,act} - \dot{m}_r(e_4 - e_3) = T_a \dot{m}_r(s_4 - s_3) \tag{2-6}$$

式中，ΔE_{comp} 为压缩机的㶲损失，kW；e_3 为压缩机进口工质比㶲，kJ/kg；e_4 为压缩机出口工质比㶲，kJ/kg；s_3 为压缩机进口工质的比熵，kJ/（kg·K）；s_4 为压缩机出口工质的比熵，kJ/（kg·K）。

（3）用效率　压缩机的㶲效率可定义为压缩机进出口制冷剂㶲增量与实际输入功率之比，即有：

$$\eta_{E,comp} = \dot{m}_r(e_4 - e_3)/W_{comp,act} \tag{2-7}$$

式中，$\eta_{E,comp}$ 为压缩机的㶲效率，无量纲。

2.2.1.3　冷凝器

（1）能量平衡

$$Q_c = \dot{m}_r (h_4 - h_1) = c_{pw} \dot{m}_{wc} (T_6 - T_5) = Q_{fc} - W_{p1} \tag{2-8}$$

式中，Q_c 为冷凝器放热量，kW；Q_{fc} 为风机盘管的换热量，kW；W_{p1} 为用户侧水泵的功耗，kW；h_1 为冷凝器出口工质比焓，kJ/kg；h_4 为冷凝器进口工质比焓，kJ/kg；T_5 为冷凝器冷却水进口温度，K；T_6 为冷凝器冷却水出口温度，K；$\dot{m}_{wc}$ 为冷凝器冷却水质量流量，kg/s。

（2）㶲平衡

$$\Delta E_{cond} = \dot{m}_r (e_4 - e_1) - \dot{m}_{wc} (e_6 - e_5)$$
$$= T_a [\dot{m}_r (s_1 - s_4) + \dot{m}_{wc} (s_6 - s_5)] \tag{2-9}$$

式中，ΔE_{cond} 为冷凝器的㶲损失，kW；e_1 为冷凝器出口工质比㶲，kJ/kg；e_4 为冷凝器进口工质比㶲，kJ/kg；e_5 为冷凝器中冷却水进口比㶲，kJ/kg；e_6 为冷凝器中冷却水出口比㶲，kJ/kg；s_4 为冷凝器进口工质比熵，kJ/（kg·K）；s_1 为冷凝器出口工质比熵，kJ/（kg·K）；s_5 为冷凝器中冷却水进口比熵，kJ/（kg·K）；s_6 为冷凝器中冷却水出口比熵，kJ/（kg·K）。

（3）㶲效率 冷凝器的㶲效率可定义为冷却水的㶲增量与制冷剂的㶲减量之比，即有：

$$\eta_{E,cond} = \frac{\dot{m}_{wc} (e_6 - e_5)}{\dot{m}_r (e_4 - e_1)} \tag{2-10}$$

式中，$\eta_{E,cond}$ 为冷凝器的㶲效率，无量纲。

2.2.1.4 膨胀阀

（1）能量平衡

$$h_1 = h_2 \tag{2-11}$$

式中，h_1 为膨胀阀进口工质比焓，kJ/kg；h_2 为膨胀阀出口工质比焓，kJ/kg。

（2）㶲平衡

$$\Delta E_{expa} = \dot{m}_r (e_1 - e_2) \tag{2-12}$$

式中，ΔE_{expa} 为膨胀阀的㶲损失，kW；e_1 为膨胀阀进口工质的比㶲，kJ/kg；e_2 为膨胀阀出口工质的比㶲，kJ/kg。

（3）㶲效率

$$\eta_{E,expa} = e_2 / e_1 \tag{2-13}$$

式中，$\eta_{E,expa}$ 为膨胀阀的㶲效率，无量纲。

2.2.2 用户末端

（1）能量平衡

$$Q_{fc} = c_{p,air} \dot{m}_{air} (T_{out,air} - T_{in,air}) = c_{pw} \dot{m}_{wc} (T_6 - T_{6'}) \tag{2-14}$$

式中，Q_{fc} 为风机盘管的换热量，kW；$c_{p,air}$ 为空气的定压质量比热容，kJ/(kg·K)；$\dot{m}_{air}$ 为风机盘管处理空气的质量流量，kg/s；$T_{in,air}$ 为风机盘管进口空气温度，K；$T_{out,air}$ 为风机盘管出口空气温度，K；T_6 为风机盘管进口水温，K；$T_{6'}$ 为风机盘管出口水温，K。

（2）㶲平衡

$$\Delta E_{fc} = \dot{m}_{wc}\ (e_6 - e_{6'}) - Q_{fc}\ (1 - T_a/T_{in,air})$$
$$= T_a\ [\dot{m}_{wc}\ (s_{6'} - s_6) + Q_{fc}/T_{in,air}] \tag{2-15}$$

式中，ΔE_{fc} 为风机盘管的㶲损失，kW；e_6 为风机盘管进口流体比㶲，kJ/kg；$e_{6'}$ 为风机盘管出口流体比㶲，kJ/kg；$s_{6'}$ 为风机盘管进口流体比熵，kJ/(kg·K)；$s_{6'}$ 为风机盘管出口流体比熵，kJ/(kg·K)。

（3）㶲效率

$$\eta_{E,fc} = \frac{Q_{fc}\ (1 - T_a/T_{in,air})}{\dot{m}_{wc}\ (e_6 - e_{6'})} \tag{2-16}$$

式中，$\eta_{E,fc}$ 为风机盘管的㶲效率，无量纲。

2.2.3 循环水泵

（1）能量平衡

$$W_{p_1} = \dot{m}_{wc}\ (h_5 - h_{6'}) \tag{2-17}$$

$$W_{p_2} = \dot{m}_{we}\ (h_{8'} - h_8) \tag{2-18}$$

式中，W_{p_1} 为用户侧水泵功耗，kW；W_{p_2} 为热源侧水泵功耗，kW；$h_{6'}$ 为用户侧水泵进口比焓，kJ/kg；h_5 为用户侧水泵出口比焓，kJ/kg；h_8 为热源侧水泵进口比焓，kJ/kg；$h_{8'}$ 为热源侧水泵出口比焓，kJ/kg。

（2）㶲平衡

$$\Delta E_{p_1} = W_{p_1} - \dot{m}_{wc}\ (e_5 - e_{6'}) = T_a \dot{m}_{wc}\ (s_5 - s_{6'}) \tag{2-19}$$

$$\Delta E_{p_2} = W_{p_2} - \dot{m}_{we}\ (e_{8'} - e_8) = T_a \dot{m}_{we}\ (s_{8'} - s_8) \tag{2-20}$$

式中，ΔE_{p_1} 为用户侧水泵㶲损失，kW；ΔE_{p_2} 为热源侧水泵㶲损失，kW；$s_{6'}$ 为用户侧水泵进口比熵，kJ/(kg·K)；s_5 为用户侧水泵出口比熵，kJ/(kg·K)；s_8 为热源侧水泵进口比熵，kJ/(kg·K)；$s_{8'}$ 为热源侧水泵出口比熵，kJ/(kg·K)；e_5 为用户侧水泵出口流体比㶲，kJ/kg；$e_{6'}$ 为用户侧水泵进口流体比㶲，kJ/kg；$e_{8'}$ 为热源侧水泵出口流体比㶲，kJ/kg；e_8 为热源侧水泵进口流体比㶲，kJ/kg。

（3）㶲效率

$$\eta_{E,p_1} = \dot{m}_{wc} \ (e_5 - e_{6'}) \ /W_{p_1} \tag{2-21}$$

$$\eta_{E,p_2} = \dot{m}_{we} \ (e_{8'} - e_8) \ /W_{p_2} \tag{2-22}$$

式中，η_{E,p_1} 为用户侧水泵㶲效率，无量纲；η_{E,p_2} 为热源侧水泵㶲效率，无量纲。

2.2.4　地埋管换热器

（1）能量平衡

$$Q_g = c_{pw}\dot{m}_{we} \ (T_7 - T_{8'}) = Q_e - W_{p_2} \tag{2-23}$$

式中，Q_g 为地埋管换热器的吸热量，kW；Q_e 为蒸发器的吸热量，kW；W_{p_2} 为热源侧水泵功耗，kW；$T_{8'}$ 为 U 形埋管进口流体温度，K；T_7 为 U 形埋管出口流体温度，K。

（2）㶲平衡

$$\Delta E_g = Q_g \ (1 - T_a/T_g) - \dot{m}_{we} \ (e_7 - e_{8'})$$

$$= T_a \ [\dot{m}_{we} \ (s_7 - s_{8'}) - Q_g/T_g] \tag{2-24}$$

式中，ΔE_g 为 U 形埋管换热器的㶲损失，kW；T_g 为地下土壤平均温度，K；$e_{8'}$ 为 U 形埋管进口流体比㶲，kJ/kg；e_7 为 U 形埋管出口流体比㶲，kJ/kg；$s_{8'}$ 为 U 形埋管换热器进口流体比熵，kJ/（kg·K）；s_7 为 U 形埋管换热器出口流体比熵，kJ/（kg·K）。

（3）㶲效率

$$\eta_{E,g} = \frac{\dot{m}_{we} \ (e_7 - e_{8'})}{Q_g \ (1 - T_a/T_g)} \tag{2-25}$$

式中，$\eta_{E,g}$ 为 U 形埋管换热器的㶲效率，无量纲。

2.2.5　土壤源热泵系统

（1）能量平衡

热源侧：
$$Q_e = Q_g + W_{p_2} \tag{2-26}$$

用户侧：
$$Q_c + W_{p_1} = Q_{fc} \tag{2-27}$$

（2）供热性能系数

系统供热性能系数：
$$COP_{sys} = \frac{Q_{fc}}{W_{comp} + W_{p_1} + W_{p_2}} \tag{2-28}$$

热泵供热性能系数：$COP_{hp} = \dfrac{Q_c}{W_{comp}}$ (2-29)

式（2-28）和式（2-29）中，COP_{sys}为土壤源热泵系统供热性能系数，无量纲；COP_{hp}为热泵机组供热性能系数，无量纲。

（3）㶲平衡

$$\Delta E_{sys} = \Delta E_{evap} + \Delta E_{comp} + \Delta E_{cond} + \Delta E_{expap} + \Delta E_{fc} + \Delta E_{p_1} + \Delta E_{p_2} + \Delta E_g$$

(2-30)

式中，ΔE_{sys}为土壤源热泵系统的㶲损失，kW。

（4）系统㶲效率

$$\eta_{E,sys} = \dfrac{\dot{m}_{wc}\,(e_6 - e_{6'})}{W_{comp} + W_{p_1} + W_{p_2}}$$ (2-31)

式中，$\eta_{E,sys}$为土壤源热泵系统㶲效率，无量纲。

（5）热泵㶲效率

$$\eta_{E,hp} = \dfrac{\dot{m}_{we}\,(e_6 - e_5)}{W_{comp}}$$ (2-32)

式（2-1）～式（2-32）构成了土壤源热泵系统中各部件及系统的能量与㶲平衡方程，可用于实际运行时系统性能及各部件运行效率的评价研究，从而为进一步的改善指明方向。

2.3 土壤源热泵的类型

2.3.1 土壤源热泵的分类

根据不同标准，土壤源热泵有不同的分类方法，可以概括为图 2-4。

2.3.2 垂直埋管式土壤源热泵

垂直埋管式土壤源热泵采用垂直埋管方式，适合于 20～100m 埋深的竖直单U 形、双 U 形埋管及套管换热器，见图 2-5。按其埋管深度可分为浅层（<30m）、中层（30～100m）和深层（>100m）三种。采用垂直埋管的优点是占地面积小，深层土壤的全年温度比较稳定，热泵运行稳定、能效比较高。主要缺点是钻孔、土建及埋管等费用较高，相应的施工设备、施工人员相对缺乏。在实际工程中，垂直埋管方式中的 U 形埋管应用得最多。

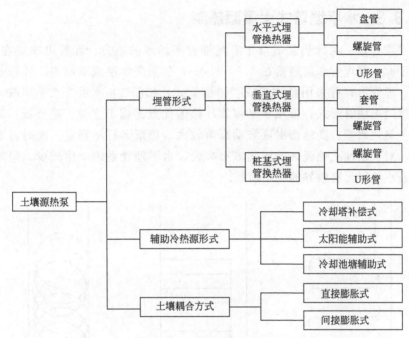

图 2-4 土壤源热泵的分类

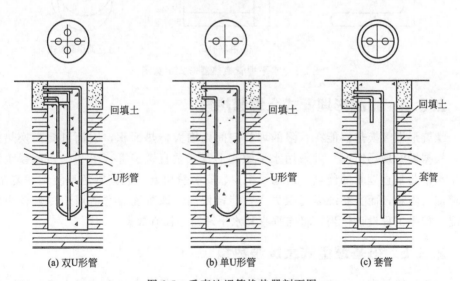

(a) 双U形管   (b) 单U形管   (c) 套管

图 2-5 垂直地埋管换热器剖面图

有关研究表明，对于垂直单 U 形埋管，其单位埋深的取热率可取为 $30\sim50\mathrm{W/m}$，放热率可取 $40\sim60\mathrm{W/m}$，双 U 形埋管的换热率比同等条件下的单 U 管高 $1.1\sim1.2$ 倍，套管式换热器比单 U 形管换热器的换热效率高约 $25\%\sim35\%$。具体取值大小要根据各地区的土壤结构、气候状况及钻孔埋管条件与进口参数来选定。

2.3.3 水平埋管式土壤源热泵

水平埋管式土壤源热泵适合于有足够空闲场地的地方，埋管可布置在花园、草坪等下面。其埋管深度通常在 1.5～3.0m，常采用单层或双层串、并联水平平铺埋管。埋管形式可采用盘管式或平铺螺旋式。如图 2-6 所示为水平串联、并联及平铺螺旋形埋管形式。采用水平埋管环路的优点是施工方便、造价低；缺点是换热器传热效果差、受地面温度波动影响较大、热泵运行不稳定，同时占地面积也较大。对于当前土地匮乏的中国城市来说，水平埋管系统应用较少，但对于广大农村及小城镇具有较好的应用前景。

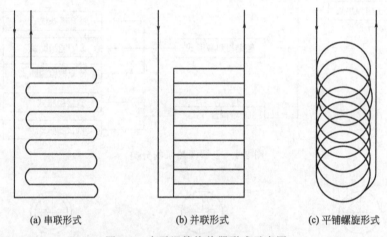

(a) 串联形式　　　　　(b) 并联形式　　　　　(c) 平铺螺旋形式

图 2-6　水平埋管换热器形式示意图

2.3.4 螺旋形埋管式土壤源热泵

螺旋形埋管换热器能在有限的埋管空间内增大传热面积，因而可提高换热效率，根据埋管现场情况，可采用水平螺旋形管或垂直螺旋管（图 2-7）。该系统结合了水平与垂直埋管的优点，占地面积少、安装费用低；但其管道系统结构复杂、管道加工困难，而且系统运行阻力大，能耗偏高。该系统通常适用于冷量较小的情况，如果工程设计恰当，将与垂直和水平环路一样有效。

2.3.5 桩基埋管式土壤源热泵

由于传统竖直埋管的高钻孔费用与可用埋管面积的有限性使得土壤源热泵的应用在一定程度上受到限制。近些年来，把埋管和建筑桩基结合起来的桩基埋管式土壤源热泵技术开始得到重视和应用。

桩基埋管换热器是指利用建筑地桩或在混凝土构件中充满液体的管路系统的取（放）热来进行采暖与空调，它将传统的埋管置于建筑混凝土桩基中，使其与建筑结构相结合，代替传统的地埋管换热器，通过桩基与周围大地形成换热，解

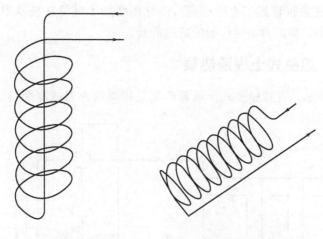

(a) 垂直螺旋形埋管　　　　　(b) 水平螺旋形埋管

图 2-7　螺旋形埋管换热器形式示意图

决了竖直埋管钻孔施工困难和成本高的问题，可以省去钻孔工序，节约施工费用，能更有效地利用建筑物的地下面积，因而具有很广阔的市场应用前景。其与普通土壤源热泵的主要区别在于桩基埋管是在建筑物地基桩中植入换热管，其回填材料完全是混凝土，是一种很好的能源系统建筑一体化技术。奥地利在 20 世纪 80年代末期就开始将该技术用于建筑物的供暖与降温。在土地匮乏的当今，该技术日益受到重视，有着很广阔的利用前景。

　　目前，常用的桩基埋管换热器主要采用了五种形式：单 U 形、串联双 U 形（W 形）、并联双 U 形、并联三 U 形及螺旋形。图 2-8 给出了螺旋形与 U 形管式桩基埋管换热器。其中桩基螺旋形埋管换热器将螺旋盘管按一定的螺距固定在建筑物地基的预制空心钢筋笼中，然后随钢筋笼一起下到桩井中，再浇注混凝土。

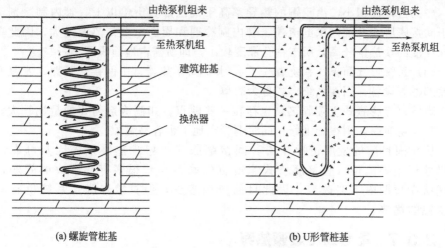

(a) 螺旋管桩基　　　　　　　　　　(b) U形管桩基

图 2-8　桩基式地埋管换热器

它不仅解决了桩基布管施工上的难题，而且还增加了埋管在桩基中的传热面积，提高了换热效率，因此具有更广阔的应用前景。

2.3.6 直膨式土壤源热泵

如图 2-9 所示，直接膨胀式土壤源热泵是指将蒸发器或冷凝器的铜管作为室

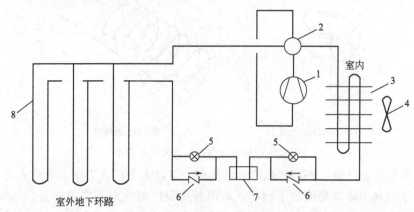

图 2-9 直接膨胀式土壤源热泵

1—压缩机；2—四通换向阀；3—室内空气/制冷剂换热器；4—风机；5—节流装置；

6—单向阀；7—贮液器；8—蒸发器/冷凝器（室外地下埋管换热器）

外地下环路直接埋入地下，制冷剂蒸发与冷凝过程中直接与土壤进行冷热交换，因此换热效率较高，而且不需要循环水泵。与间接膨胀式土壤源热泵相比，直接膨胀式土壤源热泵具有以下优点。

（1）系统效率高　与间接膨胀式系统相比，减少了中间换热器和循环水泵，没有中间换热损失和循环水泵功耗，因而系统效率较高。

（2）占地面积小　由于铜的热导率高于聚乙烯数十倍以上，管内制冷剂流速大于间接膨胀式系统内水的流速，管内制冷剂和周围土壤传热温差大，因此单位钻孔深度的换热量较高，所需钻孔深度较小，即所需占地面积要小一些。

（3）系统形式简单　系统省去了水-水中间换热器、中间换热环路、水泵及其辅助部件等设备，因而系统形式更为简单。

当然直接膨胀式土壤源热泵也存在一些缺点，如制冷剂需要的量比较大，而且一旦发生泄露，则很难维修；同时铜管在地下也容易腐蚀。

从我国目前的发展情况来看，间接膨胀式土壤源热泵系统因其可靠性高而仍处于主导地位，直接膨胀式系统也的确存在着很多有待解决的问题，这种现状在短期内不会改变，因此目前应用较少，但直接膨胀式系统也有其不可忽视的优势。

2.3.7 复合式土壤源热泵

复合式土壤源热泵，是指在传统土壤源热泵的基础上加装其他的辅助冷热源

装置，以代替部分埋管的土壤源热泵系统。目前比较常见的复合式土壤源热泵主要有两种形式：一种是适用于以夏季空调制冷为主的南方气候地区的带有冷却补充散热装置的复合式系统，一种是适用于以冬季采暖为主的北方寒冷气候地区的带有辅助加热装置的复合式系统。前者较为常见的有冷却塔辅助复合式土壤源热泵系统（图 2-10）和冷却水池辅助复合式土壤源热泵系统（图 2-11），后者多采用以太阳能作为辅助热源的太阳能辅助复合式土壤源热泵系统（图 2-12）。其中冷却补充散热装置除了采用冷却塔和冷却水池以外，亦可根据具体情况采用预埋有换热盘管的路面（图 2-13）、桥面与停车场等所替代，其中后者主要是将夏季释放至土壤中的多余热量，用于冬季取出来融化路面、桥面的积雪。

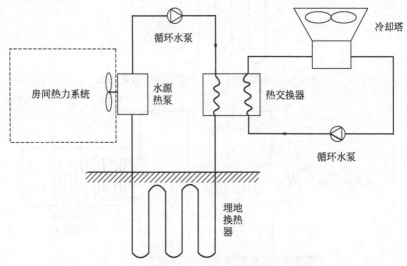

图 2-10 冷却塔辅助复合式土壤源热泵系统

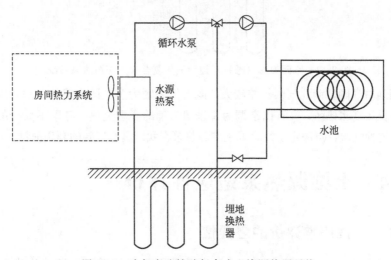

图 2-11 冷却水池辅助复合式土壤源热泵系统

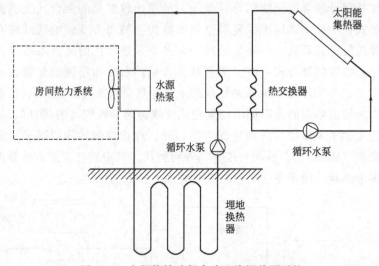

图 2-12　太阳能辅助复合式土壤源热泵系统

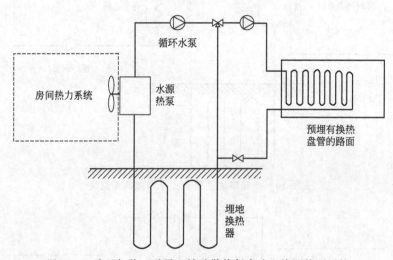

图 2-13　路面加热（融雪）辅助散热复合式土壤源热泵系统

我国地域辽阔，南北气候相差较大，既有以采暖为主空调为辅的冬季寒冷、夏季不太热的长江以北地区，又有以空调为主采暖为辅的夏季炎热、冬季不太冷的长江以南地区，这种气候特点决定了复合式土壤源热泵在我国具有广阔的利用前景。

2.4　土壤源热泵适应性评价

2.4.1　适应性评价的必要性

土壤源热泵系统是以浅层大地土壤作为热泵机组的低温热源，传热介质通过地下换热器,冬季从土壤中吸热,夏季向土壤中排热,从而实现为建筑物供热、制冷的系统。由于地下一定深度处土壤温度较为恒定,作为热泵机组的低温热源,可使机组达到较高的运行效率,并且运行较为稳定。

然而,我国地域辽阔,从东到西、从南到北的气候条件差异很大,由此造成建筑的冷热负荷需求相差较大,并且各地的地质条件、常规能源价格、电力价格等因素也有所差异,这就导致不同地区采用土壤源热泵系统所能达到的节能效益和经济效益是不同的,那么土壤源热泵应用在哪些气候区更适宜,以及在不同气候区如何应用能达到更优的效果,即土壤源热泵在不同地区的适应性评价是一个亟待解决的关键问题。

2.4.2 适应性评价体系

分析不同气候区采用土壤源热泵系统的适宜性,首先要给出适宜性评价指标,建立起评价体系。这里从资源性条件、节能效益、经济效益和环境效益四方面因素来进行评价,对于单一式土壤源热泵由于有些地区会存在冷热负荷不平衡现象,因此增加平衡性因素进行评价。对于单一式土壤源热泵以及土壤源与其他冷热源相结合的复合式土壤源热泵系统的适宜性评价体系分别见图 2-14 和图 2-15。

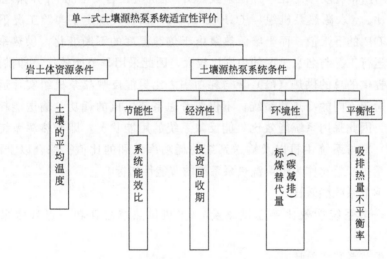

图 2-14 单一式土壤源热泵适宜性评价指标体系

2.4.2.1 岩土体资源条件

岩土体资源条件主要包含地质条件和岩土体的初始温度,由于同一气候区不同城市的地质条件有所差异,即使在同一城市不同区的地质条件也可能会有所不同,因此选取同一种地质条件进行研究。岩土体资源条件仅考虑一个指标,即岩土体的初始温度。但针对具体工程项目,其地质条件已确定,进行适宜时,需增

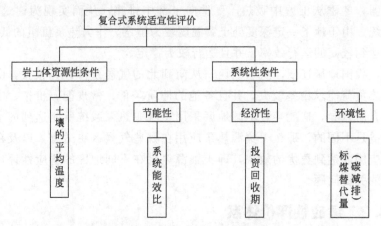

图 2-15 复合式土壤源热泵系统适宜性评价指标体系

加地质条件因素。

2.4.2.2 节能效益评价指标

（1）季节系统能效比 通常所说的机组的能效比 EER 是指机组在名义工况下的制冷量与所消耗功率之比，性能系数 COP 是机组在名义工况下的制热量与所消耗功率之比。《水源热泵机组》（GB/T 19409—2003）规定了实验工况下测得的 EER 和 COP 的下限值。而土壤源热泵由于热源温度的不断变化，供热季与制冷季的实际运行工况与名义工况的差别比较大，因此采用季节能效比，即供热（冷）季内机组提供的总的供热（冷）量与耗功率之比更能反映热泵机组实际运行的能效情况。对于不同的冷热源系统，不仅要考虑系统主机的耗功，输送能耗也是不可忽略的，因此采用系统能效比更能反映系统的用能状况，即冷热源系统提供的供热（冷）量与系统主机以及输送系统的耗功率之和的比值。综合以上两方面，提出季节系统能效比作为土壤源热泵系统的节能性指标。

供热季节系统能效比：

供热季节系统能效比＝总供热量/（主机供热季总耗功＋循环水泵供热季总耗功）

供冷季节系统能效比：

供冷季节系统能效比＝总供冷量/（主机供冷季总耗功＋循环水泵供冷季总耗功＋冷却塔总耗功）

全年系统能效比＝（总供热量＋总供冷量）/（主机全年耗功＋循环水泵全年耗功＋冷却塔耗功）

（2）一次能源利用率 不同冷热源系统的驱动能源是不同的，土壤源热泵系统中热泵的驱动能源一般为电能，而锅炉的驱动能源是煤、石油、天然气等。电能、煤、天然气虽然都是能源，但其质量不一样，电能通常是由初级能源转变而来的，在转变过程中必然存在着一定的损失，这里采用一次能源利用率来评价复合式系统的节能性。系统全年一次能源利用率可以用下式进行计算：

一次能源利用率＝（系统供热量＋系统供冷量）/系统全年消耗的一次能耗

对于以电能驱动的热泵系统和水冷冷水机组制冷系统：

$$E = \Sigma Q / [P/(\eta_1 \cdot \eta_2) + P_{gl}/(\eta_1 \cdot \eta_2) + N \cdot Q_{dw}/3600] \qquad (2\text{-}33)$$

式中，ΣQ 为供热（冷）季节总的供热（冷）量，$kW \cdot h$；P 为热泵供热（冷）季内消耗的电能，$kW \cdot h$；η_1 为发电效率，本文采用火电发电效率，取 35%；η_2 为输配电效率，取 90%；P_{gl} 为锅炉系统消耗的电能，$kW \cdot h$；N 为燃气（或煤）耗量，m^3 或者 kg；Q_{dw} 为燃气（或煤）的低位发热值，kJ/m^3 或者 kJ/kg。

（3）节能率　将土壤源热泵系统与当地常规冷热源系统的一次能耗进行对比，可以计算出节能率作为土壤源热泵系统在该地区应用的节能评价指标之一。

节能率＝（常规系统一次能耗－土壤源热泵系统一次能耗）/常规系统一次能耗

（4）标煤替代量　采用土壤源热泵系统的一个重要意义在于可以替代一定的常规能源，采用标煤替代量可直观地反映土壤源热泵系统在某一地区应用的节能潜力。

供热季节，土壤源热泵消耗的是电能，而燃煤锅炉、燃气锅炉消耗的是一次能源，将土壤源热泵系统的耗电量转化为一次能耗进行比较，可以得出可替代标煤量。

供热季节标煤替代量：

$$T_{hce} = (H_1 - H_2)/H_{ce} \qquad (2\text{-}34)$$

式中，H_1 为常规系统供热季的一次能耗，kJ；H_2 为土壤源热泵系统供热季的一次能耗，kJ；H_{ce} 为标准煤的发热值，$29307kJ$。

供冷季节，土壤源热泵系统与常规系统消耗的都是电能，可以直接比较耗电量，然后利用电能与标准煤的折标系数来计算可替代标煤量。

供冷季节标煤替代量：

$$T_{cce} = (C_1 - C_2) \times \phi \qquad (2\text{-}35)$$

式中，C_1 为常规系统供冷季的耗电量，$kW \cdot h$；C_2 为土壤源热泵系统供冷季的耗电量，$kW \cdot h$；ϕ 为电能折标准煤的系数，取 $0.345kg$（标准煤）/（$kW \cdot h$）（电能）。

2.4.2.3 经济效益评价指标

土壤源热泵系统的运行能效一般均较常规冷热源系统高，然而由于受当地常规能源价格以及钻孔安装费用的影响，土壤源热泵系统可能并不一定省钱。可采用投资回收期作为土壤源热泵系统的经济效益指标。

土壤源热泵系统的投资回收期可以用式（2-36）计算：

$$\beta = (I_{HP} - I_{B}) / (C_{B} - C_{HP}) \qquad (2-36)$$

式中，I_{HP} 为土壤源热泵系统的初投资，元；I_{B} 为常规冷热源系统的初投资，元；C_{HP} 为土壤源热泵系统的年运营费用，元/年；C_{B} 为常规冷热源系统的年运营费用，元/年。

2.4.2.4 环境效益评价指标

土壤源热泵系统环境效益评价指标可采用土壤源热泵系统所带来的温室气体减排量、烟尘减排量和煤渣减排量。三项指标均是以节能效益评价指标中得出的标准煤替代量为基础进行计算。

（1）温室气体减排量

$$PEG = (T_{hce} + T_{cce}) \times (COEF_{CO_2} + COEF_{SO_2} + COEF_{NO_x}) \qquad (2-37)$$

式中，$COEF_{CO_2}$、$COEF_{SO_2}$、$COEF_{NO_x}$ 分别为每千克标煤 CO_2、SO_2、NO_x 的排放系数，这里分别取 2660g CO_2、6g SO_2、9g NO_x。

（2）烟尘减排量

$$PES = (T_{hce} - T_{cce}) COEF_{smoke} \qquad (2-38)$$

式中，$COEF_{smoke}$ 为每千克标准煤烟尘排放量系数，这里可取 2.5g。

（3）煤渣减排量

$$PEC = (T_{hce} + T_{cce}) COEF_{cinde} \qquad (2-39)$$

式中，$COEF_{cinde}$ 为每千克标准煤煤渣排放量系数，这里可取 328g。

2.5 土壤源热泵推广应用中的关键问题

土壤源热泵作为一种节能环保型可再生能源利用技术发展迅速，近年来得到了广泛的工程应用。但是，由于对该技术的科学本质未能正确理解，再加上缺乏成形的行业标准和规范，导致在快速发展中出现了一定的盲目性，使得土壤源热泵的节能环保性能并没有得到充分体现，甚至出现了一些失败的工程案例。从现有发展情况来看，以下为有待解决的关键问题。

2.5.1 认识方面

一直以来，土壤源热泵被简单地认为是一种利用浅层土壤中"取之不尽、用之不竭"的"恒温"地热能来实现供热制冷的浅层地热能利用方式，这是业内普遍存在的对土壤源热泵认识上的一个误区，成为影响该项技术正确推广与健康发展的关键。从工作原理上，土壤源热泵是以土壤作为蓄能体的"夏灌冬取"的跨季节蓄能与释能系统。在这里，具有恒温热源特性的土壤是作为"蓄能体"来使用的，要保持这一蓄能体的恒温特性，就应该保证一个运行周期内土壤的取放热量相等，以确保土壤温度的恢复。因此，纠正土壤源热泵认识上的误区，正确理解其工作的实质，并为其进行正名，也逐渐成为目前正确设计与推广土壤源热泵技术的前提与关键。

2.5.2 岩土热物性的确定

地埋管换热器的传热过程是一个复杂的非稳态过程，其影响因素有很多，岩土热物性参数是影响最大的因素。埋管现场地下岩土的热物性是土壤源热泵设计中地下埋管换热器设计所需要的重要参数，其大小对钻孔的数量及深度有显著的影响，进而影响了系统的初投资。同时，如果岩土热物性参数不准确，也会导致所设计的系统负荷与实际负荷不相匹配，从而不能充分发挥其节能优势。此外，在利用土壤源热泵专业软件进行土壤热平衡设计及土壤源热泵系统优化设计时均要用到岩土的热物性参数。因此，正确获得埋管现场的地下岩土热物性是土壤源热泵正确应用的关键。

2.5.3 设计方面

由于土壤源热泵相比传统空调系统多了地埋管换热系统，从而导致其设计计算相对复杂。地埋管换热系统的换热效果影响因素较多，其传热效果存在一定的不确定性，且还受不同地区气候与地质条件的影响。在满足土壤换热条件下，土壤冷热平衡是影响土壤源热泵系统节能高效运行的关键问题。在进行土壤冷热平衡设计计算时，不是简单的最大日冷负荷与最大日热负荷的相加减，而是以年为单位，结合当地的气象参数，利用专业软件计算全年逐时冷热负荷，进行累积计算，最终得出每年向地下排放的总热量、从地下取出的总热量以及两者的差值。在此基础之上，利用专业土壤源热泵计算软件进行地埋管换热系统及其辅助冷源系统的设计，从而得到优化设计方案。

2.5.4 施工方面

土源热泵系统的施工质量（如地埋管）对系统的运行效果具有显著影响。通过调查发现，施工质量差主要表现在未保证热交换井的深度和孔径；受现场地形条件限制，实际钻孔间距小于设计间距影响了地下土壤温度的恢复速度继而造成埋管换热器效率的逐年下降；安装地埋管时不设隔离支架造成"热短路"现象；在地埋管回灌时，未严格按照自下而上的机械回灌方式，导致部分钻孔存有孔隙，影响了换热效果。所有这些均直接影响了系统的最终运行能效，造成部分土壤源热泵达不到预期节能效果，严重影响了该项技术的推广与健康发展。因此，组建专业化的土壤源热泵系统施工队伍，建立规范化的施工方案与严格的施工监控体系是土壤源热泵技术正确推广的重要保证。

2.5.5 运行管理方面

土壤源热泵运行过程中需采用有效手段来控制和调节地下换热器各区域的换热能力，保证各区域地下换热器的换热能力得到最大程度的发挥。另外在部分负荷情况下应通过运行控制策略的优化使土壤源热泵系统仍然能够节能高效运行，很多项目在实际运行过程中都没有相应的运行控制策略，运行工况不合理，导致运行能耗高。因此，建立完善的运行管理方案对于土壤源热泵的高效运行至关重要。

2.5.6 能效测评

相关管理部门应加强对土壤源热泵项目进行能效测评，以测评结果来强化各实施环节的有效控制。加强对土壤源热泵相关产品、设备的质量监督，强化市场准入，加大对产品、设备性能的检测力度，确保产品质量和系统的高效节能运行。

2.6 土壤源热泵技术的发展历史与现状

2.6.1 国外

1912 年，瑞士人佐伊利（H. Zoelly）首次提出了利用土壤作为热泵热源的专利设想，标志着土壤源热泵研究的开始。但是，直到二战结束后，才在欧洲与北美兴起对其大规模的研究与开发。1946 年，美国开始对土壤源热泵进行了十二个主要项目的研究，同年在俄勒冈州的波兰特市区中心建成第一台土壤源热泵系统，运行很成功，由此掀起了土壤源热泵研究的第一次高潮。在此期间主要是对土壤源热泵进行了一系列基础性的实验研究，包括对土壤源热泵运行的实验研究、土壤埋管换热的实验测试及埋地盘管数学模型的建立，同时也对埋管热流理论方面作过研究，如经典的开尔文（Kelvin）线源理论及 Ingersoll 的圆柱源理论，为后来的研究提供了理论与试验基础。然而，由于土壤源热泵的高投资及当时廉价的能源资源，再加上当时地下金属埋管的腐蚀问题没有很好的解决及土壤埋管传热计算的复杂性，这一阶段的研究高潮持续到 20 世纪 50 年代中期便基本停止了。

1973 年，由于"能源危机"的出现，促使欧美国家重新开始了对土壤源热泵的大规模研究。欧洲在 20 世纪 80 年代初先后召开了 5 次大型的地源热泵专题国际学术会议。1974 年起，瑞士、荷兰及瑞典等国家政府资助的示范工程逐步建立起来，地源热泵生产技术逐步完善。瑞典在短短的几年中共安装了 1000 多台（套）地源热泵装置，以用于冬季供暖；垂直埋管式地源热泵技术在 70 年代末引入，此后，各种类型的垂直埋管方式主要在瑞典、德国、瑞士和奥地利等国得到应用。美国从80年代初开始，在能源部（DOE）的直接资助下由ORNL（橡树岭）、BNL（布鲁克黑文）等国家实验室和俄克拉荷马州立大学（Oklahoma State University，OSU）等研究机构对土壤源热泵开展了大规模的研究，为其推广起到了重要的作用。此时地下埋管已由早期的金属管改为塑料管，解决了土壤对金属管的腐蚀问题。这一时期的主要工作是对埋地换热器的地下换热过程进行研究，建立相应的数学模型并进行数值仿真，这些研究成果反映在Bose、Metz、Mei及Eskilson等人的论文、研究报告以及由ASHRAE出版的地源热泵设计手册中。

进入20世纪90年代以来，土壤源热泵的应用与发展进入了一个全新快速发展的时期。此时，地源热泵在欧美的热泵市场份额约占3%，每年报道的地源热泵应用工程项目和研究报告不断增加。1993年，在俄克拉荷马州立大学（Oklahoma State University）成立了国际地源热泵协会（IGSHPA），1996年，该协会专门推出了报道地源热泵研究的期刊和网上杂志（www.igshpa.okstate.edu）。在此阶段，除报道有关埋地换热器的强化传热外，还有大量的关于地源热泵实际工程运行的总结和已建成工程的性能比较，研究热点依然集中在埋地换热器的换热机理、强化换热及热泵系统与埋地换热器匹配等方面。与前一阶段单纯采用的"线热源"传热模型不同，最新的研究更多地关注相互耦合的传热、传质模型，以便更好地模拟埋地换热器的真实换热状况。同时，对于适用于不同气候地区、不同用途的混合地源热泵系统也在进行研究中。此外，对于热物性更好的回填材料的研究以及现场测试地下土壤热物性的技术也正在开展之中。在此期间，俄克拉荷马州立大学（Oklahoma State University）的以Spitler教授为领队的研究小组对地源热泵进行了大量的研究，内容涉及各种混合地源热泵系统的模拟与优化、土壤特性参数现场测试技术、地源热泵系统的模拟、垂直U形埋管的数值传热模型、地源热泵系统的优化与控制及单井地下水地源热泵系统等方面，其研究成果均反映在了Spitler、Yavuzturk、Chiasson等的论文中。国际最新研究动态表明，有关埋地换热器的传热强化、土壤源热泵系统仿真及最佳匹配参数的研究都是地源热泵发展的"核心"技术课题，也是涉及多个基础学科领域且极具挑战性的研究工作。

2.6.2 国内

自20世纪50年代以来，我国便开始了对热泵技术的探索性研究，但主要集中在对空气源和水源热泵的研制与开发利用上。80年代末，在国家自然科学基金的资助下，国内的许多学者开始了对地源热泵的探索研究，主要的研究领域侧重于对地下水平埋管、垂直U形埋管、套管及螺旋形埋管地源热泵的供热供冷性能的实验与理论研究。

据文献资料报道，国内最早的土壤源热泵研究开始于1989年，当时青岛建筑工程学院（现青岛理工大学）同瑞典皇家工学院合作建立了国内第一个水平埋管土壤源热泵实验室，随后又在此基础上建立了 53m 埋深单 U 形垂直埋管地源热泵实验台，并相继进行了供冷供热的实验与理论研究。1989～1993 年，天津商学院的高祖锟等分别对塑料和铜管的水平蛇行管、螺旋形埋管土壤源热泵进行了冬季采暖和夏季空调制冷的性能研究。这一阶段研究工作的主要内容是研究利用热泵技术实现低温地热水采暖和探讨在我国利用地源热泵技术的可行性及一些基本的实验测试，而对埋地换热器地源热泵的埋管换热机理和地源热泵系统的运行性能则没有开展更多的研究。

20 世纪 90 年代以后，由于受国际大环境的影响及地源热泵自身所具备的节能与环保优势，这项技术逐渐受到人们的重视，越来越多的国内科技工作者开始投身于此项研究。1995 年，国家科技部与美国能源部共同签署了《中华人民共和国国家科学技术委员会和美利坚合众国能源部能源效率和可再生能源技术的发展与利用领域合作协议书》，并于 1997 年又签署了该合作协议书的附件《中华人民共和国国家科学技术委员会与美利坚合众国能源部地热开发利用的合作协议一书》。其中，两国政府将地源热泵空调技术纳入了两国能源效率和可再生能源的合作项目，并拟在中国的北京、杭州和广州 3 个城市各建一座采用地源热泵供暖空调的建筑，以推广运用这种"绿色空调技术"，缓解中国对煤炭与石油的依赖程度，从而达到能源资源多元化的目的。2000 年 6 月，美国能源部和中国国家科委联合在北京召开地源热泵产品技术推广会，这一举措极大地促进了该技术的国际合作和推广应用。自此以后，国内便开始了以土壤为热源的地源热泵的理论与实验研究的高潮，主要针对 100m 埋深以内垂直埋管及部分水平埋管地源热泵的理论与实验研究、土壤热物性的研究和地源热泵示范工程的实验研究。

华中科技大学从 90 年代开始，在国家自然科学基金的资助下先后进行了单、双层水平单管换热的试验研究、地下浅层井水用于供暖空调的研究。天津大学的赵军、李新国等对垂直 U 形及桩埋管式地源热泵进行了大量的实验与理论研究，并以天津市梅江生态小区土壤源热泵科研工程实例为背景，对 U 形垂直埋管式换热器进行了单管与多管实验测试与理论研究；重庆建筑大学的刘宪英等从 1999 年开始对浅埋竖直套管换热器及水平埋管换热器地源热泵的采暖、供冷进行了大量的实验测试与理论研究，并采用系统能量平衡法，结合热传导方程建立了地下竖埋套管式换热器的传热模型；湖南大学提出了蓄热水箱式土壤源热系统的概念，并利用数值模拟的方法，对夏季工况下的传热特性进行分析，表明：对于间歇运行的空调系统，采用该系统和提出的运行模式运行时，能使系统在夏季启动阶段以比较低的冷凝温度运行，以达到节能效果；同时还进行了多层水平埋管的换热特性研究。同济大学的张旭等在 UTC 的资助下，对土壤及不同比例的土砂混合物，在不同含水率，不同密度条件下的热导率及土壤源热泵的冬季供暖性能进行了实验研究。山东建筑工程学院的方肇洪、刁乃仁、曾和义等对埋管换热器传热模型进行了深入的研究，提出了 U 形埋管换热器中介质轴向温度的数学模型及有线长线热源模型，同时对埋管现场土壤热特性参数测试方法进行了一定的分析，并在图书馆学术报告厅建立了地源热泵示范工程，进行了长期的运行测试。吉林大学热能工程系的高青等对间歇运行地源热泵中土壤温度场的分布及其恢复特性进行了实验研究与理论分析，得出间歇运行方式有利于提高效率；吉林大学建筑工程系于 2000 年开始在长春市政府的协助下完成与日本 NEDO 机构合作的封闭循环式地能中央空调示范工程项目，实现一个冬季采暖期和夏季制冷运行，获得了令人满意的结果，在国内率先成功地开展了封闭式地能利用系统的示范工程。从 2000 年开始，北京工业大学对户式地源热泵机组及垂直 U 形埋管地源热泵进行了一定的理论与实验研究。河北建筑科技学院城建系土壤源热泵空调装置于 2001 年 8 月在河北省邯郸市建成并投入运行，并设立了数据采集与控制系统，对地源热泵系统中的压力、温度、流量及功率等进行测试。从 2003 年开始，杨卫波等开展了土壤源热泵及太阳能-土壤源热泵复合式系统的理论与实验研究，并搭建了太阳能-土壤源热泵复合系统实验平台，开展了复合式系统不同运行模式下运行特性的实验测试。此外，浙江大学、哈尔滨工业大学、东南大学、扬州大学、大连理工大学、西南交通大学、中科院广州能源研究所等科研单位也对土壤源热泵进行了一定的研究，取得了不少的成果。

《中国"十五"能源发展规划》把优化能源结构作为能源的重中之重，并强调中国必须在 21 世纪前 20 年实现能源消费结构以煤为主到以天然气为主的跨越，实施以开发风力、太阳能、地热能为主的可再生能源战略。2005 年 2 月 28 日，在第十届全国人民代表大会常务委员会第十四次会议上通过了《中华人民共和国可再生能源法》，其中地源热泵被列为可再生能源利用专项技术支持的五大重点领域之一。2005 年年底，国家建设部还专门制定并颁布实施了《地源热泵系统工程技术规范》，所有这些为地源热泵在国内的推广应用与发展提供了政策支持与技术保障。

2005 年后，随着我国对可再生能源应用与节能减排工作的不断深入，《可再生能源法》、《节约能源法》、《可再生能源中长期发展规划》等相继颁布。为落实《中华人民共和国可再生能源法》和《国务院关于加强节能工作的规定》，推进可再生能源在建筑领域的规模化应用。建设部出台《建设部关于落实＜国务院关于印发节能减排综合性工作方案的通知＞的实施方案》的通知，提出：到"十一五"期末，建筑节能实现节约 1 亿吨标准煤的目标。其中发展太阳能、浅层地能、生物质能等可再生能源被纳入到建筑应用中，以实现替代常规能源的消耗。建设部发布《建设事业"十一五"重点推广技术领域》，确定了"十一五"期间九大重点推广技术领域，其中"建筑节能与新能源开发利用技术领域"中重点推广太阳能、浅层地温能及其他能源利用技术。《国务院关于印发节能减排综合性工作方案的通知》，明确提出要"大力发展可再生能源，抓紧制订出台可再生能源中长期规划，推进风能、太阳能、地热能、水电、沼气、生物质能利用以及可再生能源与建筑一体化的科研、开发和建设"。

2009 年开始，财政部、住房和城乡建设部联合制定《可再生能源建筑应用城市示范实施方案》。对纳入示范的城市，中央财政将予以专项补助，资金补助基准为每个示范城市 5000 万元，最高不超过 8000 万元。新增可再生能源建筑应用面积包括地源热泵示范项目，其中地源热泵包括土壤源热泵、淡水源热泵、海水源热泵、污水源热泵等技术。国家已将地热能纳入"十二五"能源规划，初步计划在未来五年，完成地源热泵供暖（制冷）面积（3.5×108）m^2，预计总市场规模至少在 700 亿元左右，可以预计中国未来的以浅层地热资源作为能源的地源热泵供暖空调技术市场前景广阔。

第**3**章
土壤源特性分析

土壤源热泵以浅层大地土壤作为热泵的低位热源，它利用土壤作为热泵的吸热与排热场所，实现空调房间与土壤间的能量交换。因此，土壤作为热源时的温度分布状况及其热特性对土壤源热泵系统的设计、运行效率、经济性及其适应性有着很重要的影响。本章主要介绍土壤能量的来源与平衡、土壤源的特点、土壤的热与结构特性及土壤的温度状况。

3.1 土壤能量的来源与平衡

3.1.1 土壤能量的来源

土壤能量的来源主要有太阳辐射、地热以及土壤中生物过程释放的生物热和化学过程产生的化学热等，其中太阳辐射是土壤最基本的能量来源，是决定土壤热流的关键性因素。

3.1.1.1 太阳辐射能

太阳作为表面温度约为 6000K 的巨大辐射体，不停地向四周空间辐射出巨大的能量，地球仅获得其中极少的一部分（约 20 亿分之一）。当太阳辐射通过地球大气层时，其能量的一部分被大气所吸收和散射，一部分被云层反射，到达地表的太阳辐射只有约 50% 左右，这一小部分的太阳辐射能比土壤从其他方面获得的总能量要大数千倍，因此，太阳辐射是土壤最主要的能量来源。

3.1.1.2 生物热

土壤微生物分解有机质的过程是一个放热过程，其释放出的能量只有小部分（不足 50%）被微生物作同化作用的能源，大部分则用来提高土壤的温度。由于土壤有机质含量一般不高，因此生物热的量很有限。

3.1.1.3 地热

地球内部温度高达几千度，导致其热量不断向地表传递。但是，由于地壳一般较厚，且导热性能很差，从而，从内部传至地表层的热量很少。据估计，从地球内部来的热流比来自太阳的小五千倍。因此，地热一般对土壤温度的影响很小，只有局部地区例外；如温泉、火山口附近，这一因素对土壤温度的影响就不可忽略。

3.1.2 土壤能量的平衡

土壤能量的平衡对土壤热量状况的影响极为重要。当太阳辐射到达地面时，少部分能量被反射，用于加热近地面的空气，多数能量则被土壤吸收，提高土壤温度。但不同的季节、纬度、海拔、地形、坡向、大气透明度以及地表植被等均会影响地表土壤对太阳能辐射能的吸收率，从而导致土壤温度变化差异较大。当表层土壤温度大于下部土壤时，热量将传入土壤内，反之则热量由土壤内向地表传递。前者称为正值交换，后者称为负值交换，这种热量交换决定了土壤的热状况。

根据能量守恒，土壤能量的收支平衡可以用式（3-1）表示：

$$S = Q + P \pm L_E + R \tag{3-1}$$

式中，S 为土壤单位时间内实际获得或失去的热量，W；Q 为地面辐射平衡，W；P 为土壤与大气层之间的湍流交换量，W；L_E 为水分蒸发、蒸腾或水汽凝结而造成的热量损失或增加，W；R 为地表面与土壤下层之间的热交换量，W；$\pm$ 为不同条件下表现出增温或冷却的情况。一般情况下，白天由于土壤吸收太阳辐射热，计算出的 S 为正值；夜晚地表不断散热，土壤温度降低，导致土壤热量的负值交换，S 为负值。

3.2 土壤源的特点

3.2.1 土壤源的优点

与空气热源相比，土壤热源有以下优点：

① 由于土壤的热容量大，因此土壤温度全年波动小，且数值相对稳定。夏季土壤中的温度低于气候条件下的地面空气温度，冬季土壤温度高于对应气候条件下的地面空气温度。因此，从理论上讲，可降低冷凝温度和提高蒸发温度，提高热泵机组的性能系数，从而达到节能的目的。

② 土壤蓄热性能好，土壤温度变化相对于空气温度变化具有延迟与衰减性。在室外空气温度处于最不利状态，用户对能源需求量处于高峰期时，由于土壤对地面空气温度波动的衰减与延迟，和空气源相比，它仍可以提供较低的冷凝温度与较高的蒸发温度，从而在耗电量相同的条件下，能够提供更多的制冷或制热量。

③ 埋地换热器不需要除霜，减小了结霜和除霜的能耗。

④ 土壤热源具有较好的环保效益。用土壤作为热泵的吸热与排热场所，既没

有燃烧、排烟，也没有空气源热泵的噪声和热污染，同时，也不需要堆放燃料和废弃物的场所，埋地换热器在地下土壤中静态地吸热、放热，且埋地换热盘管可布置在花园、草坪甚至建筑物的地基下，不占用地上空间，因此，具有很好的环保效果。

3.2.2　土壤源的缺点

从目前已使用的情况来看，土壤热源用于热泵时的缺点主要表现在：

① 埋地换热器的换热效果受土壤性质的影响较大，不同的土壤状况会导致不同换热效率，因此给其设计带来困难。

② 热泵连续运行时，热泵的冷凝温度或蒸发温度会因土壤温度的变化（采暖吸热时会降低，空调放热时会升高）而发生波动，从而使得系统连续运行时不稳定。

③ 由于地下土壤的导热性能较差，因此，在承担相同负荷时所需地下埋管的数量较多，从而致使地下部分的初投资（钻孔、土建等费用）较大，一般要占整个系统初投资的一半以上。

④ 土壤热导率小，能量密度低，从而导致埋地盘管与周围土壤的换热量较小。已有研究表明：其持续吸热率为 $20\sim40W/m^2$，一般为 $25W/m^2$。所以与风冷热源热泵相比，其所需换热面积较大，这就决定了采用单独的土壤源热泵时，其承担的负荷不宜太大，一般用于不大于 1MW 的场合。

3.3　土壤的孔性

土壤是一个复杂的多孔体，土壤孔性是指土壤孔隙数量和大小孔隙分配及其在各土层中的分布状况。孔隙是容纳水、气的场所，孔隙数量的多少直接关系到土壤容纳水、气的能力，而大小孔隙的分配及其在土层中的分布与土壤保持水、气的比例及其有效性有密切关系，它关系着土壤水、气、热的流通和储存，是土壤的重要物理性质，对土壤源热泵地埋管换热性能及土壤源热泵的运行效率至关重要。

3.3.1　土壤密度

单位体积的土壤固相颗粒（不包括粒间孔隙容积）的质量称为土壤密度，单位为 g/m^3。

$$土壤密度＝土壤固相质量／土壤固相体积 \qquad (3-2)$$

土壤密度值的大小取决于土壤中各种固相成分的含量和密度。由于多数土壤的有机质含量较低，故土壤密度值的大小主要取决于矿物质组成。如氧化铁等重矿物的含量多，则土壤密度大，反之则密度小。常见土壤矿物的密度如表 3-1 所示，自然界多数土壤的密度值为 $2.6\sim2.7\mathrm{g/cm^3}$，土壤常用密度值为 $2.65\mathrm{g/cm^3}$。

表 3-1　土壤中常见矿物的密度

矿物种类	密度/(g/cm³)	矿物种类	密度/(g/cm³)
石英	2.60～2.68	赤铁矿	4.90～5.30
正长石	2.54～2.57	磁铁矿	5.03～5.18
斜长石	2.62～2.76	三水铝石	2.30～2.40
白云母	2.77～2.88	高岭石	2.61～2.68
黑云母	2.70～3.10	蒙脱石	2.53～2.74
角闪石	2.85～3.57	伊利石	2.60～2.90
辉石	3.15～3.90	腐殖质	1.40～1.80
纤铁矿	3.60～4.10	土壤	2.60～2.70

3.3.2　土壤容重

土壤容重是指单位体积原状土（包括土壤孔隙体积）的干重，单位为 $\mathrm{g/cm^3}$ 或 $\mathrm{t/m^3}$。与土壤密度单位一样，也称为土壤假比重。土壤孔隙结构和孔隙状况保持原状而没有受到破坏的土样称为原状土，其特点是土壤仍然保持自然状态下的各种孔隙，具体计算式为：

$$土壤容重＝土壤固相质量/土壤体积 \tag{3-3}$$

由于土壤固相体积小于土壤体积，因此，土壤容重总是小于土壤密度。两者的质量均以 $105\sim110℃$ 下烘干土计。土壤容重的数值大小受质地、松紧度、结构等的影响。一般砂质土壤容重为 $1.2\sim1.8\mathrm{g/cm^3}$，黏质土容重为 $1.0\sim1.5\mathrm{g/cm^3}$。土壤经耕作后，疏松多孔，容重小，而紧实土壤的容重大。有结构的土壤，其结构内外均有孔隙，故其容重较土粒分散而未形成结构的土壤小。

土壤容重是衡量土壤物理性质的一个基本参数，它可用于判断土壤的松紧程度、计算土壤孔隙度、计算土壤质量、估算各种土壤成分储量等。表 3-2 给出了土壤容重与松紧程度及孔隙度间的关系。

表 3-2　土壤容重、松紧程度与孔隙度的关系

松紧程度	孔隙度/%	土壤容重/(g/cm³)
最紧	＞60	＜1.00
松	60～56	1.00～1.14
适合	56～52	1.14～1.26
稍紧	52～50	1.26～1.30
紧	＜50	＞1.30

3.3.3　土壤孔隙

3.3.3.1　土壤孔隙度

土壤孔隙度是指单位容积内各种大小孔隙容积所占的百分比，反映了土壤

总体积中孔隙体积所占比例的多少，它表示土壤中各种大小孔隙度的总和，一般简称孔度。由于土壤孔隙的形状是极不规则的，用现代几何学方法很难计算出真实的容积和孔径。目前计算土壤的孔隙度，可通过土壤容重和土壤密度来计算如下：

$$土壤孔隙度 = 孔隙容积/土壤容积$$
$$= （土壤容积 - 土粒容积）/土壤容积$$
$$= 1 - 土粒容积/土壤容积$$
$$= 1 - 土壤容重/土壤密度 \tag{3-4}$$

土壤孔隙度大小说明了土壤的松散程度及水分和空气容量的大小，土壤孔隙度多为 40%～70%，砂土、壤土和黏土孔隙度分别为 30%～45%、40%～50% 和 45%～60%，结构良好土壤的孔隙度为 55%～70%，紧实底土为 25%～30%。

3.3.3.2　土壤孔隙比

土壤孔隙比是指土壤孔隙容积与土壤固相容积的比值，其计算公式为：

$$土壤孔隙比 = 孔隙容积/土壤固相容积$$
$$= 孔隙容积/（土壤容积 - 孔隙容积）$$
$$= (孔隙容积/土壤容积)/（1 - 孔隙容积/土壤容积）$$
$$= 孔隙度/（1 - 孔隙度） \tag{3-5}$$

土壤孔隙比为 1 或稍大于 1 为最好。孔隙比优于孔隙度之处在于当孔隙容积变化时，只是式中分子改变，而以孔隙度表示孔隙容积变化时，则分数的分子与分母均在变化。一般而言，土壤质地越粗，容重越大，而土壤总孔隙度就越小。土壤质地越细，容重越小，则土壤总孔隙度就越大。

3.4　土壤的热特性

土壤的热特性是土壤源热泵地埋管换热器设计中的重要参数，土壤源热泵系统中的埋管深度、埋管间距、埋管的进出口温差及地下换热量等在很大程度上都取决于土壤热特性参数，这些参数对地埋管的换热及其设计有着重要的意义。

土壤是一个非均质、多相、颗粒状的多孔系统，自然界中的三相在土壤中亦存在。固相由土壤颗粒组成，液相由土壤空隙中的水分与溶解物形成的土壤溶液组成，气相为土壤空隙中存在的空气，每种成分按其所占比例不同程度地影响着整个土壤热系统。土壤属于多孔介质，描述其热特性的基本参数主要包括土壤含水率、密度、热容量、热导率与导温系数等，土壤在能量平衡过程中所得到的热量对土壤温度分布影响的大小主要是受到上述参数的影响，其中土壤含水率和密度对其热导率起着决定性的作用。

3.4.1 土壤的热容量

土壤作为一个非均质的、多相的、颗粒化系统，其中占体积50％的部分为固相，其余由空气、水等成分组成，其详细成分及其对应的热物性参数见表3-3。

表 3-3 土壤各组成物质的物性参数（标准大气压，20℃）

组成物质	密度 /(kg/m³)	质量比热容 /[kJ/(kg·℃)]	容积比热容 /[kJ/(m³·℃)]	热导率 /[W/(m·℃)]
石英	2650	0.733	1942	8.37
黏土矿物	2650	0.733	1942	2.93
土壤有机质	1300	1.926	2504	0.251
水	1000	4.187	4187	0.595
空气	1.2	1.005	1.2	0.026

土壤的比热容是指单位质量或容积的土壤每升高或降低1℃所需的热量，前者称为质量比热容，亦称质量比热，后者称为容积比热。由于不同土壤中三相物质所占比例不同，为了便于分析，可将土壤的成分简单划分为矿物质（固体相）、有机质（固体相）、水（液相）和空气（气相）。定义单位质量的土壤温度每升高1℃所需的热量为土壤的质量比热容，并以 c_{ms} 表示，单位为 kJ/(kg·℃)，则 c_{ms} 可由各组成物的质量比热容表示为：

$$c_{ms} = c_{mm}y_m + c_{mo}y_o + c_{mw}y_w + c_{ma}y_a \tag{3-6}$$

式中，y_m、y_o、y_w、y_a 分别为单位质量土壤中含有的矿物质、有机质、水、空气的质量，g/g；c_{mm}、c_{mo}、c_{mw}、c_{ma} 分别为矿物质、有机质、水、空气的质量比热容，kJ/(kg·℃)，在20℃和1atm（101325Pa）下，其值可参见表3-3。因此只要已知土壤中各组成物的质量比，便可根据表3-3由式（3-6）计算出土壤的质量比热容。

由于空气的比热容相对很小，可忽略不计，土壤的质量比热容与土壤中无机物、有机物和水分所占的质量百分比之间的关系可表示为：

$$c_{ms} = 126.8x_m + 157.1x_o + 262.1x_w \tag{3-7}$$

式中，x_m、x_o、x_w 分别为土壤中无机物、有机物、水分的质量百分比，％。

对于土壤的容积比热容 C_s，同样有：

$$C_s = C_mV_m + C_oV_o + C_wV_w + C_aV_a \tag{3-8}$$

式中，V_m、V_o、V_w、V_a 分别为单位容积土壤中含有的矿物质、有机质、水、空气的体积，m³/m³；C_m、C_o、C_w 和 C_a 分别为矿物质、有机质、水、空气的容积比热容，kJ/(m³·℃)，可参照表3-3取值。

在组成土壤的三相物质中，水的比热容最大，空气的比热容最小，可忽略不计，而矿物质和其他有机物质的比热容则介于二者之间。在固相组成物中，腐殖质的比热容大于矿物质，而矿物质的比热容彼此相差较小。在一定地区的土壤中，其矿物质与有机质含量的变化幅度一般不会很大，含水量的差异则相当大，且时常变化，同时与土壤空气互为消长。因此，对于一定地区而言，土壤热容量的大小主要取决于土壤含水量，土壤的含水量越大，则土壤热容量愈大，土壤温度愈稳定。

3.4.2 土壤的热导率

土壤吸收一定的热量后，除由于自身的热容量而增温外，同时还把热量传递给临近温度较低的土层，土壤的这种传导热量的性质称为土壤的导热性，通常用土壤的热导率来度量。在描述土壤热物性的诸多参数中，热导率最为重要，其定义式为：

$$\lambda_s = -q_n/(\partial T/\partial n) \tag{3-9}$$

式中，λ_s 为热导率，$W/(m \cdot ℃)$；q_n 为法线方向热流通量，W/m^2；$\partial T/\partial n$ 为法线方向的温度梯度，$℃/m$。

土壤热导率表明了土壤内部热传导的难易程度，热导率越大，说明土壤热量易于传导，表层与底层的土壤温差较小，表层土壤温度日变化幅度小；反之，热导率小，表层与底层的土壤温差较大，表层土壤温度日变化幅度较大。

土壤三相组成的热导率相差很大，土壤水分的热导率约为 $0.58W/(m \cdot ℃)$，土壤空气的热导率约为 $0.025W/(m \cdot ℃)$，矿质土粒的热导率约为 $1.9W/(m \cdot ℃)$。各种土壤的热导率，一般可以从干状态的 $0.25W/(m \cdot ℃)$ 变化到湿状态的 $2.5W/(m \cdot ℃)$。因此，土壤的含水量是影响其热导率的最主要因素。

土壤作为一个复杂的多孔体系，其传热过程相当复杂，主要包括两个交错进行的过程：一是通过孔隙中空气或水分进行传导，二是通过固相之间接触点直接传导。因此，土壤热导率与土壤的紧实度和土壤湿度有着密切的关系。土壤愈紧实，通过固相之间接触点直接传导的热量愈多，热导率越大。在相同紧实度的条件下，湿土的热导率比干土的要大。因此，为了提高地埋管的换热能力，采用埋管钻孔回灌导热性较好的填充材料已成为埋地换热器安装中的一个新的有效的技术措施。

土壤热导率是埋管换热器设计中的关键性参数之一，由于土壤内组分复杂，气、液、固三种状态同时存在于土壤中，且受含水率、组成结构及紧实度等诸多因素的影响，导致了其计算比较复杂，可将土壤热导率归结为由三种组分按不同比例构成的一个等效热导率，其计算公式如下：

$$\lambda_{eff} = \lambda_s (1-\varepsilon) + \lambda_l \theta + \lambda_g (\varepsilon-\theta) \tag{3-10}$$

式中，λ_{eff}、λ_s、λ_l、λ_g 分别为土壤的等效热导率、土壤中固相结构热导率、土壤液相物质热导率、土壤气相物质热导率，$W/(m \cdot ℃)$；ε 为非饱和土壤孔隙率，无量纲；θ 为含水率，无量纲。

对于不同湿度和密度的土壤，亦可采用以下公式来计算其等效热导率：

$$\lambda_{\text{eff}} = 0.144166 \times [0.9 \times \lg(\theta \times 100) - 0.2] \times 10^{0.000624g} \tag{3-11}$$

式中，g 为干土壤密度，kg/m^3；θ 为土壤湿度，kg/kg，可表示如下：

$$\theta = \frac{\text{单位容积土壤内含水量}}{\text{单位容积土壤质量}} \tag{3-12}$$

土壤热导率在大于某一特定的湿度临界值之后表现出相对恒定，该湿含量称为临界湿度含量（CMC），见表 3-4。当低于 CMC 时，热导率迅速下降。在夏季工况下，当 U 形埋管向土壤排热时，埋管附近土壤里的湿气可以被驱除出去。如果土壤处于或接近 CMC，这种湿气的减少将使土壤的导热性能急剧减小，从而使 U 形埋管的换热性能大大降低，表现出这种特性的土壤视为热不稳定，将严重降低土壤的传热性能。

表 3-4　临界湿度含量

土壤描述	近似临界湿度含量/%
颗粒	<12
淤泥	12~16
黏土	16~22
有机的泥煤似的土壤	18
有机的淤泥和富养的黏土	>22

在工程设计计算中，在知道土壤含湿量、黏土含量及其密度的前提下，亦可采用土壤热导率的诺谟图来确定其值，有关诺谟图可查阅相关书籍。

3.4.3　土壤的导温性

土壤的导温性是指土壤传递温度变化快慢的性能，常以导温系数 a_s（又称为热扩散系数）来表示。土壤导温系数的大小反映了土壤导热引起土壤温度变化能力的强弱，它与土壤热导率成正比，与土壤的热容量成反比，即

$$a_s = \frac{\lambda_s}{\rho_s c_s} \tag{3-13}$$

式中，λ_s 为土壤的热导率，$W/(m \cdot ℃)$；ρ_s 为土壤的密度，kg/m^3；c_s 为土壤的质量比热，$kJ/(kg \cdot ℃)$。

土壤导温系数表征了土壤在被加热或冷却时，土壤内部各部分温度趋向于均匀一致的能力。在热量一定的情况下，土壤的导温系数越大，则土壤内部温度趋向于一致的速度越快，各部分温差就越小。土壤的导温性对于土壤的传热特性有重要的影响，对土壤温度的自然恢复快慢及状况起决定性的作用。

土壤热导率也是随土壤质地、干容重和含水率的大小而变化的。对于同一土壤，其热导率和比热容均随土壤含水率的增高而加大。在含水率较低时，随着含水率的增加，土壤热导率的增幅较比热容的增幅要快，但当含水率较高时，情况

则相反。因此，导温系数先是随含水率的增加而加大，在达到一定含水率后，则随含水率的增加而减小。

经过前人理论分析和实验研究，表 3-5 中列举了各种常见及典型土壤的热物性参数，可为地埋管换热器设计计算提供数据依据。

表 3-5 几种典型土壤、岩土及回填料的热物性

土壤类型	热物性参数	热导率 λ_s /[W/(m·K)]	热扩散率 a_s /[10^{-6}(m²/s)]	密度 ρ /(kg/m³)
土壤	致密黏土(含水量 15%)	1.4~1.9	0.49~0.71	1925
	致密黏土(含水量 5%)	1.0~1.4	0.54~0.71	1925
	轻质黏土(含水量 15%)	0.7~1.0	0.54~0.64	1285
	轻质黏土(含水量 5%)	0.5~0.9	0.65	1285
	致密砂土(含水量 15%)	2.8~3.8	0.97~1.27	1925
	致密砂土(含水量 5%)	2.1~2.3	1.10~1.62	1925
	轻质砂土(含水量 15%)	1.0~2.1	0.54~1.08	1285
	轻质砂土(含水量 5%)	0.9~1.9	0.64~1.39	1285
岩石	花岗岩	2.3~3.7	0.97~1.51	2650
	石灰岩	2.4~3.8	0.97~1.51	2400~2800
	砂岩	2.1~3.5	0.75~1.27	2570~2730
	湿页岩	1.4~2.4	0.75~0.97	
	干页岩	1.0~2.1	0.64~0.86	
回填料	膨润土(含有 20%~30% 的固体)	0.73~0.75	—	—
	含有 20% 膨润土、80%SiO₂ 砂子的混合物	1.47~1.64	—	—
	含有 15% 膨润土、85%SiO₂ 砂子的混合物	1.00~1.10	—	—
	含有 10% 膨润土、90%SiO₂ 砂子的混合物	2.08~2.42	—	—
	含有 30% 混凝土、70%SiO₂ 砂子的混合物	2.08~2.42	—	—

3.5 土壤的温度状况

土壤源热泵系统的性能与土壤热特性紧密相关，埋管换热器最佳间距和深度取决于土壤的热物性和气象条件，并且是随地点而变化的，而土壤原始温度的大小在一定程度上直接决定了土壤与埋管流体间的传热温差，并进而决定了埋管的吸（放）热能力。因此土壤源热泵所在地区的土壤原始温度的确定是进行土壤源热泵系统设计的重要前提之一。

土壤原始温度分布主要取决于土壤结构和组分、地表覆盖情况及环境气候等因素。根据地温分布，土壤可以划分为三层：变温层、恒温层、增温层。变温层在地面以下 0~15m 范围之内，其温度分布受大气条件影响很大；恒温层在地面

以下 20～30m 范围之内，其温度基本不变；增温层在地面 30m 以下，在该层内的土壤温度随着土壤深度每增加 100m，土壤温度增加 3℃左右。

3.5.1　土壤温度状况的影响因素

一切影响土壤热量收入与支出的因素，以及土壤热特性都会影响土壤温度状况。

（1）纬度　太阳辐射能的强度随着纬度增大而减小，因此，总的来说，纬度增高，地面所得到的辐射能就减小，土温一般低于纬度较低的地区。

（2）海拔高度　随着海拔增高，大气层的密度逐渐稀薄，透明度不断增加，土壤可接受更多的太阳直接辐射，所以高山的土温比气温高。但是，由于高山空气稀薄、散热快、气温低，地面辐射显著增强。因此，总的说来，高山上的土温比平地低。

（3）坡面　北半球南坡朝阳，太阳光入射角大，接受太阳辐射和热量较多，所以土温比平地高，土壤较干燥；北坡与南坡正好相反。

（4）土壤的组成与性质　土壤结构、质地、松紧度、孔性、含水率等都影响着土壤的热容量、导温性以及土壤蒸发消耗的热量。不同颜色的土壤对太阳辐射能的吸收与反射也有很大的差异，浅色土壤对太阳辐射的发射率高，吸收少；深色则相反。因此，在同样强度的太阳辐射下，深色土壤的温度比浅色要高，土表温度可以相差 2～4℃。

（5）土壤冻结与解冻　上层土壤的温度降到摄氏零度以下，土壤便发生冻结。土壤中的水分实际上是稀薄溶液，或多或少含有各种盐类，因此土壤开始冻结的温度要低于 0℃。水分一般先从大孔隙开始冻结，湿土比干土冻结要慢，砂土比黏土冻结深。由于表层土壤的冻结，因此，对于浅层土壤的埋管（水平分、集液管）应作适当的保温处理。

3.5.2　土壤温度的变化规律

土壤的温度变化是指土壤温度随时间与空间的变化规律，它是土壤热平衡和土壤热特性共同作用的结果，是土壤热状况的具体反应。受地面温度年周期性和日周期性变化的影响，土壤温度相应的也有两种周期性变化：

（1）土壤温度的日周期性变化　土壤表层的土壤温度在日出后开始逐渐上升，至下午 1～2 点时达到最高值，之后又逐渐下降。土壤温度的日变化幅度随土层深度的增加而渐渐减小，温度峰值出现的时间也逐渐延迟。通常，在 1～1.5m 以下土层的温度日变化就不明显了。

（2）土壤温度的年周期性变化　土壤温度的年周期变化是指土壤温度在一年中各个月的变化情况，一般来说，土壤温度在三月份开始升高，至七月份达到最高值，之后又逐渐下降。随着深度的增加，土壤温度的年变化波幅逐渐减小，最大最小值出现的时间也渐渐延迟，达到一定深度后，土壤全年温度基本不变，这种土温终年不变的深度，在高纬度地区出现在 25m 处，在中纬度地区为15～25m。

3.5.3 土壤原始温度场的计算

土壤可以看作是一个半无限大的均质物体，其温度变化主要受太阳辐射和大气温度的影响，在周期性温度作用下，其温度分布可根据以下傅里叶导热微分方程求得：

$$\frac{1}{a_s}\frac{\partial \theta}{\partial \tau} = \frac{\partial^2 \theta}{\partial z^2} \quad (\tau \geqslant 0, \ 0 \leqslant z < \infty) \tag{3-14}$$

$$\theta = T(\tau, z) - T_m$$

式中，θ 为任意时刻任意深度处土壤的过余温度，℃；$T(\tau, z)$ 为 τ 时刻 z 深处的土壤温度，℃；T_m 为地表面年平均温度，℃；a_s 为土壤的导温系数，m^2/h。

由于地面表层温度与大气温度同步变化为余弦函数，由第一类边界条件可得：

$$\theta(\tau, 0) = A_s \cos(\omega \tau) \tag{3-15}$$

$$A_s = T_{max} - T_m$$

式中，$\theta(\tau, 0)$ 为地表面任意时刻的过余温度，℃；A_s 为地表面温度年周期性波动波幅，℃；T_{max} 为年地表面温度的最高值，℃；ω 为地表面温度年周期性波动频率 h^{-1}，$\omega = 2\pi/\vartheta = 2\pi/8760h = 0.000717h^{-1}$；$\vartheta$ 为温度年波动周期，h，$\vartheta = 8760h$。

对式（3-14）采用分离变量法求解，可得土壤在周期性热作用下温度分布的计算公式为：

$$T(\tau, z) = T_m + A_s e^{-z \times \sqrt{\frac{\omega}{2a_s}}} \cos\left(\omega\tau - z \times \sqrt{\frac{\omega}{2a_s}}\right) \tag{3-16}$$

式中，$T(\tau, z)$ 为 τ 时刻、z 深处的土壤温度，℃；T_m 为地表面年平均温度，℃；A_s 为地表面温度年周期性波动波幅，℃；a_s 为土壤的导温系数，m^2/h。

根据各地区的具体情况，将具体的数值代入式（3-16）即可算出不同地区在不同时间、不同深度处的土壤原始温度。图 3-1 给出了采用式（3-16）计算出的南京地区不同深度处土壤原始温度。分析可以看出，南京地区地下土壤温度随时间呈周期性变化，深度越小，土壤温度的波动越大，当土壤温度超过 20～30m 后土壤温度的波动范围很小（小于 0.5℃），基本上保持相对稳定，南京地区 20～30m 深度处的土壤全年平均温度约为 17.5℃。

3.5.4 土壤温度的变化特性

对式（3-16）进行分析，可以得出土壤内部温度相对于地面空气温度的变化

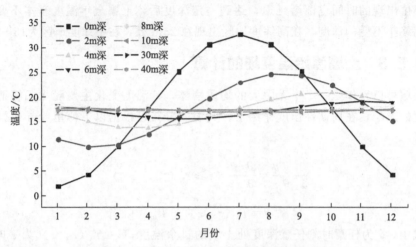

图 3-1　南京地区地下土壤温度分布计算值

具有如下的特性。

3.5.4.1　土壤温度波的衰减性

　　由于土壤对温度波的阻尼作用，使得温度波的振幅随地层深度 z 的增加而减小，若以 υ 表示其衰减度，则有：

$$\upsilon = A_z / A_s \tag{3-17}$$

　　式中，A_z 为任意深度 z 处土壤温度波的波幅，℃。

　　在式 (3-16) 中，令 $\cos\left[\omega\tau - z \times \sqrt{\omega/(2a_s)}\right] = 1$，可得深度 z 处的土壤温度波幅 A_z 为：

$$A_z = A_s \cdot \exp\left(-z\sqrt{\frac{\omega}{2a_s}}\right) \tag{3-18}$$

　　于是可得其对应的衰减度为：

$$\upsilon = \frac{A_z}{A_s} = \exp\left(-z\sqrt{\frac{\omega}{2a_s}}\right) \tag{3-19}$$

　　分析式 (3-19) 可知，影响土壤温度波衰减的主要因素是土壤的导温系数、波动周期及土壤的深度。温度波的波动周期越长，则温度波的穿透力越强，影响越深入；温度波的波动周期愈短，则温度波的波幅衰减愈快。所以日变化温度波比年变化温度波要快得多，一般年温度波影响深度约为 15m；日温度波的波幅较小，一般在 1.5m 深处就几乎消失了。因此在深度大于 1.5m 后，日温度波动的影响可以忽略不计。在实际工程计算中，为简化计算，常忽略日温度波动对地温的影响。

对于年波动周期，影响温度波衰减的主要因素是土壤的导温系数 a_s，在其他条件一定的情况下，a_s 值越大，则温度波衰减越慢，反之，则温度波衰减越快。因此，对同一地区而言，尽管有相同的气象条件及地层深度，但由于不同地点土壤导温系数值不同，从而导致有不同的土壤温度。分析式（3-19）还可知：土壤的深度愈深，则温度波幅衰减愈大，因此，当深度足够大时，温度波幅就衰减到可以忽略的程度，在这种深度下的地温可以认为全年保持不变，且约等于当地地表面的年平均温度，称为恒温层。

3.5.4.2　温度波的延迟性

分析式（3-16）可以看出：$\cos\left[\omega\tau - z\sqrt{\omega/(2a_s)}\right]$ 中的 $z\sqrt{\omega/(2a_s)}$ 反映了因时间延迟而导致 z 深度处土壤温度比地表面温度滞后的相位角，延迟时间 ξ 应为滞后相位角与角速度的比值，即

$$\xi = \frac{z\sqrt{\dfrac{\omega}{2a_s}}}{\omega} = 0.5z\sqrt{\frac{\vartheta}{\pi a_s}} \tag{3-20}$$

分析式（3-20）可知，针对某一特定的地区，由于土壤的导温系数一定，因此土壤温度波的延迟时间 ξ 只是地层深度 z 的单值函数。对一般土壤结构而言，当 $a_s = 0.00222\text{m}^2/\text{h}$ 时，其深度每增加 1m，时间延迟约 560h（23.4d）；对于中等湿度的土壤，$a_s = 0.00318\text{m}^2/\text{h}$，深度每增加 1m，时间延迟约 468h（19.5d）。如青岛地区土层属于花岗岩，$a_s = 0.00569\text{m}^2/\text{h}$，则深度每增加 1m，时间延迟为 350h（14.6d）。当埋地换热器埋深在 5m 以下时，采暖季节十一月中旬至三月中旬的土壤自然温度是由此向前推 73d 的地面温度决定的。因此，采暖季节最冷的 12 月与 1 月份的土壤温度分别是由 9 月与 10 月初的地表面温度决定，即在最冷供暖负荷最大的 12、1 月份，土壤温度并不是处于最低状态，土壤温度的这种延迟性对土壤源热泵的运行是极其有利的，正因为如此，用土壤作热源的土壤源热泵较其他的系统具有明显的节能效果。

为了更进一步地说明土壤原始温度的变化特性，图 3-2 给出了青岛地区采暖季不同深度土壤原始温度分布的计算值，分析可以得出：在深度大于 15m 以后，土壤温度基本上趋近于恒定值（12.46℃），且约等于青岛地区全年平均气温 12.2℃。进一步分析可以发现：在深度 3～15m，土壤温度的最低值并不出现在气温最低、热负荷最大的 1 月份，而是出现在气温也回升、热负荷并不是很大的 3 月份，这进一步说明了因土壤温度相对于地面具有延迟性而使得用土壤作热泵热源的优点。

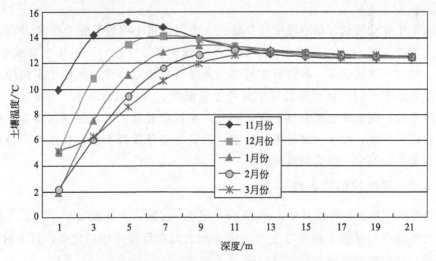

图 3-2　青岛地区采暖季不同深度土壤原始温度分布图

第 **4** 章
地下岩土热响应测试

在土壤源热泵系统的应用中，地下岩土的热物性，如岩土热导率、比热容等是地埋管换热器设计及系统动态仿真优化时的基础参数。如果岩土热物性参数不准确，则会导致地埋管换热器容量不能满足负荷需求，影响空调效果，或者容量过大而增大初投资。因此，土壤源热泵系统设计前需要进行地下岩土热响应测试，以获取比较准确的设计参数。

4.1　概述

4.1.1　测试目的

地下岩土热物性是土壤源热泵地埋管换热器设计所需要的重要参数，其大小对钻孔的数量及深度具有显著的影响，进而影响了系统的初投资。同时，如果岩土热物性参数不准确，也会导致所设计的系统与负荷不相匹配，从而不能充分发挥其节能优势。根据《地源热泵系统工程技术规范》，地埋管地源热泵工程应进行地下岩土热响应实验，以获得埋管现场地下岩土热物性参数，为地埋管换热器的设计与优化提供依据，并以此作为土壤源热泵系统长期运行后土壤热平衡校核计算及系统动态仿真的依据。因此，埋管现场地下岩土热物性的确定是土壤源热泵系统优化设计的前提与基础。

对于土壤源热泵系统工程设计而言，地埋管换热系统的换热能力是最为关心的内容，这主要取决于地埋管换热器深度范围内的岩土体综合热物性，是一个反映了岩土体结构、地下不同深度岩土分布及地下水渗流等因素影响后的综合值。由于地质情况的复杂性和差异性，必须通过现场探测试验得到岩土综合热物性参数，供地埋管设计计算使用。在试验得到岩土热物性的基础上，结合地埋管换热孔回填材料、钻孔直径、钻孔深度、埋管形式、埋管间距、运行工况下埋管流体设计温度及运行时间等条件，计算得到测试条件下地埋管换热器单位孔深换热量参考值，以指导地埋管换热器的工程设计。

4.1.2 测试依据

目前实施地下岩土热物性测试的主要依据为：

① 《地源热泵系统工程技术规范》(GB 50366—2005) (2009 版)；

② 《浅层地热能勘察评价规范》(DZ/T 0225—2009)；

③ 国际地源热泵协会（IGSHPA）推荐方法；

④ 工程现场具体情况及甲方提出的测试要求。

4.2 地下岩土热响应测试要求

4.2.1 一般规定

① 应根据实地勘察情况，选择测试孔的位置及测试孔的数量，确定钻孔、成孔工艺及测试方案。如果存在不同的成孔方案或成孔工艺，应各选出一个孔作为测试孔分别进行测试。如果埋管区域大且较为分散，应根据设计和施工的要求划分区域，分别设置测试孔进行岩土热响应测试。

② 当土壤源热泵系统的应用建筑面积在 $3000 \sim 5000 m^2$ 时，宜进行岩土热响应试验；当应用建筑面积大于等于 $5000 m^2$ 时，应进行岩土热响应试验。对于应用建筑面积小于 $3000 m^2$ 时至少设置一个测试孔，当应用建筑面积大于或等于 $10000 m^2$ 时，测试孔的数量不应少于 2 个。对 2 个及以上测试孔的测试，其测试结果应取算术平均值。

③ 在地下岩土热响应测试之前，应通过埋管现场钻孔勘探，绘制钻孔区域地下岩土柱状分布图，获取地下岩土不同深度的岩土结构。

④ 钻孔单位延米换热量是在特定测试工况条件下获得的实验数据，不能直接应用于地埋管换热系统的设计，仅可用于设计参考。

⑤ 测试现场应提供满足测试仪器所需的、稳定的电源。对于输入电压受外界影响有波动的，电压波动偏差不应该超过 5%。

⑥ 测试现场应为测试提供有效的防雨、防雷电等安全技术措施。

⑦ 测试孔的施工应由具有相应资质的专业队伍承担。

⑧ 为保证施工人员和现场的安全，应先连接水管和埋地换热器等非用电设备，在检查完外部设备连接无误后，再将动力电连接到测试仪器上。

⑨ 连接应减少弯头、变径，为了减少热损失，提高测试精度，所有连接外露管道应进行保温，保温层厚度不应小于 10mm。

⑩ 开启时，应先开启水循环系统，确认系统无漏水，流量稳定后，再开启电加热设备。

⑪ 岩土热响应的测试过程应遵循国家和地方有关安全、劳动保护、防火、环境保护等方面的规定。

⑫ 地下岩土热响应试验报告应包括以下内容：

a. 测试工程概况；

b. 测试参考依据；

c. 测试原理、测试装置及方案；

d. 测试地块地质构成（根据要求可选）；

e. 钻孔难易程度分析（根据要求可选）；

f. 测试现场地下土壤原始温度（未扰动温度）；

g. 测试过程中地埋管换热器进出口温度、循环流量、加热功率随时间连续变化的曲线图；

h. 地下岩土热物性综合参数，包括岩土有效热导率、土壤容积比热容、钻孔热阻及钻孔综合传热系数等；

i. 测试工况下，钻孔单位延米换热量的参考值及根据测试热物性计算出来的不同进口温度条件下的钻孔单位延米换热量；

j. 地埋管换热器流动阻力（根据要求可选）；

k. 根据测试得到的土壤热物性参数及甲方提供的全年建筑逐时动态冷热负荷，进行土壤源热泵长期运行时的土壤热平衡分析（根据要求可选）。

4.2.2　仪表要求

① 在输入电压稳定的情况下，加热功率的测量误差不应大于±1%。

② 流量的测量误差不应大于±1%。

③ 温度的测量误差不应大于±0.2℃。

④ 对测试仪器仪表的选择，在选择高精度等级的元器件同时，应选择抗干扰能力强，在长时间连续测量情况下仍能保证测量精度的元器件。

4.2.3　测试要求

① 岩土热响应测试应在测试孔完成并放置至少 48h 以后进行。

② 岩土热响应试验应连续不断，持续时间不宜少于 48h。

③ 试验过程中，加热功率应保持恒定。

④ 地埋管换热器的出口温度稳定后，其温度值宜高于岩土初始平均温度 5℃以上且维持时间不应少于 12h。

⑤ 地埋管换热器内流速不应低于 0.2m/s；对于单 U 形管，应不宜小于 0.6m/s；对于双 U 管，应不宜小于 0.4m/s。

⑥ 试验数据读取和记录的时间间隔不应大于 10min。

4.3 常用测试方法

目前，可用于确定地下岩土热物性的方法主要有：查询地质手册、取样测试法、探针法及现场测试法。

4.3.1 土壤地质手册

国际上已有多部根据地质结构和实验数据编制的土壤热物性手册。根据钻孔取出的土壤样本确定钻孔周围的地质构成，再通过查询这些手册就可以确定土壤的有关热物性。如美国电力局（EPRI, 1989）编写的《土壤源热泵设计岩土物性参考手册》（ "Soil and Rock Classification for the Design of Ground-coupled heat Pump Systems Field Manual" ）（图 4-1 给出了常见土层结构导热特性）和国际地源热泵协会（IGSHPA）编的《岩土物性手册》（ "Soil and Rock Classification Manual" ）。查手册时对设计者的知识水平和经验有较高的要求，其取值也往往凭设计者的经验。因为地下地质构成复杂，即使同一种岩石成分，其热物性参数取值范围也比较大，同时不同地层地质条件下的热导率可相差近十倍，一般的设计者为了安全起见都会取其最大值，导致计算得到的埋管长度也相差数倍，从而使得土壤源热泵系统的造价会产生相当大的偏差。

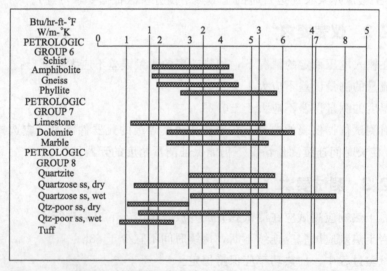

图 4-1 《土壤源热泵设计岩土物性参考手册》上给出的岩土导热特性值

4.3.2 取样测值法

这是经典的实验室方法，该方法通过将埋管现场采集的土壤样品在实验室内加入不同比例的水分后加热测得其热导率，其中最具代表性的测试法是基于傅里叶导热定律的热盘法，也就是稳态平板法，测试装置见图 4-2 所示。测试时，将测试样品放置于两块加热器平板之间，平板周围有副加热器或热导率较小的材料，以减小水平方向的热损失，保证加热热流在垂直方向上传递。加热一定时间后，在样品内部获得稳定的温差，这样根据已知的样品厚度、面积及加热的功率，就可以用傅里叶导热定律计算出样品的热导率。该方法虽然考虑了水分对土壤传热的影响，但因为试样毕竟离开原工程地，样本由于水分散失、挤压等原因已与在地下时发生了较大变化，其物性参数与原来数值并不相等，因此测试结果也存在一定的误差。

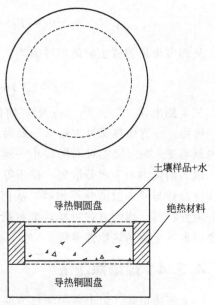

图 4-2　土壤样品导热性的测定

4.3.3　探针法

探针是根据线热源理论制成的，而探针法是利用非稳态线热源原理测试热导率的一种有效手段。它是实验室和现场测定土壤热导率的主要方法之一，具有制造成本低、仪器简单、测定时间短等优点。埋在无限大均匀介质中的线热源，若考虑最初处于平衡状态，则当有恒定热流发生时，导热微分方程解的形式可表示为：

$$\theta = T - T_0 = \frac{-q}{4\pi\lambda_s} E_i\left(-\frac{r^2}{4a_s\tau}\right) \tag{4-1}$$

式中，θ 为过余温度，℃；τ 为加热时间，s；q 为加热功率，W/m；λ_s 为被测土壤的热导率，W/（m·℃）；a_s 为土壤导温系数，m²/s；r 为某点到线热源的距离，m；T 为 τ 时刻的温度，℃；T_0 为初始温度，℃；E_i 为指数积分函数，当 r 较小，τ 较大时，即 $r^2/4a_s\tau$ 的值很小时，有

$$E_i\left(-\frac{r^2}{4a_s\tau}\right) = \gamma + \ln\left(\frac{r^2}{4a_s\tau}\right) \tag{4-2}$$

将式（4-2）代入式（4-1）可得：

$$\theta = \frac{q}{4\pi\lambda_s}\left[-\gamma - \ln\left(\frac{r^2}{4a_s\tau}\right)\right] \tag{4-3}$$

式中，$\gamma = 0.57726$，称为欧拉常数。

当 $\tau = \tau_1$ 时，$T = T_1$；当 $\tau = \tau_2$ 时，$T = T_2$。则半径 r 处的温度可表示为：

$$\theta_2 - \theta_1 = T_2 - T_1 = \frac{q}{4\pi\lambda_s}\ln\left(\frac{\tau_2}{\tau_1}\right) \tag{4-4}$$

从而可得出被测土壤的热导率为：

$$\lambda_s = \frac{q}{4\pi(T_2 - T_1)}\ln\left(\frac{\tau_2}{\tau_1}\right) \tag{4-5}$$

只要测出 q、T_2、T_1、τ_2 及 τ_1 的值即可由式（4-5）求出所测土壤的热导率 λ_s。然而，一方面热探针太短（一般为 0.1～0.4m），且热探针加热测量的整个过程也只有 1～2h，只能对周围很小一部分进行加热；另一方面，如果在实验室测量，取出的样本由于水分散失、挤压等原因结构与在地下时相比发生了较大变化，其物性参数与原来数值并不相等，从而导致测出的值亦有一定的差异。此外，不同的封井材料、埋管方式对换热都有影响，因此只有在现场直接测量才能更准确地得到地下土壤的热物性参数。

4.3.4 现场探测法

综上所述可知，以上各种测试方法由于测试土壤样本离开原始现场而与实际有偏差，从而导致测试值具有很大的不确定性，为此发展了现场探测的方法。1983 年，Mogense 首次将热响应实验引用到土壤源热泵设计，用于测量埋管现场地下岩土的热物性参数。他建议在保持单位管长换热率一定的情况下，让循环流体在埋管内循环，并连续记录埋管进出口温度。根据这些温度就能反推出土壤热导率与钻孔热阻。基于 Mogensen 的理论，瑞典、美国、德国等（图 4-3～图 4-7）相继建成了相应的现场热响应测试装置。瑞典的测试装置名为"TED"，是由吕勒

图 4-3　瑞典的便携式测试装置　　　　图 4-4　美国 OSU 研制的现场热响应测试仪

奥理工大学（Lulea University of Technology）的 Signhild Gehlin 等设计。同一时间，美国俄克拉荷马州立大学（OSU）建立了同样的测试装置，由 Austin 等设计开发并报道。1999 年，TED 首次安装在挪威，由于挪威的地质和水力条件都与瑞典有很大差别，这就为研究地下水流动对测试的影响提供了良好机会。德国在1999 年制定了测试方案，其测试装置是在瑞典基础上发展的。加拿大借鉴瑞典和

图 4-5 瑞典某热响应测试装置

图 4-6 德国第一台现场热响应测试装置

图 4-7 沙特阿拉伯第一台移动式热响应测试装置

美国经验，于 1999～2000 年建立了一套热响应测试装置。近年来，基于瑞典和美国经验，挪威、瑞士、土耳其、英国等发展了不同形式的测试装置，在不同条件下进行了测试，积累了很多经验。我国的山东建筑大学、华中科技大学、天津大学、扬州大学、北京工业大学、东南大学、河北工业大学及中国建筑科学研究院空调所等研究机构相继开发出自己的现场地下岩土热物性测试仪，用来测试垂直钻孔条件下的地下岩土热物性参数，并展开了相应的测试与研究。

现场热响应测试法经过几十年的发展，已经得到了普遍的认可。这种现场测试利用的是热响应实验法原理，即通过向地下输入恒定的热流，得到土壤温度的热响应，以此来估计地下岩土热物性。基于传热学理论的傅里叶导热定律，对于结构一定的地下钻孔埋管而言，其埋管换热量等于传热温差与传热系数之积，因此，如能测试出土壤远边界至钻孔内埋管流体间的换热量与传热温差，便可以反推出传热系数，进而可根据传热系数（钻孔热阻）的计算公式确定出土壤的相关热物性参数，这是一典型的传热反问题。目前，已发展了很多的埋管与周围土壤之间的传热模型，以用于计算埋管流体与周围土壤之间的换热问题，具体可参见本书第 5 章内容，根据这些模型，再加上基于最优化方法的参数估计技术便可计算确定埋管现场土壤的热物性参数。

4.4 现场热响应测试原理

4.4.1 恒热流法

恒热流热响应法是国际地源热泵协会推荐的标准方法，也是我国《地源热泵系统工程技术规范》中指定的地下岩土热物性测试方法。该方法基于恒热流线热源理论，测试中保持加热功率恒定，根据测试得到的数据，基于传热反问题，利用数学模型反演可得到岩土体综合热物性参数，不直接提供单位埋深换热量，但可以依据得到的综合热物性参数计算得出不同进口温度下单位埋深换热量。图 4-8给出了恒热流法热响应测试曲线，分析可以看出，测试只要保持加热功率恒定，其埋管进出口温差基本恒定，埋管热流也基本恒定，可以满足恒热流线热源模型的使用条件。

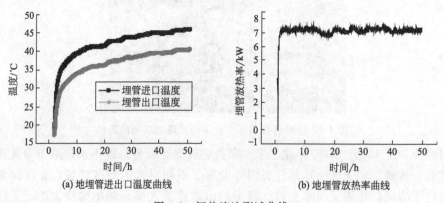

图 4-8 恒热流法测试曲线

4.4.2 恒温法

恒温法热响应试验是近年来国内出现的一种测试方法，该方法测试中保持进水温度和流量为某一定值，再由测得的流量和出口温度，可直观获得单位延米换热量。采用的加热热源可以是电热元件，也可以是热泵（可同时测冷、热响应两种工况）。由于要设法保持进口温度恒定，在冷（热）源部分必须有控制调节装置进行调节。这种方法的主要目标是确定"准稳态"下每米钻孔的换热量。有文献报道：还可利用数学模型反演岩土体的热导率及地埋管换热器的综合传热系数，不过这一说法还有待商榷。图 4-9 给出了恒温法热响应测试曲线，分析可以看出，对于放热工况，在保持进口温度与流量恒定时，埋管出口温度随测试时间逐渐增加，其对应的埋管放热率逐渐减小，并趋于一稳定值，但稳定时间无法确定，这说明恒温法不满足恒热流边界条件。因此，不能应用恒热流线热源模型来处理实验数据。

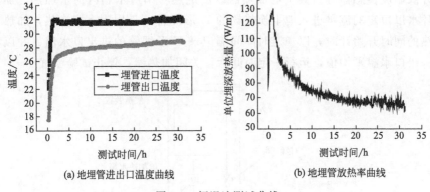

(a) 地埋管进出口温度曲线　　　　　　　(b) 地埋管放热率曲线

图 4-9　恒温法测试曲线

4.4.3　两种测试原理比较

土壤源热泵系统实际运行中是热流（负荷）主导，而不是循环流体温度。建筑物中产生的热量一定要通过地埋管换热器传到岩土体中。因此，实际运行和理论模拟中都是由负荷决定回路中循环液的温度，它随时间有很大的波动。因此，恒定进口温度不是土壤源热泵系统实际运行工况。恒热流法采用的是瞬态传热反问题法，根据埋管热流及传热温差，可确定出地下岩土体综合热物性参数（综合热导率、比热容、钻孔热阻等），计算结果更为准确，推荐设计时采用。因此，下面的现场热响应测试均基于恒定热流法。

4.5　现场热响应测试装置及步骤

4.5.1　测试装置

现场热响应测试法由 Mogensen 于 1983 年首次提出，主要用于测定埋管现场地下土壤的热导率及钻孔热阻等。测试装置主要包括循环系统、加热系统、测量系统和辅助设备。循环系统的主要功能是实现水在地埋管换热器与测量仪中的循环流动以及循环水流量的调节。通过一台循环泵提供循环水的驱动力，加上一系列的阀门实现系统中气体的排除以及流量的调节。加热部分主要用于加热循环水，使循环水在地层中散失的热量得到补充，通过调节加热器的功率，以维持地下放热率的恒定。测量系统的主要功能是测量地埋管进回水的水温以及循环水的流量，主要靠两个温度传感器和一个流量计实现的。两个温度传感器分别设置在测量仪出水和回水的管道上。流量计安装在测量仪回水管路上。辅助设备包括测量仪用电设备供电、加热功率调节、辅助测温装置等。图 4-10 给出了测试系统装置示意图，主要包括：电加热供水箱、电加热器、循环水泵、循环管道、流量控制阀、流量计及温度传感器等。其中电加热器以恒定热功率对水箱内的水加热，加热后的循环水以恒定的流量进入地下换热器的 U 形埋管，与周围土壤换热，加热器开始加热的同时开始计时，以一定时间间隔记录 U 形埋管的进出口水温，并以其来确定进出口水温平均值，运行一定时间后，关闭加热器，停止试验测试。

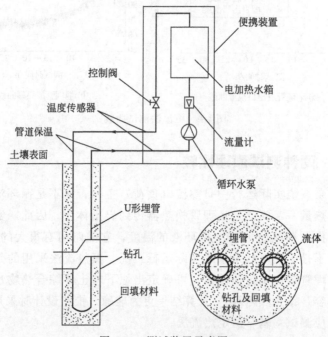

图 4-10　测试装置示意图

4.5.2　测试步骤

地下岩土现场热响应测试一般可以按以下步骤进行：

① 按照实际设计情况钻试验井，选取 U 形管，并按设计要求选取回填材料进行回填，该钻孔将来可以作为地下环路的一个支路使用。

② 连接 U 形管与地上测试装置循环水管道进出口，并用绝热材料做好外露管道绝热保护工作。

③ 采集地下土壤原始温度，一种方法是将感温探头埋入地下岩土中直接测量，一种方法是将温度探头插入 U 形管中，测量不同深度处水的温度；还有一种是启动循环水泵不开启加热器，测量换热器进出口温度，直至进出口温度逐渐趋于一致（5h 内温度相差不超过 0.1℃）。

④ 开启电源，给电加热器和循环水泵供电，保持加热器功率恒定，同时以一定时间间隔记录不同时刻的测量数据：地埋管换热器进出口水温、循环水流量、

加热器加热功率。

⑤ 连续测试约 48h 后停止，试验测量结束时，先关闭加热器，停止记录数据，然后才能关闭循环水泵电源。

⑥ 排干管道内的循环水，断开 U 形管与地上循环水管道的连接，并做好地下 U 形埋管换热器的保护工作，以防止被其他杂物堵塞。

⑦ 从测试仪器中取出试验数据，利用选定的数据处理方法对试验数据进行处理，获得埋管现场地下岩土的热物性值。

4.5.3 测试结果的影响因素

4.5.3.1 测试孔的代表性

进行热响应测试时，测试孔的结构特性与埋管形式对测试结果会产生一定的影响，如钻孔深度、钻孔直径、回填料类型、回填方式、单 U 或双 U 形管等。因此，在实施测试之前，对于已有的钻孔，应选取具有代表性的钻孔进行测试。对于钻孔还未实施的项目，应尽量按照将来要应用的钻孔及埋管方式钻探并安装测试孔，这样，测试条件与实际钻孔更贴近，获得的测试结果更为准确。

4.5.3.2 热损失或热增益

由于测试工况下循环水与周围环境温度间往往存在一定的温差，因此，不可避免地会因测试装置与环境间的冷热交换而产生热增益或热损失。如不能对其进行有效控制，则会给测试数据的分析带来困难，即使散发给环境的热量或者从环境吸取的热量相对于系统向土壤排放的热量来说微不足道，也会给热响应测试的分析过程带来负面影响，尤其是应用线热源拟合法进行分析时尤为明显。因此，热损失或热增益会给测试结果产生不确定性。实际测试时，为了降低这种不确定性，应尽量将测试装置放置在专用测试帐篷内，并做好外露设备与管道的保温。

4.5.3.3 测试持续时间

测试时间的长短是影响测试结果准确性的一个重要因素，在热响应测试装置起步之初就成为人们广泛研究与讨论的对象。Austin 等早在 2000 年提出典型的热响应测试时间为 50h，Gehlin 推荐的测试时间为 60h。Smith 和 Perry 认为较小的热导率可以提供比较保守的设计方案，因此 12~20h 的测试时间就足够了。Witte 等出于试验目的的测试时间长达 250h，而他们的商业测试时间为 50h。实践表明，热响应测试初期，温度的发展主要由竖井内的填充材料控制，而不是周围的土壤或岩石，通常 48h 认为是最小的测试周期。时间越长，拟合得到的热导率越小，土壤热阻越大，实际计算得到的打井数量越多，从而越能保证系统运行的安全可靠性。

4.5.3.4 供电电压稳定性

测试过程中，由于供电电压的不稳定性会导致电加热器的加热功率波动，对于某些工地，还会存在突然断电现象，从而导致热响应测试过程中埋管放热热流的非恒定性，这在一定程度上直接影响了测试数据的处理及结果的准确性。为了降低电压波动的影响，可以在热响应测试实施中利用稳压电源来保证电压的稳定性；同时，断电时，在断电时间不长的情况下，仍可继续测试，将断电期间的数据去除后再进行数据处理，同样可以得到满意的测试结果。关于断电对测试结果的影响，Beier 等进行了专门的研究，可查询相关文献。

4.5.3.5　土壤原始温度

钻井过程中钻孔周围的土壤被黏性流体流动产生的热量加热，或者被润湿剂和干燥剂或者其他方法加热，从而导致测试井附近的土壤温度产生变化。如果在土壤温度未恢复到原始自然温度之前就开始测试，则必然会影响热响应测试的精度。目前，关于钻井导致地温受到影响后恢复到未被干扰状态所需的时间还没有系统的研究，Kavanaugh 推荐热响应测试最好在钻井结束 24h 后进行；如果使用黏性水泥砂浆的话，时间应至少在 72h 以上；我国地源热泵工程技术规程中规定的土壤温度恢复时间是至少 48h。

4.5.3.6　不同深度土壤热导率的变化

在进行热响应测试分析时，通常假定土壤热导率沿钻孔深度方向的性质是相同的。而实际情形是，由于地埋管埋设较深，在此深度范围内岩土类型分布通常是不均匀的，且不同深度处土壤含湿量与地下水渗流速度也不一样，导致其热物性沿深度方向变化较大，这对精确确定埋管深度有很大影响。为了能够反映出土壤的分层热物性，可将钻孔深度范围内的土壤划分成若干层，通过在各深度层 U 形管两支管内布置若干光纤温度测点，在恒加热功率下，测量各深度层中流体的温度、循环流量及加热功率。基于测试数据，对各层土壤采用线热源模型对数据进行处理，利用线热源拟合法并结合参数优化技术，得到不同深度处地下岩土的热导率、容积比热容及钻孔热阻值。

4.5.3.7　地下水流动

地下水流动对地埋管换热性能的影响一直以来就是地埋管传热领域讨论与研究的焦点问题。Eskilson 利用 Carslaw 等给出的移动线热源问题的稳态解析解，讨论了在达到稳定状态以后地下水流动对地埋管换热的影响，认为在一般的条件下，区域性地下水流动的影响是可以忽略的。Chiasson 等利用有限元法数值求解了二维流动问题，讨论了地下水渗流速度等对埋管换热特性的影响，认为只有在具有较高水力传输特性（如沙、砂砾层）和具有分级多孔特性的岩石中，地下水的流动才会对钻孔的热力性能有较大的影响，仿真结果往往会得到较高的热导率。刁乃仁等采用移动热源理论与格林函数法导得了有渗流时无限大介质中线热源温度响应的解析解，在此基础上归纳得出影响这一传热过程的无量纲量，并分析了地下水流动对地埋管换热器中温度场的影响。然而，关于地下水流动对地下岩土热响应测试结果影响的研究还有待进一步开展。

4.6 数据处理方法

4.6.1 基于线热源的数据拟合法

4.6.1.1 线热源模型

如图 4-11 所示，对于垂直地埋管换热器，由于其深度远远大于钻孔直径。因此，对埋设有内部流动着冷热载热流体的地埋管换热器的钻孔，可以看成是一个线热源与周围岩土换热。

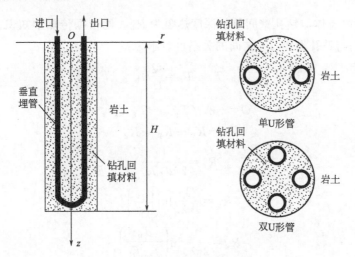

图 4-11 垂直地埋管示意图

假设钻孔周围土壤各向同性，忽略深度方向上的热传递，且地埋管与周围土壤的换热功率恒定（可通过控制加热器功率实现），则地埋管与周围土壤间的换热可看作为一维圆柱轴对称问题，其数学描述可表示为：

$$\begin{cases} \dfrac{\partial^2 T}{\partial r^2} + \dfrac{1}{r}\dfrac{\partial T}{\partial r} = \dfrac{\rho_s c_s}{\lambda_s}\dfrac{\partial T}{\partial \tau} & \tau > 0,\ r_b \leqslant r < \infty \\[2mm] T = T_g & \tau = 0,\ r_b \leqslant r < \infty \\[2mm] Q = -\lambda_s \cdot H\dfrac{\partial T}{\partial r} & \tau > 0,\ r = r_b \\[2mm] \dfrac{\partial T}{\partial r} = 0 & \tau > 0,\ r \to \infty \end{cases} \tag{4-6}$$

当加热时间大于约 10h 后，上述方程的解可表示为如下解析式：

$$T(r,\tau) = T_g + \frac{Q}{4\pi\lambda_s H}E_i\left(\frac{r^2\rho_s c_s}{4\lambda_s \tau}\right) \tag{4-7}$$

式中，$T(r, \tau)$ 为 τ 时刻半径 r 处的土壤温度，℃；T_g 为土壤远边界初始温度，℃；Q 为埋管热流，W；H 为钻孔深度，m；λ_s 为土壤热导率，W/(m·℃)，$\rho_s c_s$ 为土壤的容积比热容，J/(m³·K)；E_i 为指数积分函数，当 $at/r^2 \geqslant 5$ 时，可表示为：

$$E_i\left(\frac{r^2}{4at}\right) = \ln\left(\frac{4at}{r^2}\right) - \gamma \qquad (4-8)$$

式中，γ 为欧拉常数，$\gamma = 0.5772$。

将式 (4-8) 代入式 (4-7) 可得：

$$T(r, t) - T_g = \frac{Q}{4\pi\lambda_s H}\left[\ln\left(\frac{4\lambda_s \tau}{\rho_s c_s r^2}\right) - \gamma\right] = \frac{Q}{4\pi\lambda_s H}\ln\tau + \frac{Q}{4\pi\lambda_s H}\left[\ln\left(\frac{4\lambda_s}{\rho_s c_s r^2}\right) - \gamma\right]$$

$$(4-9)$$

令埋管内流体与钻孔壁间单位深度热阻为 R_b，则依据传热学知识，管内流体平均温度 T_f 与钻孔壁温 T_b 之间的关系可表示为：

$$T_f - T_b = \frac{Q}{H}R_b \qquad (4-10)$$

$$Q = c_f \dot{m}(T_{g,in} - T_{g,out})$$

$$R_b = R_c + R_p + R_g$$

$$R_c = \frac{1}{2\pi d_{pi} h_c}$$

$$R_p = \frac{1}{4\pi\lambda_p}\ln\left(\frac{d_{po}}{d_{pi}}\right)$$

$$R_g = \frac{1}{2\pi\lambda_g}\ln\left(\frac{d_b}{d_{po}\sqrt{n}}\right)$$

$$h_c = 0.023\frac{\lambda_f}{d_{pi}}Re^{0.8}Pr^{0.3}$$

式中，$T_{g,in}$ 为测试孔埋管进口温度的测量值，℃；$T_{g,out}$ 为测试孔埋管出口温度的测量值，℃；c_f 为循环流体质量比热，J/(kg·K)；$\dot{m}$ 为循环流体质量流量，kg/s；R_c 为管内对流换热热阻，m·℃/W；R_p 为管壁导热热阻，m·℃/W；R_g 为灌浆材料导热热阻，m·℃/W；n 为钻孔中埋管数。

令 $r = r_b$，由式 (4-9) 和式 (4-10) 可得出埋管内流体平均温度，可表示为：

$$T_f = \frac{Q}{4\pi\lambda_s H}\ln\tau + \left\{\frac{Q}{4\pi\lambda_s H}\left[\ln\left(\frac{4\lambda_s}{\rho_s c_s r_b^2}\right) - \gamma\right] + \frac{Q}{H}R_b + T_g\right\} \qquad (4-11)$$

4.6.1.2 数据拟合方法

分析式 (4-11) 可以看出，需要确定 3 个未知参数：周围岩土热导率 λ_s 与容积比热容 $\rho_s c_s$、钻孔内总热阻 R_b。其中 R_b 取决于回填材料热导率、埋管位置及几何尺寸等结构与热物性参数，但对于特定的钻孔埋管，是一个定值。由于热流

率 Q 恒定,对于特定的钻孔埋管,其余均为定值,则上式等号右侧只有 $\ln\tau$ 一个变量,于是可将式(4-11)简化为一个二元一次线性方程:

$$T_f = m\ln\tau + b \tag{4-12}$$

$$m = \frac{Q}{4\pi\lambda_s H}$$

$$b = \frac{Q}{4\pi\lambda_s H}\left(\ln\left(\frac{4\lambda_s}{\rho_s c_s r_b{}^2}\right) - \gamma\right) + \frac{Q}{H}R_b + T_g$$

$$T_f = (T_{g.in} + T_{g.out})/2$$

通过实验测试所获得的输入功率 Q 及不同时刻埋管流体平均温度 T_f 值,在温度-时间对数坐标轴上拟合出式(4-12),从而得出 m 与 b 的值,据此便可以根据 m 的表达式计算出热导率 λ_s 的值。对于钻孔热阻 R_b 与土壤容积比热容 $\rho_s c_s$ 的确定可以采用以下几种方法:

方法一:通过钻孔现场取样获得土壤类型查手册获取 $\rho_s c_s$ 的值,然后将计算出的 λ_s 值与 $\rho_s c_s$ 的值代入 b 的表达式反算出钻孔热阻 R_b。

方法二:在已知钻孔埋管结构参数的情况下,根据钻孔热阻 R_b 的表达式计算出钻孔热阻,将计算出的 R_b 值与 λ_s 值代入 b 的表达式反算出土壤容积比热容 $\rho_s c_s$。

方法三:将计算出的热导率作为已知参数,以未知的钻孔热阻与土壤容积比热容为未知参数,以式(4-11)作为优化函数,将计算出与实测出的埋管流体温度进行对比,利用优化方法得出两个未知参数的最优值。

4.6.2 基于解析解模型的参数估计法

4.6.2.1 线热源模型

对于线热源模型,除了可以采用上述数据拟合法来处理实验数据外,还可根据参数估计法来确定埋管现场的岩土热物性。基于线热源模型方程式(4-7),钻孔壁温可表示为:

$$T_w = T_g + \frac{Q}{4\pi\lambda_s H}E_i\left(\frac{r_b^2\rho_s c_s}{4\lambda_s\tau}\right) \tag{4-13}$$

令单位深度钻孔热阻为 R_0,则埋管流体平均温度 T_f 与钻孔壁温 T_w 之间的关系可写为:

$$T_f - T_w = QR_0/H \tag{4-14}$$

由式(4-13)与式(4-14)可得埋管内流体平均温度为:

$$T_f = T_g + \frac{Q}{H}\left[R_0 + \frac{1}{4\pi\lambda_s}E_i\left(\frac{r_b{}^2\rho_s c_s}{4\lambda_s\tau}\right)\right] \tag{4-15}$$

式中,T_f 为埋管内流体平均温度,℃;T_g 为土壤远边界温度,℃;R_0 为单位深度钻孔总热阻,m·℃/W;$\rho_s c_s$ 为钻孔周围岩土容积比热容,J/(m³·℃),其余参数含义同前。

4.6.2.2 圆柱热源模型

圆柱源模型除了将 U 形埋管用当量直径等价为一根有限半径的单管外，其余假设条件与线热源理论相同。对于恒壁温或恒热流情况，可以给出其精确解。用该模型可以直接得到圆柱孔洞壁面与土壤远边界之间的温差为：

$$T_g - T_w = \frac{Q}{\lambda_s H} G \ (Fo, \ p) \tag{4-16}$$

假设沿深度方向单位深度钻孔总热阻保持不变并设为 R_0，采与用线热源模型同样方法可得埋管内流体平均温度为：

$$T_f = T_g + \frac{Q}{H} \left[\frac{G \ (\frac{\lambda_s \tau}{\rho_s c_s r_b^2}, \ 1)}{\lambda_s} + R_0 \right] \tag{4-17}$$

分析式（4-15）与式（4-17）可以看出，2 个方程均有 3 个未知参数：周围岩土热导率 λ_s、岩土容积比热容 $\rho_s c_s$ 和单位深度钻孔内总热阻 R_0。其中 R_0 取决于回填材料热导率、埋管位置及几何尺寸等结构与热物性参数，但对于特定的钻孔埋管，是一个定值。因此，采用实验数据，利用式（4-15）或式（4-17）并结合下面所给出的参数估计法便可以确定上述 3 个未知参数。

4.6.2.3 参数估计法

通过控制现场测试装置的加热功率，使钻孔满足常热流边界条件。将通过传热模型［式（4-15）或式（4-17）］计算得到的埋管流体平均温度与实际测量得到的流体平均温度进行对比，利用参数估计法及最优化理论，通过不断调整传热模型中土壤的热物性参数值（包括周围岩土热导率 λ_s、容积比热容 $\rho_s c_s$ 及单位深度钻孔总热阻 R_0），找到由模型计算出的与实测的平均流体温度值之间的误差最小值，此时对应的各物性值即为最终的土壤热物性参数优化值，其优化目标函数为：

$$F = \sum_{i=1}^{n} \left[(T_{f,cal})_i - (T_{f,exp})_i \right]^2 \tag{4-18}$$

式中，$(T_{f,cal})_i$ 为第 i 时刻由选定的传热模型计算出的埋管流体平均温度，℃；$(T_{f,exp})_i$ 为第 i 时刻实际测量得到的埋管流体平均温度，℃，可由测出的埋管进、出口流体温度计算平均值得出；n 为实验测试的数据组数。参数优化计算过程如图 4-12 所示程序框图。

4.6.3 三种方法的比较

为了分析比较 3 种方法的计算精度，引用文献［90］中的一组实验数据，其中钻孔埋管的结构参数为：钻孔直径为 89mm，钻孔深度为 76.8m，加热器功率为 2458W，土壤原始温度为 17.28℃，测试时间为 170h。利用上述三种方法对实验数据进行了处理，计算结果如图 4-13 和图 4-14 所示，其中图 4-13 给出了基于

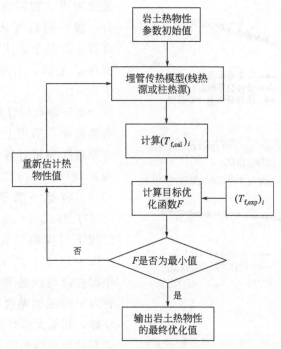

图 4-12　参数估计流程图

线热源数据拟合法所得埋管流体平均温度对时间对数的拟合曲线及测试时间对计算结果的影响，图 4-14 给出了参数估计法中采用线热源与柱热源模型计算得到的流体温度与实测流体温度的比较及测试时间对计算结果的影响。

分析图 4-13 （a）可得，采用线热源数据拟合法可得 m 值为 0.9528，经计算可得钻孔周围岩土的热导率 λ_s 为 2.67W/（m·℃）。进一步分析图 4-13 （b）可知，随测试时间的延长，计算出的热导率先逐渐增大，并趋于稳定。如图所示，在测试 30h 后计算的热导率值开始稳定在 2.62～2.67W/（m·℃）之间。这主要

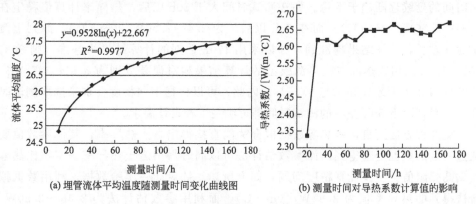

(a) 埋管流体平均温度随测量时间变化曲线图　　(b) 测量时间对导热系数计算值的影响

图 4-13　数据拟合法计算结果

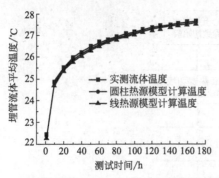

(a) 计算平均流体温度与实测平均流体温度的比较

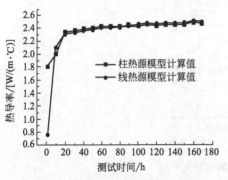

(b) 不同测试时间对应的热导率计算值

图 4-14 参数估计法计算结果

是因为测试初期传热不稳定，但运行一段时间后可认为达到准稳态。这意味着对于采用线热源模型数据拟合法来说，有效测试时间宜大于 30h。

基于参数估计法，利用 170h 的实验数据，采用上述圆柱源与线热源模型同样可计算出热导率值分别为 2.48W/ (m·℃) 与 2.50W/ (m·℃)。将这一数据分别反带人式 (4-17) 与式 (4-15) 可得不同测试时间下对应的计算流体平均温度，如图 4-14 (a) 所示。可以看出，采用圆柱源与线热源模型计算得到的管内平均流体温度与实测值吻合得较好，其最大相对误差仅为 0.57%。就圆柱源与线热源模型相比较而言，如图 4-14 (a) 所示，在运行初期圆柱源模型计算值较线热源模型更贴近实测流体温度，但当测试时间大于 80h 后，两者计算结果基本一致。这主要是由于线源模型假定的热流是施加在半径 $r=0$ 处，而圆柱源模型是在孔壁 $r=r_b$ 处，从物理意义上讲，在孔壁处施加热流的同时，孔壁处就应有一定的温度变化，圆柱源模型较好地反映了这一实际。因此，实际测量中在测试时间不长的情形下采用柱源模型来处理数据更为准确。进一步分析图 4-14 (b) 可知，采用两种模型计算出的热导率值比较接近，且随测试时间的延续逐渐趋于平稳。如在测试时间大于 30h 以后，热导率计算值稳定在 2.34～2.50W/ (m·℃)，而在 60h 以后，为 2.4～2.50W/ (m·℃)。原则上测试时间越长，计算结果越准确。如以采用 170h 数据的计算结果为基准，则 30h、60h、100h 采用线热源与柱热源模型的计算结果相对误差分别为 6.5% 与 5.1%、3.97% 与 2.7% 及 1.95% 与 1.66%。因此，可以根据不同精度要求来选取测试时间，一般情况下 50h 左右的测试时间即可满足工程设计要求。

就 3 种方法而言，线热源数据拟合法能直接得出岩土热导率，其他参数值要通过一定的数据处理得到。而参数估计法可以同时得出岩土热导率、容积比热容及钻孔热阻值。至于计算精度问题，如上所述，针对同一实验数据，利用数据拟合法得到的热导率值为 2.67W/ (m·℃)，而利用参数估计法为 2.48～2.50W/ (m·℃)，两者相差 0.17～0.19W/ (m·℃)，相对误差为 6.37%～7.12%。造成差异的一种原因是 2 种数据处理方法本身差异的结果，另一种原因是测试所带来的误差，具体原因尚需进一步研究。对于 3 种方法，目前均有应用。其中线热源拟合法最为简单，且数据处理快，计算简便，对于仅想得到土壤热导率值的场合较为适用；而参数估计法，由于需要经过参数估计与优化迭代计算，计算量相对较大，但其可以同时得出土壤热导率、比热容及钻孔热阻值，因此对于需要参数较多的场合比较适用。至于参数估计法中所采用的计算模型，对于工程中常用的50h 左右的测试时间，线热源与柱热源模型均可选用。对于各种方法的计算精度问题，由于目前尚缺少标准的测试方法，没有统一的比较依据，因此其精度的比较需要进一步探讨。

4.6.4　测试实例及分析

依据现场热响应测试原理，建立了一套测试装置，并对某土壤源热泵工程埋管现场进行了地下岩土热响应测试。测试井深度为 86m，埋管采用 PE 双 U 形埋管换热器，管内径为 20mm，外径为 25mm，测试装置图片如图 4-15 所示。

(a) 现场热响应测试装置　　　　　　　　　　(b) 测试防雨帐篷

图 4-15　测试装置图片

测试开始前连接测试孔 U 形管与地上测试装置循环水管道进出口，并用绝热材料做好外露管道绝热保温工作。在加热器投入运行前开启循环水泵，并用标准温度计测量管中与土壤进行过充分热交换的水，此水的温度即可认为是土壤原始平均温度，采用此方法测试得到埋管现场土壤初始平均温度为 17.7～17.9℃。测试用加热器功率为 4kW，测试时间为 47h，数据采集时间间隔为 2min，流体循环流量为 1.15m³/h。图 4-16 与图 4-17 分别给出了测试过程中埋管进出口流体温度及平均流体温度随时间的变化，图 4-18 给出了测试过程中埋管放热率随时间的变化，图 4-19 绘出了流体平均温度与对数时间曲线及拟合曲线。

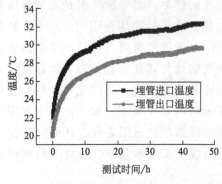

图 4-16　埋管进出口温度随测试时间变化　　图 4-17　埋管流体平均温度随测试时间变化

分析图 4-16、图 4-17 可以看出，测试期间埋管进出口流体温度及其平均温度均随时间逐渐增加，前 10h 温度上升很快，然后逐渐减慢，并趋于平稳。分析图 4-18 可以看出，尽管加热器设定功率为 4kW，但实际埋管热流小于 4kW，且测试期间埋管放热率波动很大，其平均值为 3.6kW。这主要受两个方面的影响：其一是电源电压昼夜波动很大，导致加热器功率改变；其二就是连接测试孔 U 形管进出口管道保温效果不好，导致测试流体温度受室外气温波动的影响。因此，为了提高测试精度，必须在采用稳压电源的同时，尽量减少连接管道冷热损失的影响。分析图 4-19 可以看出，前 10h 的数据由于不稳定可以不用参与数据拟合，仅对 10h 以后的数据进行处理即可，这也是满足 $at/r^2 \geqslant 5$ 的需要，从图 4-18 中埋管放热率随测时间变化也可看出这一点。从图 4-19 中拟合出的公式可计算得到测试地点地下岩土的等效热导率为 1.78W/（m·K）。进一步采用方法一可得测试现场岩土等效容积比热容为 2580kJ/（m³·K），单位长度钻孔热阻为 0.163m·K/W。可以此数据作为该土壤源热泵系统的优化设计及系统长期运行时土壤热平衡校核计算的依据。

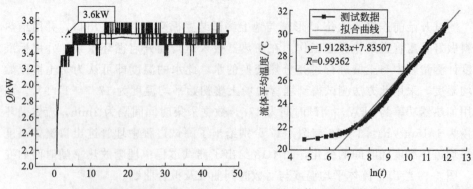

图 4-18　埋管放热率随时间变化　　图 4-19　流体平均温度与对数时间线性拟合曲线

为了进一步验证模型的正确性与装置的测试精度，将测试出的土壤原始温度、土壤热导率、比热容及钻孔热阻值代入式（4-11），将预测出的流体平均温度值与实测值进行对比，结果如图 4-20 所示。分析图 4-20 可以看出，除了初始时间段外两者吻合较好，这主要是由于初始阶段换热不稳定所致。

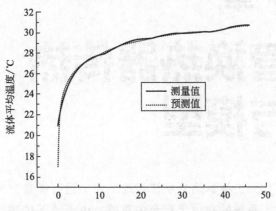

图 4-20　预测出的流体平均温度与实测值的对比

第**5**章

地埋管换热器传热理论与模型

地埋管换热器作为土壤源热泵系统与地下岩土进行能量交换的唯一装置，其传热性能的优劣对于系统的高效运行至关重要。由于地下传热问题的复杂性，地埋管换热器传热理论与模型一直是土壤源热泵技术应用中的难点，且成为其正确推广与健康发展中有待解决的关键问题。本章主要阐述了地埋管传热的有关理论与常用的传热模型，提出了变热流线热源模型与二区域传热模型，并对影响地埋管传热的影响因素及强化传热措施进行了系统的分析。

5.1 概述

5.1.1 地埋管传热模拟的意义

土壤源热泵技术能否被广泛地推广应用，很大程度上取决于精确、可靠的系统设计方法和计算工具的有效性。因此，建立完善的地埋管换热器传热理论与模型，以便能更好地模拟其真实传热过程，从而准确确定地埋管换热器的尺寸是土壤源热泵技术应用的关键。地埋管换热器传热理论与模型一直是土壤源热泵研究领域的热点，且成为其推广应用中的难点与有待解决的关键问题。通过地埋管传热模拟，可获得影响其传热特性各因素的影响规律，从而寻求地埋管传热强化的有效技术措施，为提高换热效率，降低系统初投资提供基础。通过建立地埋管传热模型，可实现系统长期运行动态仿真，为土壤源热泵系统的优化设计及系统运行能耗分析提供帮助。

5.1.2 传热模型的理论基础

综合国内外文献有关地埋管换热器传热模型的报道，已提出的传热模型大约30余种，从总的方面来说，土壤源热泵地埋管传热模型的主要目的都是拟建立热泵运行期间埋管周围土壤的温度分布或根据传热量来确定进出口流体温度，建立模型的主要理论依据有以下三类。

(1) 线热源理论 Ingersoll 和 Plass 首次根据 Kelvin 线源概念提出了地埋管传热的线热源模型，目前大多数土壤源热泵系统的设计都是以该理论作为基础。该模型将土壤看成是无限大物体，地埋管换热器看成是具有恒定内热源的无限长线热源，不考虑土壤深度方向的传热，仅认为是沿径向方向上的一维导热。

(2) BNL 修改过的线热源理论 BNL 提出了修改过的线热源理论，它将地埋管换热器周围的土壤划分为两个区，即严格区和自由区，在土壤源热泵运行时不同区之间的热传导引起区域温度变化。Kavanaugh 使用圆柱源项处理，利用稳态方法和有效热阻方法近似模拟逐时吸热与放热过程。

(3) Mei V C 模型 Mei V C 提出了三维瞬态远边界传热理论，该理论是建立在能量平衡基础上，由系统能量平衡结合热传导方程对地埋管换热器建立传热模型，以不同于线热源理论。热泵间歇运行时，对各截面的径向传热建立方程，通过截面推移得三维温度场，其远边界土壤温度采用 Kusuda 方程计算，利用有限差分法求解方程，就可实现地埋管换热器传热过程的动态模拟。

5.1.3 地埋管换热器的可利用传热温差

根据传热学理论，热量是由于温差存在而引起的热能传递。凡是有温差存在的地方，就有热能从高温部分向低温部分传递。地埋管换热器作为一种热交换设备，同样是利用温差作为其热传递驱动力而进行换热的，这种温差就是地埋管换热器的可利用传热温差，即埋管内流体与埋管周围土壤间的温差。夏季，从热泵冷凝器出来的高于周围土壤温度的热流体进入地埋管换热器，通过可利用温差将热量释放至地下土壤中实现冷却作用。冬天，从热泵蒸发器出来的低于周围土壤温度的冷流体进入地埋管换热器，通过可利用温差从地下土壤中吸取热量，从而实现对流体的加热。因此，可利用传热温差对于提高地埋管换热能力至关重要，要提高地埋管的换热效率，关键就是要设法提高地埋管的可利用传热温差，它也是衡量一个地区土壤作为热泵热源可持续利用的标志。

5.2 常用的地埋管换热器传热模型

自 20 世纪 50 年代开始，欧美等国的研究机构就开展了对地埋管换热器换热过程的研究，以用于土壤源热泵系统模拟中预测地埋管换热器在土壤中的瞬态传热过程。根据模型用途及建模所考虑因素完善程度的不同，现有的地埋管传热模型主要可以分为导热型模型、热湿耦合型模型及考虑冻结相变型模型，其主要类型见图 5-1。

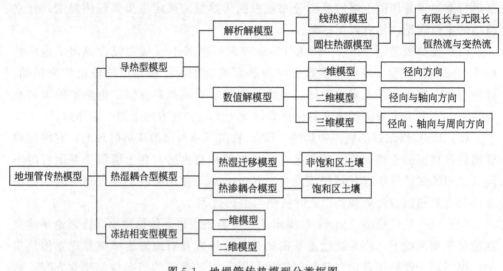

图 5-1　地埋管传热模型分类框图

5.2.1　导热型模型

导热型地埋管传热模型认为地埋管在土壤中的传热方式为纯导热，忽略水分热湿迁移及对流等的影响。由于地埋管换热器传热问题的复杂性，迄今为止还没有普遍公认的地埋管设计模型和规范，所有发展的导热型地埋管模型可以归为两类：即以线热源与圆柱热源理论为基础的解析解模型与以数值计算为基础的数值解模型。

5.2.1.1　解析解模型

（1）Ingersoll 线热源模型　Ingersoll 线热源模型是目前大多数土壤源热泵地埋管换热器设计模型的理论基础，该模型将地埋管在土壤中的传热看作为土壤中有一恒定线热源、导体初始温度为 T_∞ 的无限长细圆柱体的一维非稳态导热问题。该模型作了如下假设：土壤初始温度均匀、线热源热流恒定、土壤中传热方式为沿径向的纯导热、忽略土壤热湿传递、土壤与钻孔接触良好、土壤为各向同性、热物性参数为常数。基于以上假设得出常热流、无限大介质土壤内任一点温度可表示为：

$$T(\tau, r) = T_\infty + \frac{q}{2\pi\lambda_s} I(X) \tag{5-1}$$

$$I(X) = \int_X^\infty \frac{e^{-u^2}}{u} du$$

$$X = \frac{r}{2\sqrt{a_s\tau}}$$

式中，$T(\tau, r)$ 为 τ 时刻半径 r 处的土壤温度，℃；$T\infty$ 为土壤远边界初始温度，℃；q 为单位长度埋管的热流，W/m；a_s 为土壤的热扩散系数（也称为导温系数），m^2/s；λ_s 为土壤热导率，W/（m·℃）。

当 $X < 0.2$ 时：

$$I(X) = 2.303 \lg \frac{1}{X} + \frac{X^2}{2} - \frac{X^4}{8} - 0.2886 \tag{5-2}$$

Ingersoll 线源模型没有考虑钻孔端部传热（即深度方向传热）的影响，仅对真实的线热源才能给出精确的理论解。然而，实际应用中，它也可以近似应用于管径小于 50mm 的地埋管换热器的传热计算，计算引入的误差可以用无量纲数 $Fo = a_s\tau/r^2$ 来判断。如 $Fo > 20$，则误差可以忽略不计，这意味着线热源模型比较适合于模拟长时间地下温度的分布。Ingersoll 线热源模型由于其假设的局限性，对于系统设计者感兴趣的问题，如埋管换热器管长设计、钻孔结构特性对换热的影响、钻孔内管脚间的热短路、长期和短期运行系统对周围土壤结构的影响、换热器进出口温度的影响及埋管热流的变化等都没有考虑，也没有进一步的修正，因此这个模型的应用受到一定的限制。

(2) Hart 和 Couvillison 线热源模型 Hart 和 Couvillison 基于开尔文线热源方程的闭合分析解得到了线热源周围土壤温度分布的计算方法——国家水井协会模型（National Water Well Association Model，NWWA），该方法是一种常用的土壤源热泵连续运行时地埋管周围土壤瞬时温度场分布计算模型，其计算公式为：

$$T(r, \tau) = T\infty + \frac{q}{4\pi\lambda_s} I(x) \tag{5-3}$$

$$I(x) = \int_x^\infty \frac{e^{-u}}{u} du$$

$$x = \frac{r^2}{4a_s\tau}$$

式中，$I(x)$ 为指数积分函数，可用式（5-4）近似计算：

$$I(x) = x - \ln(x) - \gamma - \frac{x^2}{2 \cdot 2!} + \frac{x^3}{3 \cdot 3!} + \cdots + \frac{(-1)^{n+1} x^n}{n \cdot n!} \tag{5-4}$$

式中，$\gamma = 0.57726$，称为欧拉常数。

考虑到线热源排放的热量必须实时被周围的土壤所吸收，因此 Hart 提出了远端半径的概念。所谓远端半径是指在线热源的热作用下钻孔周围土壤温度受影响区域的半径，超出这个半径，则土壤的温度不发生变化，而在这个半径范围内的区域，则土壤温度会随线热源的取（放）热而不断改变，这个半径就称为远端半径，其定义式为：

$$r\infty = 4\sqrt{a_s\tau} \tag{5-5}$$

式中，$r\infty$ 为土壤远端半径，m；a_s 为土壤的热扩散系数，m^2/s；τ 为运行时间，s。

将式（5-4）与式（5-5）代入式（5-3）可得到任意时刻线热源周围土壤温度的分布为：

$$T(r, \tau) = T_\infty + \frac{q}{2\pi\lambda_s}\left[\ln\frac{r_\infty}{r} - 0.9818 + \frac{4r^2}{2r_\infty^2} - \frac{1}{4 \cdot (2!)}\left(\frac{4r^2}{r_\infty^2}\right)^2 + \cdots + \frac{(-1)^{n+1}}{2n \cdot (n!)}\left(\frac{4r^2}{r_\infty^2}\right)^n\right]$$

(5-6)

式中，r 为计算点到线热源中心的半径，m；当计算半径为钻孔半径时，即可计算得到钻孔壁温。

相对于 Ingersoll 线热源模型，Hart 和 Couvillison 方法的主要改进点在于通过引入远端半径概念将线热源与周围土壤的换热区域划分为两部分，即受影响区与恒定区。当半径大于远端半径时，土壤温度不受干扰，且恒等于其原始温度。而且这一远端半径的大小由运行时间和土壤热扩散率决定。在有多个钻孔的情况下，远端半径有着很重要的意义，因为在多孔时，各孔间会发生热干扰，从而需要采用叠加原理进行叠加处理，而是否需要叠加的依据则可以采用 r_∞ 来判别。只有当钻孔之间的距离小于或等于 r_∞ 时，钻孔之间的热干扰影响才会存在，此时才需要采用叠加方法考虑。然而，Hart 和 Couvillison 模型同样没有考虑热流变化及钻孔结构等的影响，应用也有一定的局限性。

（3）IGSHPA 模型　国际地源热泵协会（IGSHPA）模型作为当前国际一种比较流行的埋管设计计算模型，是北美确定地埋管换热器尺寸的标准方法，该模型是以开尔文线热源理论为基础，以最冷月和最热月的负荷为计算的依据，使用温频法（Bin 法）计算季节性能参数与系统能耗，不仅考虑了管道热阻的计算，而且还提供了计算单根竖直埋管、多根竖直埋管及水平埋管换热器土壤热阻的方法，为解决竖直埋管间的相互热干扰问题提供了基础，具体计算步骤如下。

① 计算土壤热阻 R_s

a. 单根垂直埋管土壤热阻 R_s

$$R_s = \frac{I(X_{r_o})}{2\pi\lambda_s}$$

(5-7)

$$X_{r_o} = r_o/2\sqrt{a_s\tau}$$

$$I(X_{r_o}) = \frac{1}{2}(-\ln X_{r_o}^2 - 0.57721566 + 0.99999193X_{r_o}^2 - 0.24991055X_{r_o}^4 +$$

$$0.05519968X_{r_o}^6 - 0.00976004X_{r_o}^8 + 0.00107857X_{r_o}^{10})（当 0 < X_{r_o} \leqslant 1）$$

$$I(X_{r_o}) = [1/(2x^2e^{x^2})] \times [A/B]（当 1 \leqslant X_{r_o} < \infty）$$

$$A = X_{r_o}^8 + 8.5733287X_{r_o}^6 + 18.059017X_{r_o}^4 + 8.636709X_{r_o}^2 + 0.267737$$

$$B = X_{r_o}^8 + 9.5733223X_{r_o}^6 + 25.6329561X_{r_o}^4 + 21.0996531X_{r_o}^2 + 3.9684969$$

式中，r_o 为管道外半径，m；a_s 为土壤的热扩散系数，m²/s；τ 为运行时间，s。

b. 多根垂直埋管土壤热阻 R_s

$$R_s = \frac{I(X_{r_0}) + \sum_1^M [I(X_{SD_1}) + I(X_{SD_2}) + \cdots + I(X_{SD_M})]}{2\pi\lambda_s} \tag{5-8}$$

式中，$I(X_{r_0})/(2\pi\lambda_s)$ 为半径为 r_0 的单根垂直埋管周围土壤热阻，$(m^2 \cdot \text{℃})/W$；$I(X_{SD_1})/(2\pi\lambda_s) \sim I(X_{SD_M})/(2\pi\lambda_s)$ 为半径为 r_0 的单根垂直埋管周围，距单管半径分别为 SD_1、$SD_2 \cdots SD_M$ 处的 M 根垂直埋管对单管产生热干扰而引起的附加土壤热阻，$m^2 \cdot \text{℃}/W$。

② 确定土壤温度及年最高与最低土壤温度

IGSHPA 方法采用以下 Kusuda 分析解方程来估计土壤温度：

$$T(z, \tau) = T_m - A_s \times \exp\left[-z\left(\frac{\pi}{365a_s}\right)^{\frac{1}{2}}\right] \times \cos\left\{\frac{2\pi}{365}\left[\tau - \tau_0 - \frac{z}{2} \times \left(\frac{365}{\pi a_s}\right)^{\frac{1}{2}}\right]\right\} \tag{5-9}$$

式中，$T(z, \tau)$ 为深度 z 和年时间 τ 时的土壤温度，℃；T_m 为平均地下温度，℃；A_s 为年地表面土壤温度波动波幅，℃，大多数草地表面为 $10.6 \sim 14.4$℃，它是依据位置、土壤类型和含水量而变化；a_s 为土壤热扩散系数，m^2/s；τ_0 为恒定状态，最小土壤表面温度天数，d。则对于深度 z 处的最高与最低土壤温度分别为：

$$T_H = T_m + A_s \cdot \exp\left[-z\left(\frac{\pi}{365a_s}\right)^{\frac{1}{2}}\right] \tag{5-10}$$

$$T_L = T_m - A_s \cdot \exp\left[-z\left(\frac{\pi}{365a_s}\right)^{\frac{1}{2}}\right] \tag{5-11}$$

式中，T_H 和 T_L 分别为深度 z 处的最高与最低土壤温度，℃。

③ 管道热阻 R_p 的计算

a. 对于单根管：

$$R_p = \frac{1}{2\pi\lambda_p}\ln\left(\frac{d_{out}}{d_{in}}\right) \tag{5-12}$$

b. 对于垂直 U 形管：

$$R_p = \frac{1}{2\pi\lambda_p}\ln\left[\frac{d_{oe}}{d_{oe} - (d_{out} - d_{in})}\right] \tag{5-13}$$

式中，d_{in}、d_{out} 分别为管道的内、外直径，m；d_{oe} 为管道的当量外直径，m；λ_p 为管材的热导率，$W/(m \cdot \text{℃})$。

④ 计算热泵的供热与制冷部分运转系数

$$供热：F_H = \frac{最冷月热泵的运行小时数}{24 \times 最冷月的天数} \tag{5-14}$$

$$\text{供冷：} F_c = \frac{\text{最热月热泵的运行小时数}}{24 \times \text{最热月的天数}} \tag{5-15}$$

式中，F_H、F_c 分别为热泵供热、供冷部分运转系数，无量纲，其值小于 1。

⑤ 计算地埋管换热器的尺寸

$$\text{供热：} L_H = \frac{CAP_H \times \left(\dfrac{COP_H - 1}{COP_H}\right) \times (R_p + R_s \times F_H)}{T_L - T_{min}} \tag{5-16}$$

$$\text{供冷：} L_c = \frac{CAP_c \times \left(\dfrac{COP_c + 1}{COP_c}\right) \times (R_p + R_s \times F_c)}{T_{max} - T_H} \tag{5-17}$$

式中，L_H、L_c 分别为供热、供冷工况下所需地埋管换热器长度，m；CAP_H 为热泵处于最低进口温度 T_{min} 时的供热负荷，W；CAP_c 为热泵处于最高进口温度 T_{max} 时的制冷负荷，W；COP_H 为热泵处于最低进口温度时的供热性能系数，无量纲；COP_c 为热泵处于最高进口温度时的制冷性能系数，无量纲；T_{min} 为供暖运行时热泵的最低进口温度，℃，$T_{min} \geqslant T_{a,min} + (-1.1 \sim 4)$℃；$T_{max}$ 为供冷运行时热泵的最高进口流体温度，℃，参照 ASHRAE 标准，一般可取为 37℃，$T_{a,min}$ 为给定地区最低室外空气温度，℃。

（4）圆柱源理论模型　除了钻孔内外，圆柱源模型的假设与线热源模型相同，可以说圆柱源理论本质上基于线源模型，是线热源理论的一种延伸与发展，而线热源模型是圆柱热源模型的一种简化形式。圆柱源模型将 U 形埋管用当量直径等价为一根单管，对于恒壁温或恒热流情况，可以给出其精确解，用该模型还可以直接得到圆柱孔洞壁面与土壤远边界之间的温差，其恒热流情况下的圆柱源分析解为：

$$\Delta T_g = T_\infty - T(r, \tau) = \frac{Q_g}{\lambda_s H} G(Fo, p) \tag{5-18}$$

$$G(p, Fo) = \frac{1}{\pi^2} \int_0^\infty f(\beta) \, d\beta$$

式中，ΔT_g 为 τ 时刻半径 r 处的土壤温度与远边界土壤温度之差，℃，当 r 为孔洞半径时即为孔洞壁面与远边界土壤间的温差；Q_g 为地埋管热流量，W，地埋管吸热时为正，放热为负；H 为钻孔深度，m；λ_s 为土壤热导率，W/（m·℃）；Fo 为傅里叶准则，无量纲；p 为计算温度处的半径与钻孔半径之比，无量纲；$G(Fo, p)$ 为理论积分解 G 函数，求解有一定难度，可以通过如下表 5-1 所示的部分数值解来近似代替：

表 5-1　G 函数的部分数值解

p	G 函数
1	$G = 10^{[-0.89129 + 0.36081 \times \lg(Fo) - 0.05508 \times \lg^2(Fo) + 3.59617 \times 10 - 3 \times \lg^3(Fo)]}$
2	$G = 10^{[-1.4541 + 0.89933 \times \lg(Fo) - 0.31193 \times \log^2(Fo) + 0.061119 \times \lg^3(Fo)]}$

p	G 函数
5	$G=10^{[-3.0077+2.25606\times\lg(Fo)-0.79281\times\lg^2(Fo)+0.134293\times\lg^3(Fo)]}$
10	$G=10^{[-9.1418+11.7025\times\lg(Fo)-7.09574\times\lg^2(Fo)+2.269837\times\lg^3(Fo)]}$

由于钻孔壁温（对应于 $p=1$）是一个需要确定的很重要参数，根据以上的分析有：

$$\Delta T_b = T_\infty - T_b = \frac{Q_g}{\lambda_s H} G \ (Fo, \ 1) \tag{5-19}$$

式中，T_b 为钻孔壁温，℃；ΔT_b 为孔洞壁面与土壤远边界间的温差，℃。

Kavanaugh 等通过对地埋管换热器的传热分析，在圆柱源模型的基础上得出了埋管流体平均温度的计算式：

$$T_f = T_\infty + \left[\frac{q}{\lambda_s}G \ (Fo, \ p)\right] + \frac{q}{CN_i 2\pi r_o h_{eq}} \tag{5-20}$$

$$h_{eq} = \left[\frac{r_{out}}{r_{in}h_{ci}} + \frac{r_{out}}{\lambda_p}\ln\left(\frac{r_{out}}{r_{in}}\right)\right]^{-1}$$

式中，T_f 为地埋管换热器内流体的平均温度，℃，定义为进出口温度的算术平均值；q 为单位埋管热流，W/m；N_i 为钻孔内 U 形埋管的数量；C 为非均匀热流的修正系数，无量纲，$N_i=2$ 时 $C=0.85$，$N_i=4$ 时 $C=0.6\sim0.7$；r_{in}、r_{out} 分别为管的内外半径，m；λ_p 为管材热导率，W/（m·℃）；h_{ci} 为管内流体与管内壁面间的对流换热系数，W/（m²·℃）。

从理论研究的角度来看，无限大区域中的圆柱热源传热模型更接近实际，它解决了线热源所不能解决的问题，即埋管内流体平均温度以及进出口温度的计算，进而可以规划整个系统的设计。然而它和线热源一样，也存在假设上的局限性。此外，对于钻孔内 U 形埋管换热器的处理也没有考虑具体配置对其换热的影响，必然会带来一些误差。

（5）线热源模型与圆柱源模型的比较　线热源模型与圆柱源模型的异同主要表现在以下几方面：

① 线热源模型是将埋管看作一维均匀的线热源，该模型将钻孔内外的土壤看作一个整体，忽略了钻孔回填材料和钻孔外土壤物性的差异。如果所设埋管区域在钻孔深度范围内的土壤物性纵向分布较均匀，采用的回填材料又是钻孔时挖出的土壤，并且在回填时，注意保证回填土足够密实，与钻孔外土壤接触性好。在这种条件下，可以认为钻孔内外的土壤具有相同的热物性，选择较简单的线热源模型误差不大，有一定的实用性。

② 圆柱源模型是将传热模型简化为土壤中的一个圆柱状钻孔，假设钻孔壁处有一恒定热流，将钻孔（埋管以及回填部分）看作为一均匀的柱热源，进行相应的简化。考虑了钻孔回填部分和大地土壤存在的差异。在分层地质结构条件下，

钻孔时挖出的土壤，在回填时，不可能与原来土壤沿深度方向的分层相同，因此钻孔内外土壤的热物性有较大差异。另一方面，由于人们逐渐认识到了回填材料的热物性对钻孔内换热效率的影响，在近年来的研究中，往往不再直接使用钻孔时挖出的土壤进行回填，而是在回填土中加入一些提高热传导率的材料，或者是直接采用新型的高热传导性回填材料进行回填，以得到较高的热传导率。在这种情况下，回填部分与大地土壤的差异就更加明显，应该对它们分别进行分析。因此，圆柱源模型为解决钻孔内外具有不同材料的传热计算提供了很好的方法。

③ 在计算出的温度响应方面，两者的主要区别在于 Fo 较小时，线热源的解有一定的时间延迟，而当 $Fo > 10$（对于典型的埋管结构特性参数约为 7h）后两者的解吻合得较好，其原因主要是线源模型假定的热流是施加在半径 $r=0$ 处，而圆柱源模型是在孔壁 $r=r_b$ 处。从物理意义上讲，在孔壁处施加热流的同时，孔壁处就应有一定的温度变化，圆柱源模型解较好地反映了这一实际。

5.2.1.2　数值解模型

（1）Eskilson 传热模型　Eskilson 模型的建立基于有限长线热源的数值解，对于考虑径向与深度方向埋管与周围土壤间的二维导热过程，其传热控制方程为：

$$\frac{1}{a_s}\frac{\partial T}{\partial \tau} = \frac{\partial^2 T}{\partial r^2} + \frac{1}{r}\frac{\partial T}{\partial r} + \frac{\partial^2 T}{\partial z^2} \tag{5-21}$$

该模型考虑了钻孔深度的影响，与线热源与圆柱源模型相比提供了更加精确的结果。然而由于求解过程比较复杂，且数值解需要大量的数据和计算时间。因此，Eskilson 考虑采用无因次温度响应因子——g-function 来对传热模型进行近似求解。根据 Eskilson，g-function 可采用下式（5-22）来近似计算：

$$\begin{cases} g\left(\frac{t}{t_s}, \frac{r_b}{H}\right) = \ln\left(\frac{H}{2r_b}\right) + \frac{1}{2}\ln\left(\frac{t}{t_s}\right), & \frac{5r_b^2}{a_s} < t \leqslant t_s \\ g\left(\frac{t}{t_s}, \frac{r_b}{H}\right) = \ln\left(\frac{H}{2r_b}\right), & t \geqslant t_s \end{cases} \tag{5-22}$$

则钻孔壁温可以表示为：

$$T_b(t) = T_\infty + \sum_{i=1}^{n}\frac{(q_i - q_{i-1})}{2\pi\lambda_s}g\left(\frac{t_n - t_{i-1}}{t_s}, \frac{r_b}{H}\right) \tag{5-23}$$

式中，$T_b(t)$ 为钻孔瞬时壁温，℃；T_∞ 为远边界土壤原始温度，℃；q 为单位埋管吸（放）热率，W/m；H 为钻孔深度，m；r_b 为钻孔半径，m；λ_s 为土壤热导率，W/（m·℃）；t 为运行时间，s；t_s 为时间标度，$t_s = H^2/(9a_s)$。

Eskilson 模型已被广泛应用于很多科研机构和商业软件中，尤其是其提出的温度响应因子，对于估算钻孔长时间的温度响应具有非常重要的意义。

（2）Mei V C 传热模型　Mei 和 Fischer 基于能量守恒建立了垂直套管式换热

器的瞬态传热模型，模型中内管及环腔内流体采用径向和轴向二维瞬态传热模型，管壁及土壤的导热采用一维径向瞬态传热模型，采用有限差分显示格式进行求解。模型的假设条件为：①埋管内同一截面处流体是均匀的，且温度与速度相同；②流体、埋管及土壤的热物性保持不变；③忽略辐射传热的影响；④沿轴线整个换热过程呈辐射状对称分布，忽略深度方向的热传递。该模型忽略了埋管和土壤的接触热阻，考虑了热泵机组的间歇运行，没有考虑灌浆材料的热影响，假设内管和环腔内的对流换热系数相同，均采用内管的对流换热系数，该模型研究的是单根埋管的换热，没有考虑多根埋管的热干扰。

（3）Hellstrom 模型 Hellstrom 建立了用于模拟季节性热能储存而密集埋于地下的垂直地埋管换热器的储能传热模型。该模型把钻孔区域分成两部分：局部区域（即单个钻孔区域）和全局区域（即多个钻孔组成的区域）。全局问题又分成三部分来考虑：稳态热损失、热积聚和周期热损失。该模型通过三种温差的空间叠加得到土壤初始温度随时间的变化，这三种温差是：①孔群热储体与周围大地热传导而产生的所谓的"全局温差"；②直接来自热储存容积附近的"局部瞬时温差"；③来自局部稳定通量部分的"稳态温差"。模型求解采用了解析法和数值法相结合的混合解法，即对"局部"和"全局"的问题使用了数值解法，而对空间叠加则应用了来自恒通量的解析解。对局部问题采用一维径向有限差分法，对全局问题采用径向与轴向二维有限差分法，当达到稳定热流时采用解析法叠加它们。由于钻孔密集，该模型是一个典型的储热模型。Hellstrom 模型已被 Thornton 等应用于大型的土壤源热泵模拟模型中，这就是目前比较流行的 TRNSYS 模型的地热储能模块。

（4）Lei T K 模型 Lei T K 采用有限差分法建立了垂直 U 形埋管的模拟模型，该模型对 U 形埋管两支管分别建立二维柱坐标系（即双圆柱坐标系），认为传热过程仅发生在径向，不考虑轴向热传导。模型的假设条件为：①无辐射换热；②忽略埋管与土壤间的接触热阻；③不考虑埋管端部影响；④U 形管两支管间距沿管长不变；⑤任意横截面流体温度均匀；⑥土壤热物性参数恒定；⑦距离埋管中心半径大于 9.14m 的土壤温度为远边界温度；⑧所有水和土壤的初始温度均为远边界温度；⑨热泵运行时埋管内水流量不变，且对流换热系数沿管长不变；⑩热泵停止时埋管内水流停止循环，埋管内流体仅发生自然对流换热。该模型所描述的换热过程主要是：①土壤中热传导；②从埋管外壁到土壤之间的热传导；③埋管内壁和流体的对流换热。模型在钻孔附近采用隐式格式，远离钻孔的周围土壤采用显示格式。该模型考虑了热泵机组的间歇运行工况及管内的对流换热，没有考虑地表面、灌浆材料及多个钻孔之间的热干扰。

（5）Muraya 模型 Muraya 采用瞬时二维有限元方法研究了 U 形管两管脚间的热短路现象。模型通过定义一热交换效率来量化这种热短路，而热交换效率主要和以下因素有关：土壤和回填材料的热物性、管脚间距、远边界土壤温度、环路中流体温度以及热扩散率。模型通过与定温度和定热流量两种情况下圆柱源分析解进行对比来检测模型的有效性。由于模型是基于实时的参数研究，因此可以通过几何布置来求出全面的热效率以及回填热效率。

(6) Rottmdyer 模型　Rottmayer 等基于显示有限差分法建立了单根垂直 U 形埋管在无限大介质中的二维瞬态传热模型。为了便于模拟，把 U 形埋管周围土壤看作储热体，以 U 形埋管为中心轴、远边界半径为半径的储热体看作一个圆柱体，将该圆柱体沿深度方向划分成很多层。该模型考虑土壤的热传导是沿径向和方位角方向变化，没有考虑轴向变化，但考虑了每一深度方向上与流体间的耦合。由能量守恒对埋管内流体建立有限差分方程。处理圆管的方法是圆管内周长和网格单元所划分的非圆管内周长相等，并且提出采用几何因子（0.3～0.5）来修正由非圆管代替圆管产生的误差。该模型考虑了热泵机组的间歇运行工况、管内的对流换热及灌浆材料的热影响，没有考虑地表面及多个钻孔之间的热干扰。

(7) Yavuzturk 模型　Yavuzturk 等在 Eskilson 长时间步长温度响应因子的基础上，发展了能用于短时间步长（如 1h）模拟垂直埋管换热器性能的短时间步长温度响应因子。模型采用极坐标系建立了二维瞬态热传导方程，时间采用向后差分，空间采用中心差分将方程进行离散化，利用控制容积法进行了求解。模型求解时将 U 形管的两根圆管分别采用等效周长的扇形管近似代替，将管内流体与土壤的对流换热作为离散方程中的源项处理。该模型做了如下假设：①忽略土壤表面和 U 形管端部的三维影响；②忽略土壤热物性的不均匀性；③忽略管壁温度沿深度方向的变化。作者发展该模型主要有两个目的：一方面用于参数估计法，从短期运行的测试数据中发现钻孔热性能；另一方面用于计算短时间步长无因次温度响应因子，以用于土壤源热泵系统的能耗分析和混合式土壤源热泵系统的设计。

5.2.1.3　模型的比较

从上述各种模型的分析可以看出，Hellstrom 模型是用来研究多个钻孔密集布置的储热模型；Mei V C 模型是用来研究垂直套管换热器的传热模型；Muraya 模型是用来研究影响 U 形管两管脚热短路的因素；Yavuzturk 模型主要有两个目的：一方面用于参数估计法，从短期运行的测试数据中发现钻孔热性能；另一方面用于计算短期无因次温度响应因子。这里仅对其中典型的 6 种模型对重要影响因素的考虑程度进行了比较，结果见表 5-2。

从模型的完善程度来考虑，一个完好的埋管模型应该尽可能考虑表 5-2 中所列出的一些影响因素，且能够解释土壤温度季节性变化、水分含量及地下水渗流对换热量的影响。然而，考虑所有的因素在现阶段还难以实现。因此，实际应用中往往只需考虑主要因素的影响。很明显，从表 5-2 可以看出，Eskilson 模型比其他模型更为完善。然而，由于其同样没有考虑到钻孔中具体的几何配置，且主要适用于长时间步长的模拟，而不适合短时间（如 1h）。

表 5-2 不同地埋管模型的比较

模型名称	求解方法	是否考虑下列因素					
		机组间歇运行	回填材料影响	管内对流换热影响	钻孔末端影响	管脚热干扰	热泵进液温度
NWWA	线源解析法	否	否	否	否	是	是
IGSHPA	线源解析法	否	否	否	否	是	否
Kavanaugh	圆柱源解析法	是	否	是	否	否	是
Eskilson	线源混合解	是	是	是	是	是	是
Lei T K	有限差分法	是	否	是	否	否	是
Rottmayer	有限差分法	是	是	是	否	否	是

5.2.2 热湿耦合型

土壤是一个固、液、气三相共存的饱和或部分饱和的含湿多孔介质体系，如图 5-2 所示给出了土壤中地下水的分布状况，地下水位线将土壤分为饱和与非饱

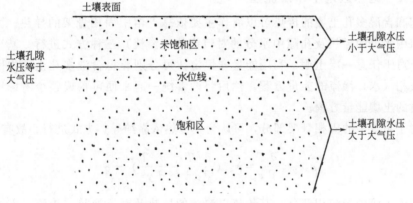

图 5-2 土壤中地下水的分布

和区，在水位线处，土壤孔隙中的水压等于大气压；在水位线以上的非饱和区内，孔隙中的水处于部分饱和状态，其压力低于大气压；而在地下水位线以下的饱和区，土壤孔隙中的水处于完全饱和状态，且其压力大于大气压。从热力学的角度考虑，对于地下水位线以上的非饱和区土壤，土壤中热量的传递必然引起土壤中水分的迁移，同时水分的迁移又伴随热量的传递。因此，非饱和区土壤中的传热过程是一个在温度梯度和湿度梯度共同作用下，热量传递和水分迁移相互耦合的复杂热力过程。对于地下水位线以下的埋管区域，盘管周围的土壤已处于饱和状态，此时土壤热湿迁移耦合作用的影响已很弱，而地下水横向渗流的强弱成为对土壤传热的主要影响因素。由于垂直埋管的埋深一般达 40～100m，其中穿越了饱和与未饱和区土壤，因此，垂直埋管与周围土壤间的传热过程实际上是一个包含

饱和与未饱和含湿多孔土壤传热传质及地下水渗流耦合作用的复杂非稳态传热问题。

5.2.2.1 非饱和区热湿迁移型

对于地下水位线以上的未饱和区土壤，其热传递必然会引起土壤中水分的迁移，同时水分的迁移又伴随热量的传递，因此其传热过程是一个在温度梯度和湿度梯度共同作用下，热量传递和水分迁移相互耦合的复杂热力过程，其瞬态热湿传递过程满足如下方程组：

$$
\begin{cases}
C \dfrac{\partial T}{\partial \tau} = \nabla \cdot (\lambda \nabla T) + \nabla \cdot (D_\varepsilon \nabla \theta_1) + L \varepsilon \rho_1 \dfrac{\partial K_h}{\partial y} \\[2mm]
\dfrac{\partial \theta_1}{\partial \tau} = \nabla \cdot (D_\theta \nabla \theta_1) + \nabla \cdot (D_T \nabla T) + \dfrac{\partial K_h}{\partial y}
\end{cases}
\tag{5-24}
$$

式中，λ 为土壤热导率，W/（m·℃）；D_ε 为水蒸气等温扩散系数，m²/s；D_θ 为水分等温扩散系数，m²/s；D_T 为水分热扩散系数，m²/（K·s）；θ_1 为体积含水率，无量纲；C 为土壤容积比热容，kJ/（m³·℃）；L 为水的汽化潜热，J/m³；ε 为孔隙率，无量纲；ρ_1 为水的密度，kg/m³；K_h 为导水系数，m/s。

5.2.2.2 饱和区地下水渗流型

饱和含湿多孔土壤的传热可以看作主要依靠土壤中固相骨架的导热、固相骨架孔隙中水分的导热及孔隙中水分的对流换热（渗流）三种方式进行。基于控制容积，对于任意一层土壤，利用能量守恒定律可分别导得含湿多孔土壤中固相骨架与液相（水）渗流的能量方程，然后将两者统一起来便可构成整个考虑地下水渗流时的土壤能量方程。

对于土壤中的固相骨架部分，可认为其传热依靠纯导热方式进行，故有：

$$
\rho_s c_{p,s} \frac{\partial T}{\partial \tau} = \lambda_s \left(\frac{\partial^2 T}{\partial x^2} + \frac{\partial^2 T}{\partial y^2} \right) + q_s
\tag{5-25}
$$

对于土壤中的液相部分，其传热以流体的导热及对流换热（渗流）方式来进行，因此可以处理成为对流-扩散型能量方程，于是有：

$$
\rho_f c_{p,f} \frac{\partial T}{\partial \tau} + \rho_f c_{p,f} \left(u \frac{\partial T}{\partial x} + v \frac{\partial T}{\partial y} \right) = \lambda_f \left(\frac{\partial^2 T}{\partial x^2} + \frac{\partial^2 T}{\partial y^2} \right) + q_f
\tag{5-26}
$$

考虑到单位体积土壤中液相与固体骨架占据的空间比例分别为 ε 与 $(1-\varepsilon)$，则上述式（5-25）和式（5-26）应分别写成：

$$
(1-\varepsilon) \rho_s c_{p,s} \frac{\partial T}{\partial \tau} = (1-\varepsilon) \lambda_s \left(\frac{\partial^2 T}{\partial x^2} + \frac{\partial^2 T}{\partial y^2} \right) + (1-\varepsilon) q_s
\tag{5-27}
$$

$$
\varepsilon \rho_f c_{p,f} \frac{\partial T}{\partial \tau} + \rho_f c_{p,f} \left(u \frac{\partial T}{\partial x} + v \frac{\partial T}{\partial y} \right) = \varepsilon \lambda_f \left(\frac{\partial^2 T}{\partial x^2} + \frac{\partial^2 T}{\partial y^2} \right) + \varepsilon q_f
\tag{5-28}
$$

将以上二式相加，并进行整理可得有地下水渗流时的饱和区土壤能量方程为：

$$\rho_t c_{p,t} \frac{\partial T}{\partial \tau} + \rho_f c_{p,f} \left(u \frac{\partial T}{\partial x} + v \frac{\partial T}{\partial y} \right) = \lambda_t \left(\frac{\partial^2 T}{\partial x^2} + \frac{\partial^2 T}{\partial y^2} \right) + q_t \quad (5\text{-}29)$$

$$\rho_t c_{p,t} = \varepsilon \rho_f c_{p,f} + (1-\varepsilon) \rho_s c_{p,s}$$

$$\lambda_t = \varepsilon \lambda_f + (1-\varepsilon) \lambda_s$$

$$q_t = \varepsilon q_f + (1-\varepsilon) q_s$$

式中，$\rho_t c_{p,t}$、$\rho_s c_{p,s}$、$\rho_f c_{p,f}$ 分别为土壤多孔介质的总比热容、固体骨架比热容、液相（水）的比热容，J/（m³·℃）；u、v 分别为水平面内 x 与 y 方向上的地下水渗流速度，m/s；λ_t、λ_s、λ_f 为土壤的综合等效热导率、土壤固相热导率、土壤液相（水）的热导率，W/（m·℃）；ε 为土壤孔隙率，无量纲；q_t 为总内热源强度，W/m³。

5.2.3 考虑冻融相变

土壤是一个构造和组成极其复杂的含湿多孔介质体，在冬季供热工况下，特别是在北方寒冷地区，当埋管从地下连续取热时，土壤源热泵蒸发器出口（地埋管换热器进口）流体温度会低于 0℃，从而导致埋管周围含湿土壤有可能冻结；而在埋管停止取热，土壤温度恢复时，冻结土壤会因温度的缓慢升高而逐渐融化。因此，对于北方寒冷地区，U 形埋管周围土壤的传热实际上是一个伴随有相变潜热交替释放与吸收的复杂含湿多孔介质体（土壤）的冻融相变传热过程，这在一定程度上直接影响了地埋管的换热特性。为了使建立的数学模型能真实地描述埋管在土壤中的传热过程，且便于问题的理论分析与求解，在建立 U 形埋管传热过程的数学模型时作如下近似假设：

① 设土壤为均质、各向同性的刚性含湿多孔介质体；

② 忽略土壤热湿迁移耦合作用及冻融相变时自然对流效应的影响；

③ 认为垂直埋管与土壤之间的传热为沿深度与径向的二维非稳态传热过程；

④ 冻结的和未冻结的土壤热物性参数均为常数；

⑤ 由于土壤水是含有各种杂质的非纯净物质，因此可认为土壤的冻融相变过程发生在一个小的温度范围内，且在土壤相变中沿径向及深度方向均存在三个区域：冻结区、未冻结区及介于两区之间的两相共存区（称为模糊区）；

⑥ 将两管脚传热相互影响的垂直 U 形埋管换热器经修正后等效为一具有当量直径的单管；

⑦ 认为钻孔回填物与周围土壤的热物性参数一致，且忽略接触热阻的影响。

对垂直 U 形埋管做以上处理后，埋管周围土壤传热可看作是一个以圆管中心为轴线的二维圆柱轴对称问题，见图 5-3（a），且根据温度由低到高沿径向与深度方向上均依次呈现三个相区：冻结区、模糊两相区及未冻结区，如图 5-3（b）和图 5-3（c）所示。而且这个温度场随着外界气候条件的变化以及埋管热流变化，是时间的函数。图中 $S_1(\tau)$、$S_2(\tau)$ 分别上、下相变界面，下标 s、l、m 分别代表冻结、未冻结及模糊两相区，T_f 为相变中心温度，ΔT 为相变温度范围半宽带，R、H 分别为半径与深度方向上的计算区域范围。在以上简化假设条件下，参照图 5-3 可建立各相区的数学模型。

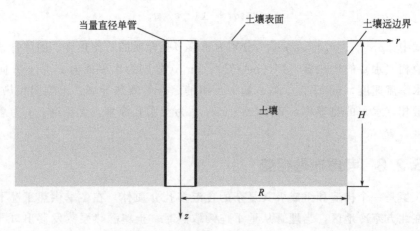

(a) 当量直径单管土壤传热计算区域

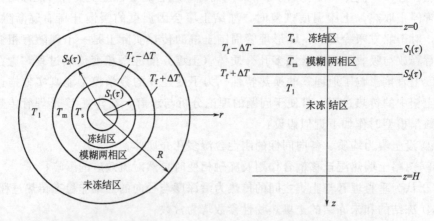

(b) 半径方向相变传热区域划分   (c) 深度方向相变传热区域划分

图 5-3　考虑冻结的 U 形埋管周围土壤传热物理模型

（1）土壤冻结区能量方程

$$(\rho c_p)_s \frac{\partial T_s}{\partial \tau} = \frac{1}{r} \frac{\partial}{\partial r}\left(\lambda_s r \frac{\partial T_s}{\partial r}\right) + \frac{\partial}{\partial z}\left(\lambda_s \frac{\partial T_s}{\partial z}\right) \quad (T_s < T_f - \Delta T) \quad (5\text{-}30)$$

（2）土壤未冻结区能量方程

$$(\rho c_p)_1 \frac{\partial T_1}{\partial \tau} = \frac{1}{r}\frac{\partial}{\partial r}\left(\lambda_1 r \frac{\partial T_1}{\partial r}\right) + \frac{\partial}{\partial z}\left(\lambda_1 \frac{\partial T_1}{\partial z}\right) \quad (T_1 > T_f + \Delta T) \quad (5\text{-}31)$$

（3）土壤冻融相变区（模糊两相区）能量平衡方程

$$(\rho c_p)_m \frac{\partial T_m}{\partial \tau} = \frac{1}{r}\frac{\partial}{\partial r}\left(\lambda_m r \frac{\partial T_m}{\partial r}\right) + \frac{\partial}{\partial z}\left(\lambda_m \frac{\partial T_m}{\partial z}\right) + L\frac{\partial f_s}{\partial \tau} \quad (T_f - \Delta T \leqslant T_m \leqslant T_f + \Delta T)$$
$$(5\text{-}32)$$

（4）相变界面守恒条件

$r = S_1(\tau)$ 或 $z = S_1(\tau)$：

$$T_s(r, z, \tau) = T_m(r, z, \tau) \quad (5\text{-}33)$$

$$\lambda_s \frac{\partial T_s(r, z, \tau)}{\partial r} - \lambda_m \frac{\partial T_m(r, z, \tau)}{\partial r} = L\frac{\partial f_s}{\partial \tau} \quad (5\text{-}34)$$

$r = S_2(\tau)$ 或 $z = S_2(\tau)$：

$$T_m(r, z, \tau) = T_1(r, z, \tau) \quad (5\text{-}35)$$

$$\lambda_m \frac{\partial T_m(r, z, \tau)}{\partial r} = \lambda_l \frac{\partial T_1(r, z, \tau)}{\partial r} \quad (5\text{-}36)$$

（5）初始条件

$$T_1(r, z, \tau)\big|_{\tau=0} = T_m(r, z, \tau)\big|_{\tau=0} = T_s(r, z, \tau)\big|_{\tau=0} = T_0(z, \tau)$$
$$(5\text{-}37)$$

（6）边界条件

① 地表面边界条件（$z = 0$）

$$-\lambda_j \frac{\partial T_j}{\partial z}\bigg|_{z=0} = \alpha_w \left[T_a - T_j(z, r, \tau)\big|_{z=0}\right] \quad (5\text{-}38)$$

② 埋管侧边界条件（$r = d_{eq}/2$）

$$-\pi d_{eq}\lambda_j \frac{\partial T_j}{\partial r}\bigg|_{r=d_{eq}/2} = q(\tau) \quad (5\text{-}39)$$

③ 底部（$z = H$）及右侧（$r = R$）处边界条件

$$\frac{\partial T_j(z, r, \tau)}{\partial z}\bigg|_{z=H} = 0 \quad (5\text{-}40)$$

$$\frac{\partial T_j(z, r, \tau)}{\partial r}\bigg|_{r=R} = 0 \quad (5\text{-}41)$$

式（5-30）～式（5-41）中，λ_s、λ_1、λ_m 分别为冻结区、未冻结区及模糊区土壤的热导率，W/（m·℃）；L 为单位容积土壤的相变潜热，J/m³；f_s 为土壤的冻结率，%；T_0（z，τ）为土壤原始温度，℃，可采用第 3 章中的公式（3-16）来计算。T_a 为室外空气温度，℃；α_w 为地表面对流换热系数，W/（m²·℃）；q（τ）为单位埋管的瞬时热流，W/m，当埋管取热时为负，停止取热时为 0，补热时为正；d_{eq} 为 U 形埋管的当量直径，m，可表示为：

$$d_{eq} = \sqrt{2d_{po} \cdot D_U} \qquad (5-42)$$

式中，d_{po} 为 U 形管管脚外径，m；D_U 为 U 形管两管脚间距，m。

分析可以看出，该导热问题较之一般的变热导率问题要复杂得多，其主要困难在于求解区域中存在着随时间移动的相变界面。为了处理这个问题，可以采用把它视为"单相"的非线性导热问题的显热容法来进行求解，即认为相变区内热导率随温度呈线性分布，热容量按平均法取值，且相变潜热不随温度变化，在发生相变的温度范围之内构造比热容函数，以代替相变区控制方程（5-32）右端第三项，只以温度为待求函数，则上述各相区控制方程可以统一表示为：

$$C_V{}^* \frac{\partial T}{\partial \tau} = \frac{1}{r}\frac{\partial}{\partial r}\left(\lambda^* r \frac{\partial T}{\partial r}\right) + \frac{\partial}{\partial z}\left(\lambda^* \frac{\partial T}{\partial z}\right) + S \qquad (5-43)$$

式中，$C_V{}^*$ 与 λ^* 分别为等效容积比热容和等效热导率，可分别计算如下：

$$C_V^* = \begin{cases} C_s & (T < T_f - \Delta T) \\ \dfrac{L}{2\Delta T} + \dfrac{C_s + C_1}{2} & (T_f - \Delta T \leqslant T \leqslant T_f + \Delta T) \\ C_1 & (T > T_f + \Delta T) \end{cases} \qquad (5-44)$$

$$\lambda^* = \begin{cases} \lambda_s & (T < T_f - \Delta T) \\ \lambda_s + \dfrac{\lambda_1 - \lambda_s}{2\Delta T}\left[T - (T_f - \Delta T)\right] & (T_f - \Delta T \leqslant T \leqslant T_f + \Delta T) \\ \lambda_1 & (T > T_f + \Delta T) \end{cases} \qquad (5-45)$$

式中，C_s、C_1 分别为冻结区与未冻结区土壤的容积比热容，J/（m³·℃）；λ_s、λ_1 分别为冻结区与未冻结区土壤的热导率，W/（m²·℃）。T_f 为冻结中心温度，℃；ΔT 为相变温度半宽带，℃；S 为源项，是为了便于数值计算而附加的源项，对于内部节点为 0，对于边界节点，其值取决于具体的边界条件。

上面的式（5-43）～式（5-45）把有两个明显运动界面、三个不同区域的相变换热问题统一用一个数学模型表示出来，最终转化成为一个变物性的非稳态导热问题，可以非常方便地用普通的有限差分法求解。但是需要指出的是，由于相变界面不可能始终位于离散化网格的结点上，因此必须根据相邻两个结点的温度值用插值法确定。

5.2.4　地埋管传热模型的关键

地埋管的换热可以看作是钻孔内 U 形埋管通过钻孔壁面与周围土壤间的传热，因此，可以将其分为钻孔内与钻孔外两部分。由于地下土壤的多孔特性及钻孔埋管几何结构的特殊性，地埋管传热模型的关键在于能否更真实地反映其传热状况，即数学模型的完善程度。具体包括钻孔内埋管结构与热特性及钻孔外土壤多孔复杂结构对埋管传热的影响。

（1）钻孔内　钻孔以内关键要考虑钻孔内几何配置对换热的影响，包括钻孔内传热维数（一维、二维或三维）、两支管间的热干扰、流体温度的沿程变化、钻孔与埋管的结构尺寸及钻孔内热容的影响等。

（2）钻孔外　钻孔以外土壤区域传热模拟关键要考虑地表温度的影响（深度方向的传热）、非饱和区土壤热湿迁移的影响、饱和区地下水渗流的影响、模拟尺度及不同钻孔间传热叠加的影响等。

5.3　地埋管传热特性影响因素及强化措施

5.3.1　地埋管传热特性影响因素

5.3.1.1　回填材料的导热性能

回填材料作为 U 形埋管换热器和周围土壤的传热介质，将地下可利用的浅层地热能传递到换热器中，作为热泵系统冷热源。同时，回填材料还可以将钻孔密封，保护地埋管不受地下水及其他污染物的影响，防止地面水通过钻孔向地下渗透，使地下水不受地表污染物的影响，并可以防止地下各个含水层之间水的移动引起交叉污染。有效的回填材料可以防止土壤因冻结、收缩、板结等因素对埋管换热器传热效果造成影响，提高埋管换热器的传热能力。从热阻分析来看，回填材料的热阻在换热器未运行时占到约 20%，因此，提高回填材料热导率可以增加埋管换热器的换热量。

但回填材料热导率并非越高越好，这是因为钻井的直径毕竟非常小，一般的钻井直径为 110～150mm，而长时间运行的钻井换热器其热扩散半径可以达到 3m 左右。流体传入地下的热量最终还是要通过周围土壤扩散到无限远处，回填材料仅仅是一个用于传热的中间介质，其导热作用是有限的，所以热导率增大到一定的数值后再增加对改善钻井的换热能力就极为有限了。因此，选择回填材料应根据当地的地质条件而定，并没有一个具体的数值。

5.3.1.2　管材导热性能

选用合适的管材作为地下埋管换热器对土壤源热泵系统运行非常重要。20 世纪 50 年代初期，普遍采用金属管材，金属盘管导热性能良好，强度高；但抗腐蚀性能差。随着材料科学的发展，到 70 年代后期，塑料管开始普遍应用在土壤源热泵系统中，虽然塑料管导热性能没有金属管好，但由于其热阻与土壤热阻相匹配，所以对埋管换热器的整体换热量影响不大，并且克服了腐蚀问题，一般塑料管的使用寿命在 20 年以上，有些甚至能达到 50 年左右。目前常用的塑料管有高密度聚乙烯管（HDPE）和聚氯乙烯管（PVC）两种，其热导率分别为 0.44W/（m·K）和 0.14W/（m·K）。虽然 HDPE 管的导传热系数远大于 PVC 管，但相对于整个钻孔内部的换热来说，U 形管管壁的几何尺寸和热容量要小得多，因此管壁材料的热物性对 U 形垂直埋管换热器的影响不是很大。

5.3.1.3 管脚的间距

在竖直 U 形埋管换热器中，钻孔孔径通常为 110～150mm，实际运行过程中，U 形管两支管脚常常工作于不同的流体温度下，在这么狭小的空间内，两管脚间不可避免地会发生热短路，热短路会导致供热模式下换热器的出口温度有所降低，而制冷模式下则有所升高，即使得换热器的进出口温差减小，这在一定程度上直接影响整个埋管系统的吸（放）热能力，从而导致埋管设计长度的变化。考虑到管脚间热干扰的影响，在承担相同负荷且其他条件相同时，管中心距较大时 U 形管两管脚间的热量回流要小一些，传热效果要好一点。但盲目增大管脚间距会因孔径加大而增加钻孔费用及回填物的量，同时，间距加大所换来的地埋管吸热量增加幅度也会很有限。

5.3.1.4 管内流体的流速

管内流速对埋管换热器换热性能的影响主要是由管内流体的流态引起的。管内流体的运动状态可分为层流、过渡流和紊流。流体处于层流状态时，管内流体质点沿着与管轴平行的方向作平滑直线运动，各质点间惯性力占主要地位；而处于紊流状态时，流体质点的运动极不规则，流场中各种流动参数的值具有脉动现象，且流体动量、能量、温度以及含有物的浓度的扩散速率都比层流状态大得多。

图 5-4 涵盖了从层流到旺盛紊流的各个流态管内水流量与单位管长换热量的关系，从图中可以看出：在设定的其他运行参数不变的情况下，开始时埋管换热能力是随着水流量的增大而显著增加，但是变化趋势逐渐放缓。当管内水流量继续增大时，曲线斜率变大，说明埋管换热器换热能力有一个明显的跳跃，而后随着流量的增加，换热能力再次趋于平缓。出现明显跳跃的原因主要是流体流动状态从层流过渡到了紊流，管内表面的对流换热系数显著增长而造成的，当流体进入紊流状态后，随着流量增加、换热能力增长变得缓慢。随着流量的增加，每增加单位流速得到的换热量增益在减小，而随着流量的增加，系统阻力也增长，相应也就增加了能耗，系统 COP 会降低。因此，管内流速应根据阻力及换热性能来进行优化。

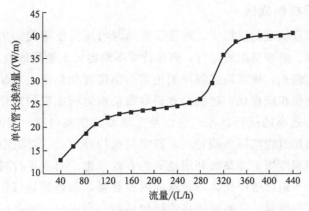

图 5-4　管内水流量与单位管长换热量的关系示意图

5.3.1.5　进口水温

温差是热量传递的动力，存在温差就有热量的传递与交换，也就产生了热能。在相同传热热阻条件下，温差越大，意味着传递能量越大。因此，在同等夏季运行工况下，提高地埋管的进口水温，单位井深的换热量就会有明显的增加。这主要是由于进口水温较高时，水与周围土壤的可利用温差较大，换热得到加强所致。还应该看到的是，并不是进水温度越高越好，当埋管进口水温较高时，虽然可以使换热得到加强，减小换热器的设计容量，但同时相应的热泵机组换热条件却会变得恶劣，热泵机组的 *COP* 会变低，因此，在实际工程设计中，应根据热泵机组的出口水温设计合适的地埋管换热系统。

5.3.2　地埋管传热强化措施

针对一定地区而言，由于地下土壤结构及热物性参数一定。因此，地埋管传热强化主要从钻孔埋管参数及运行控制模式两方面着手。

5.3.2.1　钻孔埋管参数

这主要包括钻孔埋管的几何参数（钻孔直径、钻孔深度、埋管形式、管脚间距及埋管直径等）、流体流动特性及热物性参数（包括循环流体热物性、管材导热性、流体流动速度及回填材料的导热性等）。强化的主要出发点是减小钻孔与周围土壤间的传热热阻，同时增加两支管间的传热热阻。因此，可以采用导热性好的回填材料及管材，同时增大两支管间的距离。在埋管形式上，目前已有提出采用桩基螺旋埋管、双螺旋埋管、梅花螺旋埋管等埋管形式，以提高换热面积与换热效率。在高性能回填材料方面，有提出采用相变材料（PCM）回填，利用相变材料相变过程中的吸热与放热来缓解短时间内土壤源热泵对埋管周围土壤温度的影响，具有较大的供热潜力，可以缩小钻孔间距。

5.3.2.2 运行控制模式

土壤源热泵系统运行过程中，地埋管换热器与周围土壤间的热交换是一个复杂的非稳态过程。随着机组的运行，热量持续不断地向土壤释放或从土壤中带走，连续运行的时间越长，埋管换热器周围土壤的温度变化幅度也就越大，换热器内循环介质的温度也相应变化，这就会直接导致机组运行工况的恶化。为了能使机组长时间处于高效率的运行状态，应该给土壤温度恢复时间，即间歇运行模式。间歇运行是根据建筑物实际负荷特点，确定机组的开停比，对机组进行间断性启停，以促进土壤温度恢复并高效利用地能的有效措施。间歇运行减少了能量的无用消耗，也减少了地埋管中流体与土壤间的换热量，与连续运行相比，间歇运行有利于土壤温度的恢复，从而可提高浅层地热能的利用率。研究系统的最佳运行控制参数并进行优化，有利于精确地进行埋管换热器设计、优化机组运行的效率以及维持系统长期高效运行，同时也有利于土壤温度恢复，提高地埋管换热器的可利用传热温差。

5.4 变热流线源模型

5.4.1 变热流线热源模型的提出

以上给出的线热源模型是基于常热流条件的，而在实际运行过程中，地埋管从土壤中的取（放）热量是随建筑负荷的变化而动态改变的，因此该线热源模型在计算土壤源热泵动态热负荷时具有较大的近似性；同时，该线热源模型主要用于计算埋管周围土壤温度的分布，而未涉及埋管内流体温度的计算，从而无法实现与热泵模型的耦合连接，因此，在应用上也有很大的局限性，必须对其进行改进，以拓展其功能。从以上分析可知，线热源模型可用于计算钻孔壁温，因此，可以考虑在原常热流线源模型的基础上，引入叠加原理与阶跃负荷思想来发展为变热流线热源模型，以计算出变热流情况下的钻孔壁温，并进一步通过引入钻孔热阻思想来确定出变热流时的埋管内流体平均温度及其出口温度。

5.4.2 变热流情况下钻孔壁温的计算

由于热泵负荷是随时间而变化的，因此埋管负荷（热流）也是随时间而不断改变的，这样随时间变化的负荷（热流）可以看作是一系列连续作用于孔洞中的矩形阶跃负荷（热流），如图 5-5 所示。每一时刻的埋管阶跃负荷都会给孔洞壁面产生一个温度响应，则在某一时刻末对埋管孔洞的温度响应可应用叠加原理而得到。

根据叠加原理，将某时刻以前各时间段埋管取（放）热对孔洞周围土壤温度响应的作用都叠加到该时刻，如图 5-6 所示，对于具有四个不同埋管热流量时间段的情形，则 t_4 时刻末的土壤远边界与孔洞壁面间的温差 ΔT_g 应该由 $q_1 \sim q_4$ 共同来决定，根据叠加原理有：

$$\Delta T_g = \frac{q_4 - q_3}{4\pi\lambda_s} I\left[\frac{r_b{}^2}{4a_s \ (t_4 - t_3)}\right] + \frac{q_3 - q_2}{4\pi\lambda_s} I\left[\frac{r_b{}^2}{4a_s \ (t_4 - t_2)}\right] +$$

$$\frac{q_2 - q_1}{4\pi\lambda_s} I\left[\frac{r_b{}^2}{4a_s \ (t_4 - t_1)}\right] + \frac{q_1}{4\pi\lambda_s} I\left(\frac{r_b{}^2}{4a_s t_4}\right) \tag{5-46}$$

式中，r_b 为钻孔半径，m；$I(x)$ 为指数积分函数，可由式（5-4）计算。

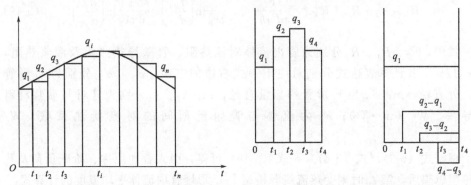

图 5-5　用矩形阶跃负荷近似连续热流　　　　图 5-6　负荷叠加说明图

由图 5-6 与式（5-46）可以看出，起始时刻的热流 q_1 对整个运行时间段 t_4 的温度响应均起作用，随后第二时间段的热流 q_2 只对随后的三个时间段 $(t_4 - t_1)$ 的温度响应有效，但此时必须抵消前一时间段 q_1 热流对该时间段的影响，即该时间段作用的等效热流值应为 $(q_2 - q_1)$。依此类推，对于第三、四时间段的情况，其作用的等效热流值与相应的时间段分别为 $(q_3 - q_2)$、$(q_2 - q_1)$ 与 $(t_4 - t_2)$、$(t_4 - t_1)$。则基于叠加原理与分段线性阶跃负荷思想可得到第 t_n 时刻末土壤远边界与孔洞壁面的温差为：

$$\Delta T_{g,n} = \sum_{i=1}^{n}\sum_{j=1}^{i} \frac{q_j - q_{j-1}}{4\pi\lambda_s} I\left[\frac{r_b{}^2}{4a_s \ (t_n - t_{j-1})}\right] \quad (q_0 = 0, \ \tau_0 = 0) \tag{5-47}$$

根据式（5-47），便可由远边界土壤原始温度计算出变热流情况下的钻孔壁温。

5.4.3　变热流情况下埋管流体温度的计算

基于传热学理论，在已知孔洞壁面温度时只要能够计算出埋管内流体至孔洞壁面间的传热热阻，便可由式（5-48）确定出埋管内流体的平均温度，即：

$$\Delta T_f = T_b - T_f = qR_b \tag{5-48}$$

式中，T_f 为 U 形管内流体平均温度，℃，定义为 U 形管进出口流体温度的算术平均值；T_b 为孔洞壁面温度，℃；R_b 为孔洞热阻，m·℃/W。

在忽略各接触面的接触热阻时，U 形埋管孔洞内的换热过程包括三个阶段：换热器管内的对流换热过程、U 形管壁的导热过程及钻孔内回填物的导热过程。三个阶段分别对应着三个热阻，即管内流体与管内壁之间的对流换热热阻、管壁的导热热阻、灌浆材料的导热热阻。这些热阻径向串联组成 U 形埋管孔洞内的传热热阻。考虑到孔洞内回填物及埋管材料的热容量相比周围土壤来说很小，因此可以认为属于稳态传热问题，于是有：

$$R_b = R_f + R_p + R_g = \frac{1}{2\pi d_{pi} h_{ci}} + \frac{1}{4\pi \lambda_p}\ln\left(\frac{d_{po}}{d_{pi}}\right) + \frac{1}{2\pi \lambda_g}\ln\left(\frac{d_b}{d_{eq}}\right) \tag{5-49}$$

式中，R_f、R_p、R_g 分别为管内流体对流热阻、管壁导热热阻及灌浆热阻，m·℃/W，其计算表达式分别对应于等式右边的三项；d_{pi}、d_{po} 分别为 U 形管内、外直径，m；d_{eq} 为 U 形管的当量直径，m；λ_p、λ_g 分别为管材与灌浆材料热导率，W/（m·℃）；h_{ci} 为流体与管内壁面间的对流换热系数，W/（m²·℃）。

根据式（5-3）、式（5-47）～式（5-49）可得，引入叠加原理、阶跃负荷及孔洞热阻思想后，第 t_n 时刻变热流线源模型中 U 形埋管内流体平均温度的计算式：

$$T_{f,n} = T_\infty - \Delta T_{f,n} - \Delta T_{g,n} = T_\infty - q_n R_b - \sum_{i=1}^{n}\sum_{j=1}^{i}\frac{q_j - q_{j-1}}{4\pi\lambda_s}I\left[\frac{r_b^2}{4a_s(t_n - t_{j-1})}\right] \tag{5-50}$$

由能量平衡关系可进一步得出 U 形埋管的出口流体温度为：

$$T_{g,out} = T_f + \frac{qH}{2\dot{m}c_f} \tag{5-51}$$

式中，$T_{g,out}$ 为埋管出口流体温度，℃；H 为钻孔深度，m；$\dot{m}$ 为循环流体的质量流量，kg/s；c_f 为循环流体的质量比热容，kJ/（kg·℃）。

5.4.4 模型的验证

为了验证所发展的变热流线源模型的有效性，分别以上述发展的变热流线热源理论与文献［131］中经理论与实验验证过的圆柱源理论作为垂直 U 形埋管模型，用 Matlab 语言编制了土壤源热泵计算程序，并进行了为期 10d（240h）的连续动态模拟，模拟计算结果见图 5-7～图 5-9 与表 5-3。其中图 5-7～图 5-9 示出了从 193h 开始的为期两天运行时两模型计算出的各参数随时间变化的比较，表 5-3 给出了连续 10d 运行时两模型计算结果的比较。为了进一步从实验角度来验证所建变热流线热源模型的预测精度，图 5-10 示出了连续运行 120h 埋管实测出口温度与模型计算出口温度的对比。

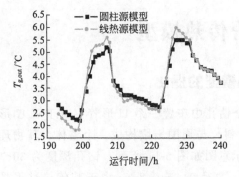

图 5-7　埋管出口流体温度的比较

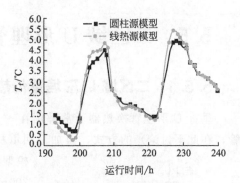

图 5-8　埋管内流体平均温度的比较

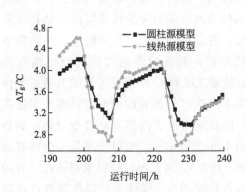

图 5-9　孔洞壁面与远边界土壤温差的比较

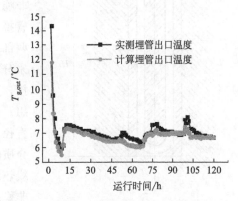

图 5-10　埋管实测与计算出口温度的比较

表 5-3　10d 运行圆柱源模型与线热源模型计算结果的对比

比较参数	埋管平均吸热量 /kW	热泵总能耗 /kW	平均 ΔT_g/℃	埋管平均出口 流体温度/℃	热泵平均 COP
圆柱源模型	2.474	226.058	2.982	4.868	3.636
线热源模型	2.468	226.557	3.197	4.479	3.609
相对误差	0.24%	0.22%	7.2%	7.99%	0.74%

　　分析图 5-7～图 5-9 可以发现，两模型计算出的各参数随运行时间的变化规律一样，且在时间与大小上吻合较好，其峰（谷）值出现的时间也较为一致。分析表 5-3 的数据还可以看出：用两模型计算出的 10d 内埋管平均吸热量、热泵总能耗、热泵平均 COP 的相对误差均很小（<1%），平均 ΔT_g 与 $T_{g,out}$ 的相对误差也在 8% 以内。进一步分析图 5-10 可以看出，埋管出口温度实测值与计算值的变化趋势完全一致，且在量值上差别不大。以上的计算与实测结果表明：上述所发展的变热流线源模型能够有效地模拟垂直 U 形埋管在土壤中的传热过程，可作为土壤源热泵设计计算中地埋管换热器的计算模型。

5.5 二区域 U 形埋管传热模型

5.5.1 二区域 U 形埋管传热模型的提出

垂直 U 形埋管换热器通常采用在一个钻孔中布置一个 U 形管（对于双 U 形管，在此不讨论）的方式，再加上回填材料，与周围土壤构成一个整体，其物理模型示意图如图 5-11 所示。钻孔深度为 30～200m，直径 0.1～0.2m。由于其传热过程是一个涉及时间尺度很长、空间区域很大的复杂非稳态过程。为此，提出以钻孔壁为界，将埋管换热的空间区域划分为钻孔以内与钻孔以外两部分，并分别采用稳态与非稳态的传热模型来分析求解，两区域间通过钻孔壁温耦合连接，这就是二区域 U 形埋管传热模型的基本构想。由于垂直 U 形埋管的深度都远远大于钻孔直径，因而对埋设有内部流动着冷（热）载热介质的 U 形管的钻孔，可以看成是一个圆柱或线热源（热汇），由此可以根据求解钻孔以外的非稳态传热模型——圆柱源或线热源理论来得到工程上及系统模拟中所关心的钻孔瞬时壁温，

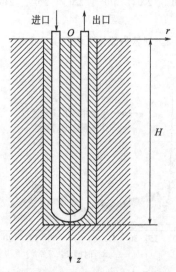

图 5-11 垂直 U 形埋管示意图

并进而根据钻孔内的传热模型确定出埋管的进出口流体温度，再通过与热泵模型相耦合实现土壤源热泵系统的动态模拟及其相应的能耗分析与优化设计等。

5.5.2 钻孔外土壤区域的传热模型

钻孔壁温随运行时间的变化是工程及土壤源热泵系统模拟计算中所关心的具有代表性的温度，因此钻孔以外传热分析的主要目的是根据瞬时传热量来确定钻孔壁温 $T_b(t)$。一般而言，钻孔以外的传热空间区域及其相应介质的热容量大，而且涉及的时间也很长，在系统模拟中可以按非稳态来处理。如前所述，目前可用于求解钻孔以外部分的瞬态传热问题的模型主要有数值解与解析解两类。数值解模型虽然功能强大，但是由于埋管传热问题涉及的空间区域大、几何配置复杂，同时负荷随时间而随机动态变化，且计算的时间尺度也很长，因此这种模型将因反复迭代而耗费大量的计算机内存与时间，难于用来进行工程设计和长时期动态模拟。相比之下，解析解模型简单直观、物理意义明确，且以显函数的形式出现，可以直接编程或调用即可完成地埋管换热器的设计与动态仿真。

由于在实际运行过程中，土壤源热泵地埋管换热器从土壤中的取（放）热量

常常是随建筑负荷的变化而不断改变的，因此常热流假设在应用上具有很大的近似性，必须对其进行改进以适用于变热流量的情况。基于 Ingersoll 等建议的将式 (5-18) 按具有不同热流的时间段来分别求解，然后进行叠加的思想，提出利用最简单且与实际负荷比较接近的随时间变化的"阶跃"热流来处理变热流问题。通过引入阶跃负荷与叠加原理，圆柱源的解就可以用来表示关于一系列不同时刻具有不同热流（变热流）的阶跃负荷在无限大介质（土壤）中产生的温度响应。

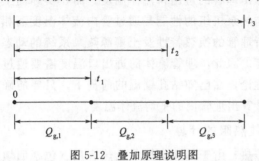

图 5-12 叠加原理说明图

叠加原理是将某时刻以前各时间段埋管取（放）热对 ΔT_g 的作用影响都叠加到该时刻，其原理可以利用图 5-12 来进行说明。图中示出了具有三个不同埋管热流量时间段的情形，则 t_3 时刻的 ΔT_g 应该由 $Q_{g,1}$、$Q_{g,2}$、$Q_{g,3}$ 共同来决定，根据叠加原理有：

$$\Delta T_g = \frac{Q_{g,1}}{\lambda_s H} [G(Fo_{t_3-0}, p) - G(Fo_{t_3-t_1}, p)] +$$

$$\frac{Q_{g,2}}{\lambda_s H} [G(Fo_{t_3-t_1}, p) - G(Fo_{t_3-t_2}, p)] + \frac{Q_{g,3}}{\lambda_s H} G(Fo_{t_3-t_2}, p) \quad (5-52)$$

由式 (5-52) 可以看出：t_3 时刻的 ΔT_g 不仅受到该时刻热流 $Q_{g,3}$ 的影响，同时也受到该时刻以前各时刻的作用，但在计算某一时段热流作用时，要减去该时间段热流对后各时间段的影响，以免重复。如计算 $Q_{g,1}$ 热流时要减去其对 t_3-t_1 时间段的作用。基于叠加原理可得第 t_n 时刻土壤远边界温度与孔洞壁面温差可表示为：

$$\Delta T_{g,n} = \frac{1}{\lambda_s H} \sum_{i=1}^{n} \sum_{j=1}^{i} Q_{g,j} [G(Fo_{t_{n+1}-t_i}, p) - G(Fo_{t_n-t_i}, p)] \quad (p=1)$$

$$(5-53)$$

根据式 (5-53) 便可由远边界土壤温度计算出 t_n 时刻孔洞壁面的温度 $T_b(t_n)$ 为：

$$T_b(t_n) = T_\infty - \Delta T_{g,n} \quad (p=1) \quad (5-54)$$

以上是对单孔情况下的计算，实际工程中地埋管换热器通常由多个钻孔组成。由于常物性假定下的导热问题符合叠加原理的条件，因此在计算多孔换热器在阶跃热流作用下某一孔壁的过余温度响应时，可分别计算换热器中的每个钻孔在该孔壁处引起的过余温度响应，然后进行叠加即可。例如，对由 n 个钻孔组成的地埋管换热区域，其中某一个钻孔在 t_n 时刻的钻孔壁温可以采用叠加原理而得到为：

$$T_\infty - T_b(t_n) = (\Delta T_b)_m = \Delta T_b(r_b, t_n) + \sum_{i=1}^{n-1} \Delta T_b(r_i, t_n) \quad (5-55)$$

式中，ΔT_b (r_b, t_n) 为计算孔的温差，℃；r_b 为计算钻孔的半径，m；r_i 为第 i 个钻孔至计算钻孔间的距离，m。

5.5.3　钻孔内的传热模型

以上所得出的变热流圆柱源模型式（5-53）和式（5-54）只能用来确定钻孔壁的瞬时温度，无法计算出埋管的进出口流体温度。而在实际的土壤源热泵系统运行中，地埋管换热器与热泵机组的性能是通过管内流体温度而相互耦合的。为了计算热泵的性能、分析埋管的换热特性及土壤源热泵系统的动态模拟，必须确定埋管的进出口流体温度。因此，埋管流体的进出口温度需要通过钻孔内传热分析来确定。根据传热学理论，在已知钻孔壁温的前提下，只要能确定出钻孔内热阻即可根据埋管传热量计算出埋管内的平均流体温度。

5.5.3.1　钻孔内等效热阻的计算

对于钻孔以内的传热，由于其几何尺寸及热容量（包括回填物、埋管及载热介质）与钻孔以外的土壤相比都很小，而且其内部的温度变化速度较为缓慢，变化幅度也较小。因此，钻孔内的传热通常可以近似当成稳态传热来处理。

对于沿深度方向垂直 U 形埋管钻孔的任意一横剖面，设进出口两支管内的流体温度分别为 T_{f1} 与 T_{f2}，对应单位埋管的等效换热量分别为 q_1^Δ、q_2^Δ，则根据线性叠加原理有：

$$\begin{cases} T_b - T_{f1} = R_{11}q_1^\Delta + R_{12}q_2^\Delta \\ \\ T_b - T_{f2} = R_{12}q_1^\Delta + R_{22}q_2^\Delta \end{cases} \tag{5-56}$$

式中，T_b 为钻孔壁温，℃；R_{11}、R_{22} 分别为 U 形管两支管各自独立存在于钻孔内时管内流体至钻孔壁的热阻，m·℃/W，当 U 形管对称布置时有 $R_{11}=R_{22}$；R_{12} 为两支管内循环流体间的热阻，m·℃/W。R_{11} 与 R_{12} 可用下面的式（5-57）来计算。

$$\begin{cases} R_{11} = R_{22} = \dfrac{1}{\pi d_{pi} h_{ci}} + \dfrac{1}{2\pi\lambda_p}\ln\left(\dfrac{d_{po}}{d_{pi}}\right) + \dfrac{1}{2\pi\lambda_g}\left[\ln\left(\dfrac{d_b}{d_{po}}\right) + \dfrac{\lambda_g - \lambda_s}{\lambda_g + \lambda_s}\ln\left(\dfrac{d_b^2}{d_b^2 - D_U^2}\right)\right] \\ \\ R_{12} = \dfrac{1}{2\pi\lambda_g}\left[\ln\left(\dfrac{d_b}{2D_U}\right) + \dfrac{\lambda_g - \lambda_s}{\lambda_g + \lambda_s}\ln\left(\dfrac{d_b^2}{d_b^2 - D_U^2}\right)\right] \end{cases}$$

$$\tag{5-57}$$

式中，λ_p 为 U 形管材的热导率，W/（m·℃）；λ_g 为回填物的热导率，W/（m·℃）；λ_s 为土壤的热导率，W/（m·℃）；d_{pi} 为 U 形管内直径，m；d_{po} 为 U 形管外直径，m；d_b 为钻孔直径，m；D_U 为 U 形管两支管中心间距，m；h_{ci} 为流体与管内壁面间的对流换热系数，W/（m²·℃），可采用 Dittus-Boelter 法来确定

如下：

$$h_{ci} = \frac{Nu\lambda_f}{d_{pi}} \tag{5-58}$$

$$Nu = 0.023Re^{0.8}Pr^n \tag{5-59}$$

式中，Re 为雷诺准则，无量纲；Pr 为普朗特准则，无量纲；n 为指数，无量纲，对于供热与制冷工况分别为 0.3 与 0.4，对于全年模拟可取为 0.35；λ_f 为载热流体的热导率，W/（m·℃）。

以 q_1^Δ，q_2^Δ 作为未知量，对式（5-56）进行线性变换可得：

$$\begin{cases} q_1{}^\Delta = \dfrac{T_b - T_{f1}}{R_1{}^\Delta} + \dfrac{T_{f2} - T_{f1}}{R_{12}{}^\Delta} \\[3mm] q_2{}^\Delta = \dfrac{T_b - T_{f2}}{R_2{}^\Delta} - \dfrac{T_{f2} - T_{f1}}{R_{12}{}^\Delta} \end{cases} \tag{5-60}$$

由此可得到 U 形埋管支管内流体至钻孔壁及另一相邻支管内流体间的等效热阻 $R_1{}^\Delta$、$R_{12}{}^\Delta$ 的计算表达式为：

$$\begin{cases} R_1{}^\Delta = R_2{}^\Delta = \dfrac{R_{11}R_{22} - R_{12}{}^2}{R_{22} - R_{12}} \\[3mm] R_{12}{}^\Delta = \dfrac{R_{11}R_{22} - R_{12}{}^2}{R_{12}} \end{cases} \tag{5-61}$$

式中，R_1^Δ（R_2^Δ）为 U 形管支管内流体至钻孔壁间的等效热阻，m·℃/W；$R_{12}{}^\Delta$ 为 U 形管两支管内流体间的等效热阻，m·℃/W。

5.5.3.2 基于元体能量平衡法的钻孔内传热模型

图 5-13 给出了沿垂直 U 形埋管钻孔深度方向上任一横截面内的热流与热阻网络图。参照图 5-13，在忽略介质轴向导热的情况下，对于沿深度方向上任意横截面的微元体 dz，对两支管列出能量平衡方程有：

$$\begin{cases} M\dfrac{dT_{f1}(z)}{dz} = q_1 + q_{12} = K_1[T_b - T_{f1}(z)] + K_{12}[T_{f2}(z) - T_{f1}(z)] \\[3mm] -M\dfrac{dT_{f2}(z)}{dz} = q_2 - q_{12} = K_1[T_b - T_{f2}(z)] - K_{12}[T_{f2}(z) - T_{f1}(z)] \end{cases} \tag{5-62}$$

$$M = c_p\dot{m}, \quad K_1 = 1/R_1{}^\Delta, \quad K_{12} = 1/R_{12}{}^\Delta$$

式中，M 为循环流体的热容量，W/℃；c_p 为流体的定压比热容，J/（kg·℃）；$\dot{m}$ 为 U 形管内循环流体的质量流量，kg/s；$T_{f1}(z)$ 为深度 z 处 U 形管进口支管内流体温度，℃；$T_{f2}(z)$ 为深度 z 处 U 形管出口支管内流体温度，℃；T_b 为孔壁温度，℃；K_1 为 U 形支管内流体与孔壁间的等效热导率，W/

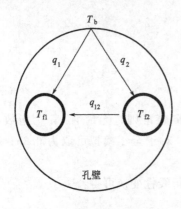

(a) U形管钻孔热流

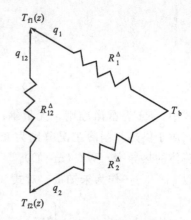

(b) U形管钻孔热阻网络图

图 5-13　U形管钻孔传热网络图

$(m \cdot ℃)$；K_{12} 为 U 形支管内流体与邻近支管内流体间的等效热导率，W/$(m \cdot ℃)$。

令 $\theta_1 (z) = T_b - T_{f1} (z)$，$\theta_2 (z) = T_b - T_{f2} (z)$，$a = \dfrac{K_1 + K_{12}}{M}$，$b = \dfrac{K_{12}}{M}$，则式（5-62）可简化为：

$$\begin{cases} \dfrac{d\theta_1}{dz} = b\theta_2 - a\theta_1 \\ \dfrac{d\theta_2}{dz} = a\theta_2 - b\theta_1 \end{cases} \tag{5-63}$$

对方程组（5-63）进行线性变换，采用求解常微分方程组的方法可得解为：

$$\begin{cases} \theta_1 (z) = C_1 \dfrac{a - \sqrt{a^2 - b^2}}{b} e^{(\sqrt{a^2 - b^2})z} + C_2 \dfrac{a + \sqrt{a^2 - b^2}}{b} e^{-(\sqrt{a^2 - b^2})z} \\ \theta_2 (z) = C_1 e^{(\sqrt{a^2 - b^2})z} + C_2 e^{-(\sqrt{a^2 - b^2})z} \end{cases} \tag{5-64}$$

式中，待定常数 C_1、C_2 由定解条件 $\theta_1 |_{z=0} = \theta_1 (0) = T_b - T_{g,in}$ 与 $\theta_1 (H) = \theta_2 (H)$ 可得：

$$\begin{cases} C_1 = \dfrac{A_4 b \theta_1 (0)}{A_1 A_4 - A_2 A_3 A_5{}^2} \\ C_2 = \dfrac{A_3 A_5{}^2 b \theta_1 (0)}{A_2 A_3 A_5{}^2 - A_1 A_4} \end{cases} \tag{5-65}$$

$$A_1 = a - \sqrt{a^2 - b^2}$$

$$A_2 = a + \sqrt{a^2 - b^2}$$

$$A_3 = a - b - \sqrt{a^2 - b^2}$$

$$A_4 = a - b + \sqrt{a^2 - b^2}$$

$$A_5 = e^{(\sqrt{a^2 - b^2})H}$$

式中，H 为钻孔深度，m；$T_{g,in}$ 为 U 形管进口流体温度，℃。

由此可得出埋管内流体温度的沿程分布为：

$$\begin{cases} T_{f1}(z) = T_b - \theta_1(z) \\ T_{f2}(z) = T_b - \theta_2(z) \end{cases} \tag{5-66}$$

进而可求出埋管的出口温度及单位埋管长度吸热量分别为：

$$T_{g,out} = T_b - \theta_2(0) \tag{5-67}$$

$$q = Q_g / (2H) = M(T_{g,out} - T_{g,in}) / (2H) \tag{5-68}$$

式中，$T_{g,in}$ 为 U 形埋管的进口流体温度，℃；$T_{g,out}$ 为 U 形埋管的出口流体温度，℃；Q_g 为埋管的吸热量，W；q 为单位埋管长度吸热量，W/m。

5.5.3.3 钻孔换热效率

(1) 钻孔换热效率的定义　由于钻孔可以看作埋设有内部流动着冷（热）载热介质的 U 形管及回填材料，并通过钻孔壁与周围土壤进行热交换的一个等效换热器（与其他换热器所不同的是管内流体是与周围大地进行热交换，而不是两种流体间的热交换），因此也存在一个换热效率问题。为此也可以根据换热器效率的概念，即实际传热量与最大可能传热量之比，来定义钻孔换热效率如下：

$$\varepsilon_b = \frac{实际传热量}{最大传热量} = \frac{T_{g,out} - T_{g,in}}{T_b - T_{g,in}} = \frac{\theta_1(0) - \theta_2(0)}{\theta_1(0)} = 1 - \frac{\theta_2(0)}{\theta_1(0)} \tag{5-69}$$

式中，ε_b 为钻孔换热效率，无量纲；$\theta_1(0)$ 为 U 形管的进口过余温度，℃；$\theta_2(0)$ 为 U 形管的出口过余温度，℃。

将 $\theta_1(0)$ 与 $\theta_2(0)$ 的表达式带入式 (5-69)，并进行变换可得到：

$$\varepsilon_b = \frac{A_3 \dfrac{C_1}{C_2} + A_4}{A_1 \dfrac{C_1}{C_2} + A_2} = f(a, b, H) = \phi(R_1^\Delta, R_{12}^\Delta, H, M) \tag{5-70}$$

从式 (5-69) 可看出：ε_b 的值是处于 0~1 之间的，符合换热器效率的意义。进一步分析式 (5-70) 可以得出：钻孔换热效率只与 U 形埋管钻孔的热阻、深度及流体的热容量有关，而与进口流体温度、流体的流向及钻孔壁温无关。具体来说，钻孔换热效率与埋管和钻孔的结构尺寸、回填物的热导率、U 形管材的热导率、管内循环流体的流量及比热容等有关。在埋管与钻孔的结构及热物性参数一定时，钻孔的换热效率只与管内循环流体的热容量有关。因此，埋管孔洞（包括埋管、钻孔、回填物及其周围的土壤）的结构与热特性决定了 ε_b 的大小。

（2）钻孔换热效率影响因素的分析　为了探讨钻孔换热效率随各影响因素的变化规律，图 5-14 和图 5-15 分别绘出了 ε_b 随热阻及流体热容量的变化曲线。图中 P 为 U 形埋管两支管内流体间等效热阻 $R_{12}{}^\Delta$ 与支管内流体至钻孔壁等效热阻 $R_1{}^\Delta$ 之比（$R_{12}{}^\Delta/R_1{}^\Delta$）。分析图 5-14 可以看出，随着支管中流体至钻孔壁间热阻的增大，ε_b 逐渐下降；同时，在支管中流体至钻孔壁的热阻一定时，ε_b 随 P 的增大而提高，即钻孔换热效率随着两支管间等效热阻的增大而提高。这说明要想提高钻孔的换热效率就必须在最大限度地减小支管流体至钻孔壁传热热阻的同时，尽可能地提高两支管间的传热热阻，以减小热短路的影响，从而有更多的热量输出。进一步分析图 5-15 可以看出，虽然流体的热容量对钻孔换热效率有一定的影响，但是与热阻相比，其影响程度很小，可以忽略不计，这可以从分析钻孔换热效率的定义式来得到解释；从定义式（5-69）可看出，在埋管进口温度一定时，ε_b 取决于埋管出口温度，而埋管出口温度又与埋管流体至钻孔壁间的传热热阻有关；在增加埋管内流体热容量 M 时，一方面因减小了埋管内流体对流热阻而强化了管内对流换热效果，另一方面又导致埋管出口流体温度降低（进出口温差减小），从而综合影响相互抵消，使得 ε_b 基本上不变。因此，改善钻孔换热效率的主要出发点应该放在通过改善回填物、管材热特性及 U 形管的配置等上，从而达到改变相应热阻以实现提高换热效率的目的。

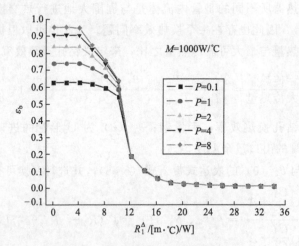

图 5-14　钻孔换热效率随热阻的变化

（3）钻孔换热效率 ε_b 的应用　根据钻孔换热效率的定义式（5-69）可得：

$$\varepsilon_b = \frac{Q_g}{M\,(T_b - T_{g,in})} \tag{5-71}$$

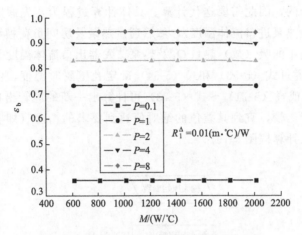

图 5-15 钻孔换热效率随流体热容量的变化

对式（5-71）进行变形可得到：

$$T_{g,in} = T_b - \frac{Q_g}{\varepsilon_b M} \tag{5-72}$$

$$T_{g,out} = T_{g,in} + \frac{Q_g}{M} = T_b + \frac{Q_g}{M}\left(1 - \frac{1}{\varepsilon_b}\right) \tag{5-73}$$

分析式（5-71）～式（5-73）可以看出，只要能确定出 ε_b，便可在已知埋管传热负荷 Q_g 时，根据钻孔外传热模型得到的钻孔瞬时壁温之后计算出 U 形埋管的进、出口流体温度，进而可与热泵模型进行连接而实现土壤源热泵系统的动态模拟。显然，这里通过引入钻孔换热效率的概念，可以在避开埋管流体平均温度计算的前提下，直接通过钻孔内热阻与流体热容量 M 来确定出考虑两管脚热干扰时的 U 形埋管进、出口流体温度，从而克服了前人发展的埋管模型在系统动态模拟上所出现的需要先计算埋管流体平均温度、再确定埋管进出口温度的困难（因为埋管流体温度沿深度方向是不断变化的，且两支管间还存在着热干扰）。因此，钻孔换热效率概念的提出为改进埋管钻孔的结构布置，增强其与周围土壤间的换热效率指明了方向，并为土壤源热泵系统的动态模拟提供了一种简易的新方法。

5.5.4 二区域 U 形埋管传热模型的应用

5.5.4.1 计算方法

利用上述发展的二区域 U 形埋管传热模型，结合热泵模型便可构成整个土壤源热泵系统动态仿真计算模型。由于热泵性能与 U 形埋管的换热特性是通过流体温度来相互耦合的，因此需要迭代计算。具体计算过程为：先假定一个埋管出口流体温度（即为热泵进口流体温度），然后通过热泵及房间负荷模型即可计算出各时刻热泵从环路中的吸（放）热量 Q_g 及热泵蒸发器出口流体温度（即为 U 形埋管入口温度），再通过式（5-53）和式（5-54）确定孔壁瞬时温度，由埋管入口温度通过式（5-67）或式（5-71）～式（5-73）可计算出一新的埋管出口流体温度，然后与假定值进行比较，直到其差值的绝对值达到要求的精度（即收敛）为止，应用计算过程详见计算框图 5-16。

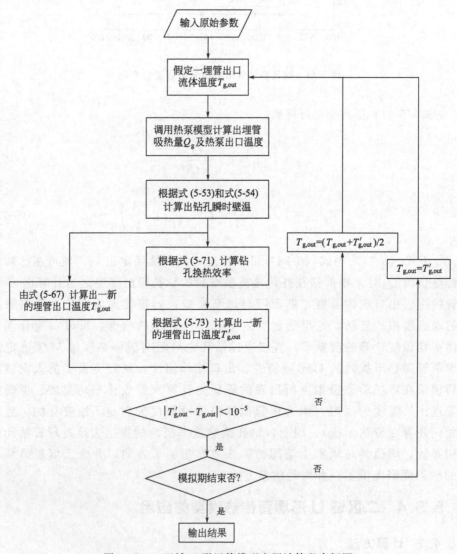

图 5-16　二区域 U 形埋管模型应用计算程序框图

5. 5. 4. 2　应用计算实例及其结果分析

利用上述所建二区域 U 形埋管传热模型，采用上述方法对土壤源热泵系统进行了冬季采暖季节为期一个月（744h）的连续动态模拟，计算结果见图 5-17～图 5-19。

分析图 5-17 可以看出，单位埋管吸热量随运行时间而上下波动，但其平均值保持在 33W/m 左右。进一步分析图 5-18～图 5-19 可以得出：埋管出口流体温度与钻孔壁温随运行时间的变化规律一致，均是随运行时间的持续，先急剧减小（变化幅度大），但当运行时间超过 200h 后其变化幅度很小，虽然其值随负荷的变化而有所波动，但平均值均比较稳定。这主要是因为土壤源热泵在启动运行的开始一段时间是不稳定的，但当运行一段时间后会逐渐达到准稳定状态，此时，埋管换热器的各特性参数变化比较缓慢，主要是随负荷的变化而改变。

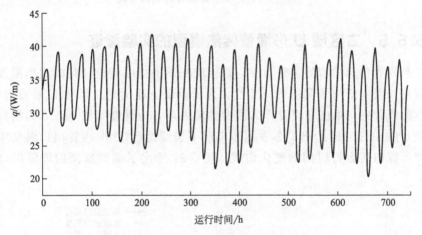

图 5-17　单位埋管吸热量随运行时间的变化

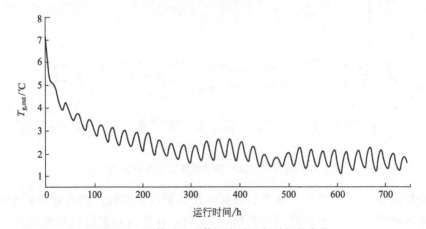

图 5-18　埋管出口流体温度随运行时间的变化

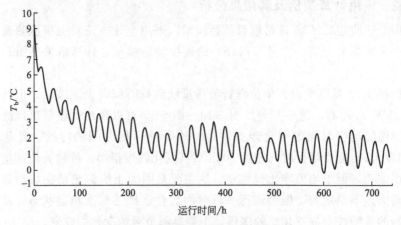

图 5-19　钻孔壁温随运行时间的变化

5.5.5　二区域 U 形埋管传热模型的实验验证

U 形埋管传热模型的正确与否，直接取决于进口温度已知时模型模拟预测出的埋管出口温度值与实测值的一致性。为了验证上述所建二区域 U 形埋管模型，以实测的埋管进口温度与流量作为模型的输入量，用埋管实测与计算的出口温度为比较对象，图 5-20 给出了冬季运行工况下连续运行 120h 埋管出口温度实测值与模型计算值随运行时间的变化曲线，图 5-21 给出了模型预测的埋管出口温度误差。

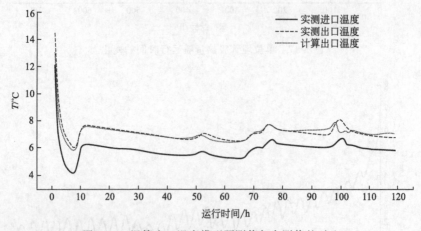

图 5-20　埋管出口温度模型预测值与实测值的对比

分析图 5-20 可以看出，埋管出口温度计算值与实测值的变化趋势完全一致；进一步分析图 5-21 可得，在运行开始的 7h 内，计算值与实测值相差较大，此后随着运行时间的增加，误差逐渐减小。这主要是因钻孔内近似处理为稳态过程，

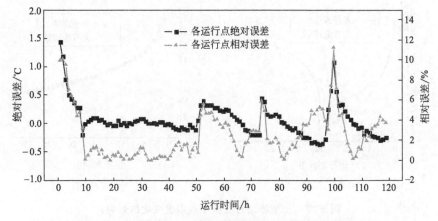

图 5-21　埋管出口温度模型预测值与实测值误差分析

实际情况是刚启动时钻孔内材料会蓄热，传热为非稳态，此时钻孔壁温下降较快，但运行一段时间后钻孔壁温变化趋缓，钻孔内热容影响成为次要因素。进一步分析可以看出，除在启动与 100h 处时误差较大以外，绝对误差均在 0.5℃，相对误差均在 6％以内，这进一步从实验角度证明了上述所建二区域 U 形埋管模型用于土壤源热泵系统动态模拟的有效性。

5.6　土壤冻结对地埋管换热特性的影响

如上所述，对于北方寒冷地区，埋管进口流体温度会低于零度，从而导致埋管周围含湿土壤发生冻结，这在一定程度上直接影响了土壤埋管的换热特性。为了探讨水分冻结对埋管周围土壤温度分布特性的影响，基于上述所建的冻结相变型埋管传热模型，分析了土壤冻结、土壤含水率、土壤原始温度、土壤导温系数及斯蒂芬数对埋管周围土壤温度分布及土壤冻结特性的影响。

5.6.1　土壤冻结对土壤温度分布的影响

图 5-22 给出了考虑与未考虑土壤冻结时孔壁中点温度 $T_{b,c}$ 随运行时间的变化。从图 5-22（a）可以看出，随着取热过程的进行，由于冻结相变的发生，考虑冻结时孔壁中点温度的下降速度要比未考虑冻结时慢，从而导致一天运行后有更高的孔壁中点温度。正如图 5-22（b）所示，运行一个月后，考虑与未考虑冻结时的孔壁中点温度分别为 1.71℃、−0.92℃。进一步分析图 5-23 可以发现，运行一个月后，相比于未考虑冻结，考虑冻结时的土壤冷影响区域更小。这主要是由于冻结时有潜热释放至土壤中，从而可以减缓埋管周围土壤温度的下降程度，这无疑会增加取热时埋管内流体与周围土壤间的可利用传热温差，从而可强化埋管传热性能，相应地可以缩短管设计长度，降低埋管初投资。

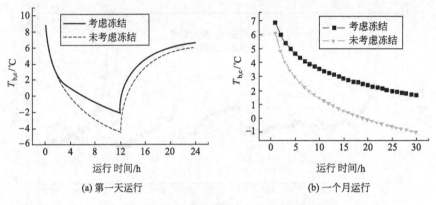

(a) 第一天运行　　　(b) 一个月运行

图 5-22　土壤冻结对孔壁中点温度变化的影响

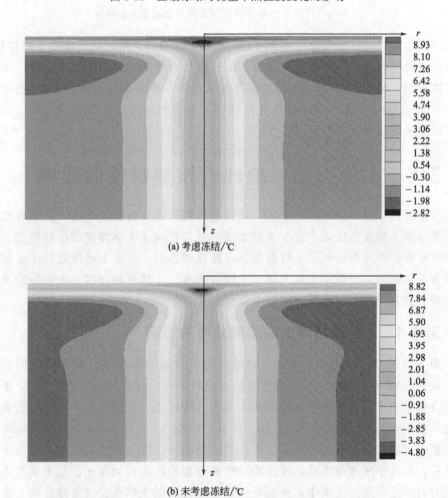

(a) 考虑冻结/℃

(b) 未考虑冻结/℃

图 5-23　考虑与未考虑冻结时运行一个月后埋管周围土壤温度分布

5.6.2 含水率对土壤冻结特性的影响

分析图 5-24 可看出，随着含水率的增加，孔壁中点温度随运行时间的下降速度减缓。正如图 5-25 所示，运行一个月后，考虑与未考虑冻结时的孔壁中点温度差值随着含水率的增大而逐渐增大。图 5-26 也同样表明：同一半径处的土壤温度随着含水率的增大而升高。这主要是由于随着含水率的增加，相变过程中释放的潜热量也越大，从而土壤的温降幅度越小，相应的埋管周围的土壤温度会更高。考虑到冬季供热模式下埋管周围土壤温度越高越好，因此，含水率的增加有利于改善寒冷地区土壤源热泵的运行。

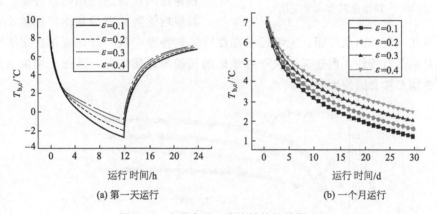

(a) 第一天运行　　　　　　(b) 一个月运行

图 5-24　含水率对土壤冻结特性的影响

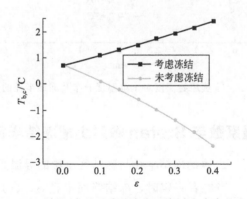

图 5-25　运行一个月后孔壁中点温度随含水率的变化

5.6.3 土壤原始温度对土壤温度分布及冻结半径的影响

由图 5-27 可以看出，随土壤原始温度的减小，埋管周围土壤温度降低，冻结半径（处于冰点以下的区域）增加。如图所示，当 $T_0 = 20℃$ 时，在运行 60d 后图中所示范围内土壤平衡温度几乎均处于冰点以上，冻结半径区域仅为 0.12m；而

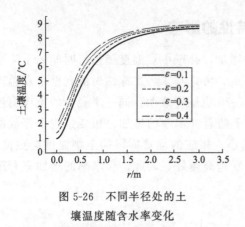

图 5-26 不同半径处的土
壤温度随含水率变化

在 $T_0 = 5℃$ 时，土壤平衡温度均处于冰点附近，且冻结半径增加到 1m。而土壤的冻结必然会对埋管的换热特性产生很大的影响，这说明，对于寒冷及容易出现冻土地带的地区，在埋管设计时必须考虑土壤冻结的影响。

从另一个角度可以看出，土壤原始温度越高，在同样供热负荷情况下，土壤源热泵的运行性能越好；或在保持同样供热性能的条件下，设计的地埋管换热器的规模可以减小，从而降低初投资。由此可得，土壤原始温度同其热特性参数一样，直接决定了土壤源热泵的运行特性，而这又取决于各地区的气候与地质情况，因此土壤源热泵的运行性能必然会因地而异。

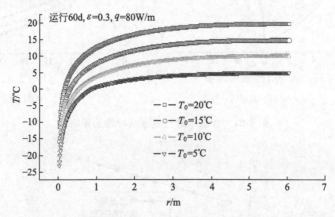

图 5-27 土壤原始温度对土壤温度分布及冻结半径的影响

5.6.4 导温系数与 Stefan 数对土壤冻结半径的影响

分析图 5-28 可得，土壤的冻结半径与冻结区土壤的导温系数 a_s 和未冻结区导温系数 a_1 有很大关系，当二者一定时，冻结锋面半径 $S_1(\tau)$ 随运行天数的变化类似于反抛物线形状，且呈现出先快后慢的趋势，并随运行时间的延长其冻结半径逐渐增加。从图 5-28 中还可看出，冻结半径受导温系数影响很大，图中给出了 4 种导温系数值时的冻结锋面半径随运行时间的变化情况，可以看出随导温系数的增大冻结锋面半径增加，且增大幅度变大，冻结速度加快。这主要是因为导温系数的增大导致土壤热扩散能力加强，热传递加快，从而在埋管吸热率一定时土壤温度降低幅度越快，冻结半径增加幅度加大。图 5-29 给出了 Stefan 数对土壤冻

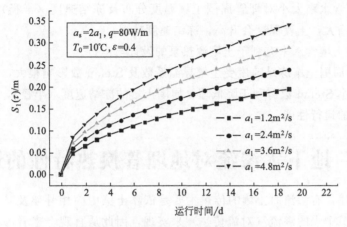

图 5-28　导温系数对冻结半径的影响

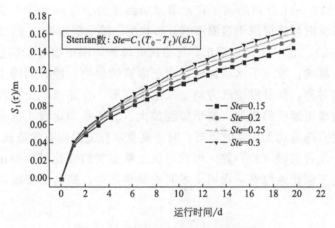

图 5-29　Stefsn 数对冻结半径的影响

结半径的影响，由图可看出，其对土壤冻结速度影响的变化趋势与导温系数一致，即随 Ste 数的增加，冻结锋面半径增大，且在 Stefan 数一定时随运行时间呈反抛物线形。从 Stefan 数的定义（即显热量与潜热量的比值）可以看出，这主要是由于释放潜热（分母部分）的减小而导致土壤冻结速度的加快。这也间接说明了土壤含水率的增大（潜热增大，Stefan 数减小）对于减缓土壤冻结速度是十分有利的，从而可以提高埋管周围土壤温度，改善热泵运行性能。因此，由 Stefan 数也可看出土壤含水率大是有利的。

综上分析可知，寒冷地区土壤源热泵的应用设计中，土壤的冻结及其对埋管换热特性的影响是一个不可忽视的因素，研究结果表明：

① 寒冷地区设计土壤源热泵系统时，应适当考虑可能出现的土壤冻结问题，否则，计算出的地埋管周围土壤温度分布会低于实际温度分布，这会导致埋管设计长度偏大，增大土壤源热泵系统的初投资，减小热泵工质和防冻液的选择范围；

② 土壤含水率大小对埋管周围土壤温度分布及冻结速度（半径）影响很大，随含水率的增大，土壤温度会升高，冻结速度减缓；

③ 提高土壤含水率有利于土壤源热泵的设计与运行。

④ 埋管周围土壤冻结速度受土壤导温系数及 Stefan 数影响很大，增加土壤导温系数及减小 Stefan 数有利于降低埋管周围土壤的冻结速度（半径），从而可提高土壤源热泵的运行性能。

5.7　地下水渗流对地埋管换热特性的影响

如前所述，有渗流时土壤的传热主要是依靠土壤中固相骨架及其孔隙中水分的导热与孔隙中水的渗流（对流传热）来实现，因此从直观上来看渗流可以强化地埋管的传热。

图 5-30 与图 5-31 分别给出了在土壤原始温度为 10℃时冬季与夏季工况下考虑与不考虑渗流时埋管周围土壤温度的分布状况，图中横坐标为 x，纵坐标为 y。

分析图 5-30、图 5-31 可以看出，无渗流时埋管周围土壤温度场基本上是以埋管为中心轴对称的；有地下水渗流时，由于渗流的影响，埋管周围土壤温度场不再保持中心轴对称，而是沿渗流方向上发生了变形，且加强了土壤温度的自然恢复能力。随着渗流速度的增加，变形幅度加大。对于冬季运行工况而言，其埋管附近土壤温度有渗流比无渗流时要高，对于夏季运行工况则有渗流比无渗流时低，从而更有利于埋管的吸（放）热。因此，从土壤温度的变化可以得出：土壤中存在渗流时有利于强化地埋管与周围土壤间的换热能力，提高土壤源热泵系统的运行效率。

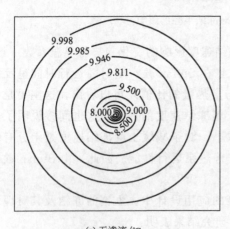
(a) 无渗流/℃

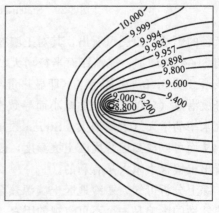
(b) 有渗流/℃

图 5-30　冬季运行工况下有无渗流时埋管周围土壤温度分布

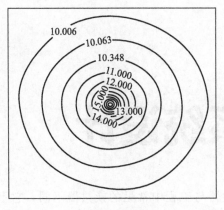 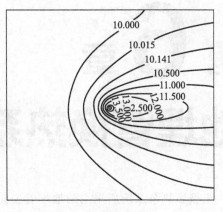

(a) 无渗流/℃　　　　　　　　　　　　　　(b) 有渗流/℃

图 5-31　夏季运行工况下有无渗流时埋管周围土壤温度分布

第 **6** 章
地埋管换热系统设计

　　土壤源热泵系统所采用的地埋管换热器与工程中常见的换热器不同，它不是两种流体之间的换热，而是埋管中的流体与周围土壤间的换热。因此，其换热过程复杂、影响因素多、设计难度大。地埋管换热系统的设计是土壤源热泵系统设计的核心内容，其设计的完善程度直接决定了系统的经济性与可持续性。本章在给出地埋管换热系统设计基础资料的基础上，阐述了地埋管换热系统设计的相关内容，包括地埋管的管材与传热介质、地埋管的形式与连接、地埋管的长度设计、地埋管的水力计算及常用计算软件等。

6.1　设计的基础资料

　　土壤源热泵地埋管换热系统设计开始之前，首先要准确掌握设计的原始资料、建筑冷热负荷及埋管现场资源的勘察资料。

6.1.1　设计原始资料

6.1.1.1　基本资料的收集

　　设计者在计算和设计前应了解设计对象的基本情况，主要包括：项目的地理位置、建筑物的高度、建筑物的建筑面积和空调面积、围护结构的类型、建筑中房间的使用功能以及当地的气候条件、土壤源热泵设备技术参数与生产销售情况、能源价格、用户发展规划等。将资料和数据整理并编制设计说明，为下一步工作打下良好的基础。

6.1.1.2　设计依据

　　土壤源热泵系统设计依据是指设计过程中所参考的有关资料、规范、标准等，主要包括：

　　① 甲方提供的设计任务书，以充分了解甲方委托设计的要求与任务。

　　② 地质勘测部门提供的相关地质、水文资料与地质报告。

　　③ 暖通空调设计应遵照执行的规范、规定和标准，常用的有：

《暖通空调制图标准》（GB/T 50114—2010）；

《建筑给水排水设计规范》（GB 50015—2003）；

《夏热冬冷地区居住建筑节能设计标准》（JGJ 134—2010）；

《采暖通风与空气调节设计规范》（GB 50019—2003）；

《地源热泵系统工程技术规范》（GB 50366—2005）2009 版；

《严寒与寒冷地区建筑节能设计标准》（JGJ 26—2010）；

《旅游旅馆建筑热工与空气调节节能设计标准》（GB 50189—1993）；

《民用建筑热工设计规范》（GB 50176—1993）；

《高层民用建筑设计防火规范》（GB 50045—1995）（2001 年修订版）；

《建筑设计防火规范》（GB 50016—2012）；

《中小学校建筑设计规范》（GB 50099—2011）；

《档案馆建筑设计规范》（JGJ 25—2000）；

《博物馆建筑设计规范》（JGJ 66—1991）；

《剧场建筑设计规范》（JGJ 57—2000）；

《电影院建筑设计规范》（JGJ 58—2008）；

《办公建筑设计规范》（JGJ 67—2006）；

《综合医院建筑设计规范》（JGJ 49—2008）；

《旅馆建筑设计规范》（JGJ 62—1990）；

《汽车客运站建筑设计规范》（JGJ 60—1999）；

《铁路旅客车站建筑设计规范》（GB 50226—2007）；

但是，应该注意到：

① 当新的规范、规定和标准颁布实施后，上述有关标准相应地作废，应按新的标准执行。

② 上述规范、规定和标准中的强制性条文，在设计中必须执行。

③ 设计中要贯彻国家颁布的节约能源的政策等。

6.1.1.3 空调的室内外计算参数

（1）室外空气计算参数 空调室外计算参数是空调负荷设计的基础，其取值大小将直接影响室内空气状态和空调费用，正确的选取是系统合理设计的基本保证。因此，在空调设计中，暖通空调工程师要严格按照规范选用室外空气计算参数作为建筑物围护结构的温差传热量和新风负荷的计算依据。

室外空气计算参数的确定主要考虑两个方面的影响：一是由于室内外存在温差，通过建筑围护结构的传热量；二是空调系统采用不同于室内状态的新鲜空气处理到室内状态时的新风处理负荷。因此，确定室外空气的设计计算参数时，既不能选择多年不遇的极端值，也不应任意降低空调系统服务对象的保证率。

我国《采暖通风与空气调节设计规范》（GB 50019—2003）中规定，选择下列统计值作为室外空气计算参数。

① 采用历年平均不保证 50h 的干球温度作为夏季空调室外计算干球温度。

② 采用历年平均不保证 50h 的湿球温度作为夏季空调室外计算湿球温度。

③ 采用历年平均不保证 1d 的日平均温度作为冬季空调室外计算温度。

④ 采用累年最冷月份平均相对湿度作为冬季空调室外计算相对湿度。

⑤ 采用历年平均不保证 5d 的日平均温度作为夏季空调室外计算日平均温度。

若在特殊情况下室内温湿度必须保证时，应根据具体情况另行确定适宜的室外计算参数。

⑥ 夏季空调室外空气设计的日逐时温度（t_τ）可按式（6-1）确定：

$$t_\tau = t_{w \cdot p} + \beta \Delta t_\tau \tag{6-1}$$

$$\Delta t_\tau = \frac{t_{w \cdot g} - t_{w \cdot p}}{0.52}$$

式中，$t_{w \cdot p}$ 为夏季空调室外空气计算日平均温度，℃，按规范，采用历年平均不保证 5d 的日平均温度作为夏季室外计算日平均温度；β 为室外空气温度逐时变化系数，无量纲，见表 6-1；Δt_τ 为夏季室外空气计算平均日较差，℃，可查全国城市室外空气计算参数表；$t_{w \cdot g}$ 为夏季空调室外计算干球温度，℃。

表 6-1 室外空气温度逐时变化系数

时刻	1	2	3	4	5	6	7	8	9	10	11	12
β	-0.35	-0.38	-0.42	-0.45	-0.47	-0.41	-0.28	-0.12	0.03	0.16	0.29	0.40
时刻	13	14	15	16	17	18	19	20	21	22	23	24
β	0.48	0.52	0.51	0.43	0.39	0.28	0.14	0.00	-0.10	-0.17	-0.23	-0.26

关于室外空气计算参数还需进一步作如下说明：

① 所谓"不保证"是针对室外温度状况而言的；所谓"历年不保证"，是针对累年不保证总天数（或小时数）的历年平均值而言的，以免造成概念上的混淆和因理解上的不同而导致统计方法的错误。

② 冬季空调系统的加热、加湿所耗费用远小于夏季的冷却去湿所耗费用，为了便于计算，冬季可按稳定传热方法计算传热量，而不考虑室外气温的波动。因而可以只给定一个冬季空调室外计算温度作为计算新风负荷和围护结构传热之用。另外，由于冬季室外空气含湿量远小于夏季，且变化也很小，因而不给出湿球温度，只给出室外计算相对湿度值。若冬季不使用空调设备送热风，仅采用供暖设备补偿房间热损失时，计算围护结构的传热采用采暖室外计算温度。

根据国家有关规范要求，我国部分地区和城市的空调室外计算参数见表 6-2。

表 6-2 我国部分地区和城市的空调室外计算参数

地区	室外计算(干球)温度/℃					室外计算相对湿度/%		室外风速/(m/s)	
	采暖	冬季通风	夏季通风	冬季空调	夏季空调	冬季空调	夏季通风	冬季	夏季
北京	−9	−5	30	−12	33.8	41	62	3.0	1.9
上海	−2	3	32	−4	34.0	73	67	3.2	3.0
天津	−9	−4	30	−11	33.2	54	66	2.9	2.5
哈尔滨	−26	−20	26	−29	30.3	72	63	3.4	3.3
长春	−23	−17	27	−26	30.5	68	57	4.3	3.7
沈阳	−20	−13	28	−23	31.3	63	64	3.2	3.0
石家庄	−8	−3	31	−11	35.2	48	49	1.8	1.3
呼和浩特	−20	−14	26	−22	29.6	55	44	1.5	1.3
西安	−5	−1	31	−9	35.6	63	46	1.9	2.2
西宁	−13	−9	22	−15	25.4	46	44	1.7	2.0
兰州	−11	−7	27	−13	30.6	55	42	0.4	1.1
济南	−7	−1	31	−10	35.5	49	51	3.0	2.5
青岛	−7	−3	28	−9	30.3	63	73	2.9	2.9
南京	−3	2	32	−6	35.2	71	62	2.5	2.3
杭州	−1	4	33	−4	35.7	77	62	2.1	1.7
南昌	−1	5	34	−3	35.7	72	57	3.7	2.5
福州	5	10	33	4	35.3	72	61	2.5	2.7
郑州	−5	0	32	−8	36.3	54	44	3.6	2.8
武汉	−2	3	33	−5	35.2	75	62	2.8	2.6
长沙	−1	5	34	−3	36.2	77	61	2.6	2.5
南宁	7	13	32	5	34.5	72	64	1.9	1.9
广州	7	13	32	5	33.6	68	66	3.0	2.3
成都	1	6	29	1	31.6	80	70	1.0	1.1
重庆	4	8	33	3	36	81	57	1.3	1.6
贵阳	−1	5	28	−3	29.9	76	60	2.3	1.9
昆明	3	8	24	1	26.8	69	48	2.4	1.7
合肥	−3	2	33	−7	35.3	71	62	2.3	2.1
拉萨	−6	−2	19	−8	22.7	28	44	2.0	1.6
乌鲁木齐	−23	−15	29	−27	33.6	78	31	1.7	2.7

(2) 室内空气的设计参数 民用建筑空调室内空气设计参数的确定主要取决于以下内容。

① 空调房间使用功能对舒适性的要求。所谓舒适性就是人体所能维持正常的散热量和散湿量。影响人体舒适感的主要因素有：室内空气的温度、湿度和空气流动速度；其次是衣着情况、空气的新鲜程度、室内各表面的湿度等。

② 要综合考虑地区、经济条件和节能要求等因素。

根据我国国家标准《采暖通风与空调设计规范》(GB 50019—2003)的规定，对于舒适型空调，室内设计参数如下：

夏季： 温度 应采用 22～28℃ 冬季： 温度 应采用 18～24℃
相对湿度 应采用40%～65% 相对湿度 应采用30%～60%
风速 不应大于 0.3m/s 风速 不应大于 0.2m/s

标准中给出的数据是概括性的。对于具体的民用建筑而言，由于各空调房间的使用功能各不相同，而其室内空调设计计算参数也会有较大的差异。因此，各种不同用途房间的室内空调设计参数可以参照相关标准、规范及设计手册。表 6-3 列出了我国部分建筑室内空气计算参数。

表 6-3 我国部分建筑室内空气计算参数

地 点	夏 季		冬 季	
	温度/℃	相对湿度/%	温度/℃	相对湿度/%
剧场	26～28	50～65	20～22	40～65
病房	26～27	45～65	21～22	40～60
手术室	23～26	50～60	24～26	50～60
产房	24～26	55～66	22～24	50～60
公寓	26～27	50～65	20～22	40～55
客房	24～26	50～65	22～25	40～55
商店	25～27	55～65	20～22	40～50

6.1.1.4 新风量的确定

室外新鲜空气是保障良好的室内空气品质的关键，因此，空调系统中引入室外新鲜空气是必要的。由于夏季室外空气焓值比室内空气焓值要高，空调系统为处理新风必定要消耗冷量。据调查，空调过程中处理新风的能耗大致占总能耗的 25%～30%，对于某些高级宾馆能达到 40%。因此，空调系统要在满足室内空气品质的前提下，应尽量选用较小的、必要的新风量。否则，新风量过多将会增加空调系统制冷设备的容量。

新风量确定的一般应遵循以下原则：

① 满足卫生要求，常态下每人的新风量设定为 30m³/h；

② 补充局部排风量；

③ 保证空调房间的正压要求，一般情况下空调房间正压可取 5～10Pa，没有必要有过大的正压；

④ 调系统的新风量不应小于总风量的 10%。

新风量的推荐值可在国内现行规范、手册、技术措施中查到，使用推荐值选取新风量时应注意以下两点：

① 国内现行的设计标准和设计手册中所推荐的新风量均没有考虑建筑物污染的稀释风量，因此，现行标准和设计手册推荐的风量仅适合低污染的建筑；

② 注意世界各国对室内空气品质的研究进展，注意世界各国标准中提出的确定空调系统新风量的新方法和推荐值。

6.1.2 空调负荷的计算

土壤源热泵地埋管换热器最大吸（放）热量的确定是基于建筑物空调冷负荷与热负荷的。因此，建筑物空调冷负荷与热负荷的确定是土壤源热泵系统设计中重要的基础资料。

6.1.2.1 空调冷负荷的计算

空调冷负荷是指为维持室内设定的温度，在某一时刻必须由空调系统从房间带走的热量，即向房间供应的冷量。空调房间冷负荷是由室内得热量形成的。但得热量和冷负荷是两个概念不同而相互又有关系的量。房间得热量是指某一时刻由室外和室内热源进入房间的热量总和。

空调房间的得热量由下列各项得热量组成：

① 通过围护结构传入室内的热量；

② 透过外窗进入室内的太阳辐射热量；

③ 人体散热量；

④ 照明散热量；

⑤ 设备、器具、管道及其他室内热源的散热量；

⑥ 食品或物料的散热量；

⑦ 伴随各种散湿过程产生的潜热量。

确定房间计算冷负荷时，应根据上述各项得热的种类和性质以及房间的蓄热特性，分别逐时计算，然后逐时累加，找出综合最大值。

空调冷负荷的计算方法很多，如谐波反应法、反应系数法、Z 传递函数系数法和冷负荷系数法等。目前，我国常采用冷负荷系数法和谐波反应法的简化计算方法计算空调冷负荷。

下面讲述应用较多的冷负荷系数法的计算方法，冷负荷系数法是建立在传递函数法的基础上，便于在工程上进行手算的一种简化算法，具体计算如下。

（1）外墙和屋面传热形成的逐时冷负荷 在日射和室外气温综合作用下，外墙和屋面传热引起的逐时冷负荷可按式（6-2）计算：

$$Q_\tau = AK\Delta t_{\tau-\zeta} \tag{6-2}$$

$$\Delta t_{\tau-\zeta} = t_{c(\tau)} - t_n$$

式中，Q_τ 为外墙或屋面传热引起的逐时冷负荷，W；A 为外墙或屋面的面积，m^2；K 为外墙或屋面的传热系数，$W/(m^2 \cdot ℃)$，可根据有关规范查询；$\Delta t_{\tau-\zeta}$ 为通过外墙或屋面的冷负荷计算温差的逐时值，℃；t_n 为室内设计温度，℃；$t_{c(\tau)}$ 为外墙或屋面的逐时冷负荷计算温度，℃，可在相关手册中查询获得。注意手册中给出的各围护结构的逐时冷负荷计算温度值都是以北京地区气象参数为依据计算出来的。因此，对于不同的设计地点，应对 $t_{c(\tau)}$ 值修正为 $t_{c(\tau)} + t_d$；其中 t_d 为地点修正值，可在相关手册、规范中查询。

为了减少计算工作量，对于非轻型外墙，室外计算温度可采用平均综合温度代替冷负荷计算温度，即：

$$t_{zp} = t_{wp} + \frac{\rho J_P}{\alpha_W} \tag{6-3}$$

式中，t_{zp} 为夏季空调室外计算日平均综合温度，℃；t_{wp} 为夏季空调室外计算日平均温度，℃；J_P 为围护结构所在朝向太阳总辐射照度的日平均值，W/m^2；ρ 为围护结构外表面太阳辐射热的吸收系数，无量纲；α_W 为围护结构外表面换热系数，$W/(m^2 \cdot ℃)$。

（2）外窗的温差传热冷负荷   在室内外温差作用下，通过外窗传热形成的冷负荷 Q_τ 可按下式计算：

$$Q_\tau = AK \Delta t_{\tau-\zeta} \tag{6-4}$$

式中，Q_τ 为外窗传热引起的逐时冷负荷，W；A 为外窗的窗口面积，m^2；K 为外窗的传热系数，$W/(m^2 \cdot ℃)$，可查询相关手册；$\Delta t_{\tau-\zeta}$ 为通过外墙或屋面的冷负荷计算温差的逐时值，℃，确定方法同上。

（3）外窗太阳辐射冷负荷   透过外窗进入室内的日射得热形成的逐时冷负荷，应按式（6-5）计算：

$$Q_\tau = C_a A_W C_s C_i D_{j\max} X_{LQ} \tag{6-5}$$

式中，Q_τ 为透过玻璃窗的日射得热形成的冷负荷，W；A_W 为窗口面积，m^2；C_a 为有效面积系数，无量纲；C_s 为窗玻璃的遮阳系数，无量纲；C_i 为窗内遮阳设施的遮阳系数，无量纲；$D_{j\max}$ 为日射得热因数的最大值，W/m^2；X_{LQ} 为窗玻璃冷负荷系数，无量纲。

（4）内围护结构的传热冷负荷

① 当邻室为通风良好的非空调房间时，通过内窗的温差传热负荷，可按 $Q_\tau = AK \Delta t_\tau$ 计算。

② 当邻室为通风良好的非空调房间时，通过内墙和楼板的温差传热负荷，可按 $Q_\tau = AK \Delta t_{\tau-\zeta}$ 计算。此时的负荷温差按零朝向的数据采用。

③ 当邻室有一定的发热量时，通过空调房间内窗、隔墙、楼板或内门等内围护结构的温差传热负荷，可按式（6-6）计算：

$$Q = AK (t_{wp} + \Delta t_{ls} - t_n) \tag{6-6}$$

式中，Q 为稳态冷负荷，W；t_{wp} 为夏季空气调节室外计算日平均温度，℃；t_n 为夏季空气调节室内计算温度，℃；Δt_{ls} 为邻室温升，℃，可根据邻室散热强度按

表 6-4 计算。

表 6-4　邻室温差 Δt_{1s} 值

邻室散热量/(W/m²)	$\Delta t_{1s}/℃$
很少(如办公室和走廊等)	0~2
<23	3
23~116	5
>116	7

(5) 人体冷负荷　人体显热散热形成的计算时刻冷负荷 Q_τ，可按式（6-7）计算：

$$Q_\tau = \varphi n q_1 X_{\tau-T} \tag{6-7}$$

式中，φ 为群集系数，无量纲，见表 6-5；n 为计算时刻空调房间内的总人数；q_1 为成年男子显热散热量，W，可参考有关手册；T 为人员进入空调房间的时刻（点钟）；$\tau-T$ 为从人员进入房间时算起到计算时刻的时间，h；$X_{\tau-T}$ 为 $\tau-T$ 时间人体显热散热量的冷负荷系数，无量纲，可由手册查得，对于人员密集的场所（如电影院、剧场、会场等），由于人体对围护结构和室内物品的辐射换热量相应减少，可取值为 1.0。

表 6-5　部分建筑群集系数

工作场所	影剧院	百货商场	旅馆	体育馆	图书阅览室	工厂轻劳动	银行	工厂重劳动
群集系数 φ	0.89	0.89	0.93	0.92	0.96	0.90	1.0	1.0

(6) 照明设备冷负荷　照明设备散热形成的逐时冷负荷 Q_τ，应依据灯具的种类和安装情况分别按式（6-8）～式（6-10）计算：

① 白炽灯和镇流器装在空调房间外的荧光灯：

$$Q_\tau = 1000 n_1 N X_{\tau-T} \tag{6-8}$$

② 镇流器装在空调房间内的荧光灯：

$$Q_\tau = 1200 n_1 N X_{\tau-T} \tag{6-9}$$

③ 暗装在吊顶玻璃罩内的荧光灯：

$$Q_\tau = 1000 n_1 n_0 N X_{\tau-T} \tag{6-10}$$

式中，N 为照明设备的安装功率，kW；n_0 为考虑玻璃反射，顶棚内通风情况的系数，当荧光灯罩有小孔，利用自然通风散热于顶棚内，取为 0.5~0.6，荧光灯罩无通风孔时，视顶棚内通风情况取 0.6~0.8；n_1 为同时使用系数，一般为 0.5~0.8；T 为开灯时刻（点钟）；$\tau-T$ 为从开灯时刻算起到计算时刻的时间，h；$X_{\tau-T}$ 为 $\tau-T$ 时间照明散热的冷负荷系数，无量纲，可由有关手册查得。

(7) 设备冷负荷 热设备及热表面散热形成的计算时刻冷负荷 Q_τ，可按式 (6-11) 计算：

$$Q_\tau = q_S X_{\tau-T} \tag{6-11}$$

式中，T 为热源投入使用的时刻（点钟）；$\tau-T$ 为从热源投入使用的时刻算起到计算时刻的时间，h；$X_{\tau-T}$ 为 $\tau-T$ 时间设备、用具散热的冷负荷系数，无量纲，可查有关手册；q_S 为热源的实际显热散热量，W。

电热、电动设备散热量的计算方法如下：

① 电热设备散热量：

$$q_S = 1000 n_1 n_2 n_3 n_4 N \tag{6-12}$$

② 电动机和工艺设备均在空调室内的散热量：

$$q_S = 1000 n_1 n_2 n_3 N/\eta \tag{6-13}$$

③ 工艺设备不在室内，只有电动机在空调室内的散热量：

$$q_S = 1000 n_1 n_2 n_3 (1-\eta) N/\eta \tag{6-14}$$

④ 只有工艺设备在空调室内的散热量：

$$q_S = 1000 n_1 n_2 n_3 N \tag{6-15}$$

式中，N 为设备的总安装功率，kW；η 为电动机的效率，无量纲；n_1 为同时使用系数，一般可取 0.5～1.0；n_2 为利用系数（安装系数），一般可取 0.7～0.9；n_3 为负荷系数，小时平均实耗功率与设计最大功率之比，一般可取 0.5 左右；n_4 为考虑排风带走热量的系数，一般取 0.5。

(8) 食物的显热散热冷负荷 进行餐厅冷负荷计算时，需要考虑食物的散热量。食物的显热散热形成的冷负荷，可按每位就餐客人 9W 考虑。

(9) 伴随散湿过程的潜热冷负荷

① 人体散湿潜热冷负荷。人体散湿形成的潜热冷负荷 Q 可按式 (6-16) 计算：

$$Q = \varphi n q_2 \tag{6-16}$$

式中，φ 为群集系数，见表 6-5；n 为计算时刻空调房间内的总人数；q_2 为成年男子的小时散湿量，W，可查有关手册。

② 食物散湿的潜热冷负荷。食物散湿量形成的潜热冷负荷 Q 可按式 (6-17) 计算：

$$Q = 688D \tag{6-17}$$

$$D = 0.012 \varphi n$$

式中，D 为食物的散湿量，kg/h；φ 为群集系数，无量纲，见表 6-5；n 为就餐人数。

③ 水面蒸发的潜热冷负荷。敞开水面蒸发形成的潜热冷负荷，可按式（6-18）计算：

$$Q = 0.28\gamma D \qquad (6-18)$$

$$D = Fg$$

式中，D 为敞开水面的蒸发散湿量，kg/h；γ 为汽化潜热，kJ/kg；F 为蒸发表面积，m²；g 为单位水面的蒸发量，kg/（m²·h）。

6.1.2.2 空调湿负荷的计算

空调湿负荷是指空调房间内湿源（人体散湿、敞开水池或槽表面散湿、地面积水等）向室内的散湿量。

（1）人体散湿量 人体散湿量可按式（6-19）计算：

$$m_w = 0.001 n\varphi g \qquad (6-19)$$

式中，m_w 为人体散湿量，kg/h；g 为成年男子的小时散湿量，g/h；n 为室内全部人数；φ 为群集系数。

（2）敞开水表面散湿量 敞开水表面散湿量按式（6-20）计算：

$$m_w = \omega A \qquad (6-20)$$

式中，m_w 为敞开水表面散湿量，kg/h；ω 为敞开水表面单位蒸发量，kg/（m²·h）；A 为蒸发表面积，m²。

6.1.2.3 空调热负荷的计算

空调热负荷是指空调系统在冬季里，当室外空气温度在设计温度条件时，为保持室内的设计温度，系统向房间提供的热量。对于民用建筑来说，冬季空调的经济性对空调系统的影响要比夏季小。因此，空调热负荷一般按稳定传热理论来计算。其计算方法与供暖系统的热损失计算方法基本一样。围护结构的基本耗热量 Q_h 可按式（6-21）计算：

$$Q_h = \alpha A K \, (t_{n \cdot d} - t_{w \cdot k}) \qquad (6-21)$$

式中，α 为温差修正系数，无量纲，见表 6-6；K 为围护结构传热系数，W/（m²·℃）；A 为围护结构传热面积，m²；$t_{n \cdot d}$ 为冬季室内设计温度，℃；$t_{w \cdot k}$ 为冬季室外空调计算干球温度，℃。

表 6-6 围护结构温差修正系数（α）表

围护结构特征	温差修正系数 α
外墙、屋顶、地面以及室外相通的楼板等	1.00
屋顶与室外空气相通的非采暖地下室上面的楼板等	0.90

续表

围护结构特征	温差修正系数 α
非采暖地下室上面楼板,外墙上有窗时	0.75
外墙上无窗且位于室外地坪以上时	0.60
外墙上无窗且位于室外地坪以下时	0.40
与有外门窗的非采暖房间的隔墙	0.70
与无外门窗的非采暖房间的隔墙	0.40
伸缩缝墙、沉降缝墙	0.30
防震缝墙	0.70
与有外墙的、供暖的楼梯间相邻的隔墙,多层建筑的底层部分	0.80
多层建筑的顶层部分	0.40
高层建筑的底层部分	0.70
高层建筑的顶层部分	0.30

空调房间的附加热负荷应按其基本热负荷的百分率确定。各项附加(或修正)百分率如下:

(1) 朝向修正率

北、东北、西北朝向:0

西南、东南朝向:$-15\%\sim-10\%$

东、西朝向:-5%

南向:$-25\%\sim-15\%$

选用修正率时应考虑当地冬季日照率及辐射强度的大小。冬季日照率小于35%的地区,东南、西南和南向的修正率宜采用$0\sim10\%$,其他朝向可不修正。

(2) 风力附加 建筑在不避风的高地、河边、海岸、旷野上的建筑物以及城镇、厂区内特别高的建筑物,垂直的外围护结构热负荷附加率为$5\%\sim10\%$。

(3) 高度附加 由于室内温度梯度的影响,往往使房间上部的传热量加大。因此规定:当房间净高超过 4m 时,每增加 1m,附加率为 2%,但最大附加率不超过 15%。但应注意高度附加率应在基本耗热量和其他附加耗热量(进行风力、朝向、外门修正之后的耗热量)的总和之上。

在计算建筑物热负荷时应注意以下几个内容。

① 空调建筑室内通常保持正压,因而在一般情况下,不计算由门窗缝隙渗入室内的冷空气和由门、孔洞浸入室内的冷空气引起的热负荷。

② 室内人员、灯光和设备散热量会抵消部分热负荷,设计时如果要扣除这部分负荷,应注意到:如果室内人数仍按计算夏季冷负荷时取最大室内人数,将会使冬季供暖的可靠性降低;室内灯光开关的时间、启动时间和室内人数都有一定的随机性。因此,有文献推荐:当室内发热量大(如办公室及室内灯光发热量为$30W/m^2$ 以上)时,可以扣除该发热量的 50% 后,作为空调的热负荷。

③ 建筑物内区的空调热负荷过去都作为零考虑，但随着现代建筑内部热量的不断增加，使内区在冬季仍有余热，需要空调系统常年供冷，在设计时应根据实际情况来考虑。

6.1.2.4 空调负荷概算指标

(1) 单位面积热指标 当只知道建筑总面积时，其采暖热指标可参考表 6-7 数值，冷负荷指标见表 6-8。

表 6-7 采暖热指标 单位：W/m²

建筑物类型	住宅	办公楼	医院、幼儿园	旅馆	图书馆	商店	单层住宅	食堂餐厅	影剧院	大礼堂体育馆
热指标	45～70	60～80	65～80	60～70	45～75	65～75	80～105	115～140	90～115	115～160

注：总建筑面积大、外围护结构热工性能好、窗户面积小，采用较小指标；反之则采用较大的指标。

(2) 单位面积冷负荷指标 根据国内现有的一些工程冷负荷指标套用。

表 6-8 冷负荷指标 单位：W/m²

建筑物类型	旅馆	办公楼	图书馆	医院	商店	体育馆	计算机房	数据处理	剧院	会堂
冷指标	80～90	85～100	35～40	80～90	105～125	105～135	190～380	320～400	120～160	180～225

注：1. 上述指标为总建筑物面积的冷负荷指标；建筑总面积小于 5000m² 时，取上限值，大于 10000m² 时取下限值。

2. 按上述指标确定的冷负荷，即是水/水热泵机组的制冷量，不必再加系数。

3. 由于地区差异较大，上述指标以北京地区为准，南方地区可按上限选取。

但最后还要注意两点：

①《公共建筑节能设计标准》（GB 50189—2005）5.1.1 条强制性条文规定，在施工图设计阶段必须进行热负荷和逐项逐时的冷负荷计算。

② 为了缩短设计周期、加速计算过程、减轻设计人员的劳动强度，设计过程中要尽量采用商业软件进行空调冷、热、湿负荷的计算。常采用的软件国内主要有清华大学 DeST、鸿业暖通空调 ACS、天正暖通等。有关操作可以查阅软件自身的帮助。

6.1.3 现场资源条件勘探

在土壤源热泵系统方案设计之前，应进行工程场地状况调查，并应对浅层地热能资源进行勘察。根据调查结果及勘察结果，并结合当地的环境条件和气候条件确定采用何种形式的土壤源热泵系统，以达到节约能源、保护环境的目的。

6.1.3.1 现场调查与资料收集

在进行土壤源热泵系统设计之前，首先应由设计和技术相关人员到现场了解当地的水文地质情况，对于已经具备水文地质资料或附近有水井的地区，应通过调查获取水文地质资料。

调查工作完成后应编写调查报告，并对资源的可利用情况提出建议。工程场地状况调查报告应包含以下内容：

① 场地规划面积、形状及坡度。

② 场地内已有建筑物和规划建筑物的占地面积及其分布。

③ 场地内树木植被、池塘、排水沟及架空输电线、电信电缆的分布。

④ 场地内已有的、计划修建的地下管线和地下构筑物的分布及其埋深。

⑤ 场地内已有水井的位置及相关的一些数据资料。

如果已有勘察部门做过岩土工程勘探工作，报告中应提供相应勘察报告。

6.1.3.2 工程勘察

在场地状况调查之后，设计和技术人员已了解场地的基本情况，但在通常情况下调查结果的深度还达不到要求，从而不能完全作为设计依据，因此需要做更详细的地质勘察工作。工程勘察应由具有勘察资质的专业队伍承担，在勘察工作完成后编写正规的勘察报告。

对于地埋管换热系统的勘察孔，有以下几点要求：

① 必须下施工场地内完成勘察孔。

② 勘察孔的大小及深度应与初步设计相同，勘察完成后也可以作为换热孔。

③ 如果场地地质情况比较复杂，应适当考虑钻多个勘察孔。

勘察工作应包括以下内容：

① 岩土层的结构。

② 岩土层的热物性。

③ 岩土体温度。

④ 地下水静水位、水温、水质及分布。

⑤ 地下水径流方向、速度。

⑥ 冻土层厚度。

在勘察工作完成后，还需要对勘察孔做换热率测试实验。通常是使用冷热源设备连续向地下放热或从地下吸热，可以模拟冬季和夏季工况，得到两个工况下的换热率以及岩土的热导率作为地埋管换热系统深化设计的依据。有关现场资源条件勘探可参见第 4 章和第 8 章中的相关内容。

6.2 地埋管换热器的管材及传热介质

6.2.1 地埋管换热器的管材

土壤源热泵系统地埋管管材的选择，对初装费、维护费用、水泵扬程和热泵的性能等都有影响。因此，管道的尺寸与长度规格及材料性能应能很好地应用于各种情况。管道的选择对地埋管换热器也非常重要。因为对地埋管换热器而言，管道系统的渗漏可能会污染地下水与环境，而且维修费用非常昂贵。

地埋管换热器应采用化学稳定性好、耐腐蚀、热导率大、流动阻力小的塑料管材及管件，宜采用聚乙烯管（PE80 或 PE100）或聚丁烯管（PB），不宜采用聚氯乙烯（PVC）管。管件与管材应为相同材料。由于聚氯乙烯（PVC）管处理热膨胀和土壤移位的压力的能力弱，所以不推荐在地埋管换热器中使用 PVC 管，PVC 管通常用在暖通空调内部的管道系统设备中，在被当地规范允许的情况下，它适度低廉的价格使其成为这种系统中较为理想的材料。

6.2.2 管材规格与压力级别

我国国家标准给出了地埋管换热器外径尺寸标准和管道的压力级别。地埋管外径及壁厚可按表 6-9 和表 6-10 的规定选用。相同管材的管径越大，其管壁越厚。

表 6-9 聚乙烯（PE）管外径及公称壁厚　　　　　　　单位：mm

公称外径 DN	平均外径		公称壁厚/材料等级		
	最小	最大	公称压力		
			1.0MPa	1.25MPa	1.6MPa
20	20.0	20.3	—	—	—
25	25.0	25.3	—	2.3+0.5/PE80	—
32	32.0	32.3	—	3.0+0.5/PE80	3.0+0.5/PE100
40	40.0	40.4	—	3.7+0.6/PE80	3.7+0.6/PE100
50	50.0	50.5	—	4.6+0.7/PE80	4.6+0.7/PE100
63	63.0	63.6	4.7+0.8/PE80	4.7+0.8/PE100	5.8+0.9/PE100
75	75.0	75.7	4.5+0.7/PE100	5.6+0.9/PE100	6.8+1.1/PE100
90	90.0	90.9	5.4+0.9/PE100	6.7+1.1/PE100	8.2+1.3/PE100
110	110.0	111.0	6.6+1.1/PE100	8.1+1.3/PE100	10.0+1.5/PE100
125	125.0	126.2	7.4+1.2/PE100	9.2+1.4/PE100	11.4+1.8/PE100
140	140.0	141.3	8.3+1.3/PE100	10.3+1.6/PE100	12.7+2.0/PE100
160	160.0	161.5	9.5+1.5/PE100	11.8+1.8/PE100	14.6+2.2/PE100
180	180.0	181.7	10.7+1.7/PE100	13.3+2.0/PE100	16.4+3.2/PE100
200	200.0	201.8	11.9+1.8/PE100	14.7+2.3/PE100	18.2+3.6/PE100
225	225.0	227.1	13.4+2.1/PE100	16.6+3.3/PE100	20.5+4.0/PE100
250	250.0	252.3	14.8+2.3/PE100	18.4+3.6/PE100	22.7+4.5/PE100
280	280.0	282.6	16.6+3.3/PE100	20.6+4.1/PE100	25.4+5.0/PE100
315	315.0	317.9	18.7+3.7/PE100	23.2+4.6/PE100	28.6+5.7/PE100
355	355.0	358.2	21.1+4.2/PE100	26.1+5.2/PE100	32.2+6.4/PE100
400	400.0	43.6	23.7+4.7/PE100	29.4+5.8/PE100	36.3+7.2/PE100

表 6-10 聚丁烯（PB）管外径及公称壁厚   单位：mm

公称外径 DN	平均外径		公称壁厚
	最小	最大	
20	20.0	20.3	1.9＋0.3
25	25.0	25.3	2.3＋0.4
32	32.0	32.3	2.9＋0.4
40	40.0	40.4	3.7＋0.5
50	50.0	50.5	4.6＋0.6
63	63.0	63.6	5.8＋0.7
75	75.0	75.7	6.8＋0.8
90	90.0	90.9	8.2＋1.0
110	110.0	111.0	10.0＋1.1
125	125.0	126.2	11.4＋1.3
140	140.0	141.3	12.7＋1.4
160	160.0	161.5	14.6＋1.6

在美国，地热环路使用美国材料试验标准 D3035 中规定的铁管尺寸方法来确定聚乙烯管道系统管径。通常用外径与壁厚之比作为一个标准的尺寸比率（SDR）来说明管道的壁厚或压力的级别，即：

$$SDR＝外径/壁厚 \tag{6-22}$$

因此，SDR 越小表示管道越结实，耐压能力越高。

地埋管质量应符合国家现行标准中的各项规定。聚乙烯管应符合《给水用聚乙烯（PE）管材》（GB/T 13663—2000）的要求。聚丁烯管应符合《冷热水用聚丁烯（PB）管道系统》（GB/T 19473.2—2004）的要求。管材的公称压力及使用温度应满足设计要求。管材的公称压力不应小于 1.0MPa。在计算管道的压力时，必须考虑静水头压力和管道的增压。静水头压力是建筑内地热环路水系统的最高点和地下地热环路内的最低点之间的压力差。系统开始运行的瞬间，动压尚未形成，管道的增压应为水泵的全压。系统正常运行时，管道的增压应为水泵的静压减去流动压力损失。因此，设计中确定管路和附件承压能力时，要考虑水系统停止运行、启动瞬间和正常运行三种情况下的承压能力，以最大者选择管材和附件。

6.2.3 传热介质

夏季空调工况下，土壤源热泵机组通过传热介质将冷凝器排出的热量释放至地埋管换热器周围的土壤中，冬季制热工况下，又通过传热介质从埋管周围土壤中吸收热量提供给热泵蒸发器。因此，传热介质作为热泵机组与大地土壤间进行能量传递的载体，除具有较高的流动性及传热性能外，还需满足下列要求：

① 安全，稳定性好，腐蚀性弱，与地埋管管材无化学反应。

② 较低的冰点，在使用温度范围内不凝固、不气化。

③ 较低的摩擦阻力。

④ 价格便宜、易于购买、运输和储藏。

一般情况下，水是良好的传热介质，应作为首选。传热介质的安全性包括毒性、易燃性及腐蚀性。良好的传热特性和较低的摩擦阻力是指传热介质具有较大的热导率和较低的黏度。可采用的其他传热介质包括氯化钠溶液、氯化钙溶液、乙二醇溶液、丙醇溶液、丙二醇溶液、甲醇溶液、乙醇溶液、醋酸钾溶液及碳酸钾溶液。

在传热介质（水）有可能冻结的场合，传热介质应添加防冻剂。应在充注阀处注明防冻液的类型、浓度及有效期。为了防止出现结冰现象，添加防冻液后的传热介质的冰点宜比设计最低运行水温低 3～5℃。

地埋管换热系统的金属部件应与防冻液兼容，这些金属部件包括循环泵及其法兰、金属管道、传感部件等与防冻液接触的所有金属部件，并避免采用不同质的金属进行连接。

选择防冻液时，应同时考虑防冻液对管道、管件的腐蚀性，防冻液的安全性、经济性及其对换热的影响。

下列诸因素将影响防冻液的选择。这些因素包括：冰点、周围环境的影响、费用和可用性、热传导、压降特性以及与土壤源热泵系统中所用材料的相容性。表 6-11 给出了不同防冻液特性的比较。

表 6-11　不同防冻液的热物理性质

使用温度/℃	载冷剂名称	质量浓度/%	密度/(kg/m³)	比热容/[kJ/(kg·℃)]	热导率/[W/(m·K)]	黏度/(10³Pa·s)	凝固点/℃
0	氯化钙水溶液	12	1111	3.462	0.528	2.5	−7.2
	甲醇水溶液	15	979	4.1868	0.493	6.9	−10.5
	乙二醇水溶液	25	1030	3.831	0.511	3.8	−10.6
−10	氯化钙水溶液	20	1188	3.035	0.500	4.9	−15.0
	甲醇水溶液	22	970	4.061	0.461	7.7	−17.8
	乙二醇水溶液	35	1063	3.559	0.472	7.3	−17.8
−20	氯化钙水溶液	25	1253	2.809	0.475	10.6	−29.4
	甲醇水溶液	30	949	3.810	0.387	—	−23
	乙二醇水溶液	45	1080	3.308	0.441	21	−26.6

应当指出的是：由于防冻液的密度、黏度、比热容和热导率等物性参数与纯水都有一定的差异，这将影响循环液在冷凝器（制冷工况）和蒸发器（制热工况）

内的换热效果，从而影响整个热泵机组的性能。当选用氯化钠、氯化钙等盐类或者乙二醇作为防冻液时，循环液对流换热系数均随着防冻液浓度的增大而减小，并且随着防冻液浓度的增大，循环水泵耗功率以及防冻剂的费用都要相应提高。因此，在满足防冻温度要求的前提下，应尽量采用较低浓度的防冻液。一般来说，防冻液浓度的选取应保证防冻液的凝固点温度比循环液的最低温度最好低8℃，最少也要低3℃。

6.3 地埋管换热器的形式与连接

6.3.1 地埋管换热器的形式

根据布置形式的不同，地埋管换热器可分为水平埋管与垂直埋管两种方式，分别对应于水平埋管土壤源热泵系统和垂直埋管土壤源热泵系统。当可利用的埋管面积较大，浅层岩土体的温度及热物性受环境条件、埋设深度影响较小时，宜采用水平地埋管换热器。否则，宜用垂直地埋管换热器。

水平埋管方式的优点是在浅层软土地区造价较低，但传热性能受到外界空调季节气候一定程度的影响，而且占地面积较大。当可利用地表面积较大，地表层不是坚硬的岩石时，可采用水平地埋管换热器。按照埋设方式可分为单层埋管和多层埋管两种类型；按照管型的不同可分为直管和螺旋管两种。图6-1为常见的水平地埋管换热器形式，图6-2为新近开发的水平地埋管换热器形式，图6-3为新近开发的几种形式的水平地埋管换热器施工图。

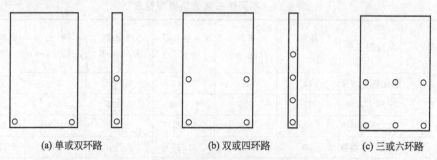

(a) 单或双环路　　　　　(b) 双或四环路　　　　　(c) 三或六环路

图 6-1　几种常见的水平地埋管换热器形式

垂直地埋管换热器是在若干垂直钻井中设置地下埋管的土壤热交换器。由于垂直地埋管换热器具有占地面积少、工作性能稳定等优点，已成为目前工程应用中的主导形式。在没有合适的室外用地时，垂直地埋管换热器还可以利用建筑物的混凝土基桩埋设，即将U形管捆扎在基桩的钢筋网架上，然后浇灌混凝土，使U形管固定在基桩内，如图6-4所示。

垂直地埋管换热器的结构有多种，根据在垂直钻井中布置的埋管形式的不同，

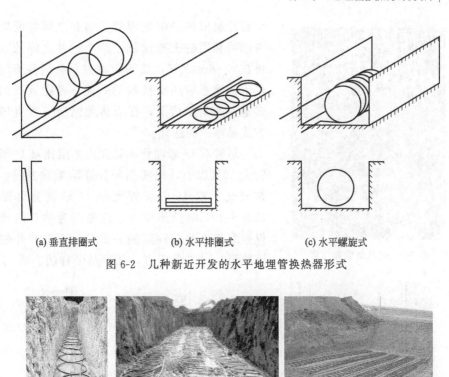

(a) 垂直排圈式　　　　　(b) 水平排圈式　　　　　(c) 水平螺旋式

图 6-2　几种新近开发的水平地埋管换热器形式

(a) 单环路水平排圈式　　(b) 三环路水平排圈式　　　(c) 五环路水平排圈式

(d) 水平螺旋式　　　　　(e) 垂直排圈式

图 6-3　几种新近开发的水平地埋管换热器形式施工图

垂直地埋管换热器又可分为 U 形埋管换热器与套管式换热器，如图 6-5 所示。套管式土壤热交换器在造价和施工难度方面都有一些弱点，在实际工程中较少采用。垂直 U 形土壤热交换器采用在钻井中插入 U 形管的方法，一个钻井中可设置一组或两组 U 形管。然后用回填材料把钻井填实，以尽量减小钻井中的热阻，同时防止地下水受到污染。钻井的深度一般为 30~180m，对于一个独立的民居，可能钻一个钻井就足够承担供热制冷负荷了，但对于住宅楼和公共建筑，则需要由若干

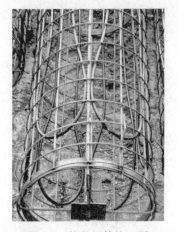

图 6-4 桩基埋管施工图

个钻井组成的一群地埋管。钻井之间的配置应考虑可利用的土地面积,两个钻井之间的距离可在 4～6m 之间,管间距离过小会因各管间的热干扰而影响热交换器的效能。考虑到我国人多地少的实际情况,在大多数情况下垂直埋管方式是唯一的选择。

尽管单 U 形埋管的钻井内热阻比双 U 形埋管大 30％以上,但实测与计算结果均表明:正常情况下双 U 形埋管比单 U 形埋管可提高 15％～20％的换热能力,这是因为钻井内热阻仅是埋管传热总热阻的一部分,而钻井外的土壤热阻,对二者而言,几乎是一样的。双 U 形

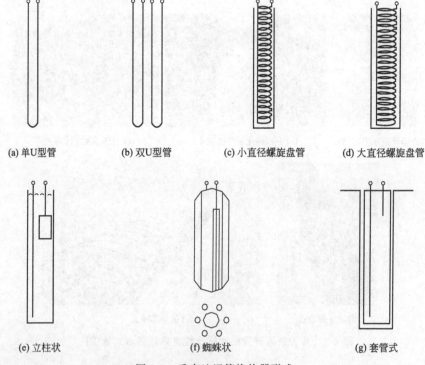

(a) 单U型管　　(b) 双U型管　　(c) 小直径螺旋盘管　　(d) 大直径螺旋盘管

(e) 立柱状　　　　(f) 蜘蛛状　　　　(g) 套管式

图 6-5 垂直地埋管换热器形式

埋管管材用量大,安装较复杂,运行中水泵的功耗也相应增加,且在安装过程中还存在不同支管相互缠绕导致换热效果不如单 U 形管的不利情形。因此,一般地质条件下,多采用单 U 形埋管。但对于较坚硬的岩石层,选用双 U 形埋管比较合适,钻井外岩石层的导热能力较强,埋设双 U 形地埋管,可有效减少钻井内热阻,使单位长度 U 形埋管的热交换能力明显提高,从经济技术

上分析都是合理可行的。当地埋管可埋设空间不足时，采用双 U 形地埋管也是解决的方法之一。

6.3.2 地埋管换热器的连接方式

6.3.2.1 串联与并联连接方式

地埋管换热器各钻孔之间既可采用串联连接方式，也可采用并联连接方式。在串联系统中，几个钻孔（水平管为管沟）只有一个流体环路；而在并联系统中，每个钻孔或管沟都有一个流体环路，多个钻孔就有多个流体环路。图 6-6 和图 6-7 所示分别为水平与垂直埋管串、并联连接方式。

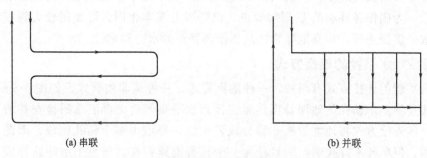

(a) 串联　　　　　　　　　　　　　　　(b) 并联

图 6-6　水平地埋管换热器连接方式

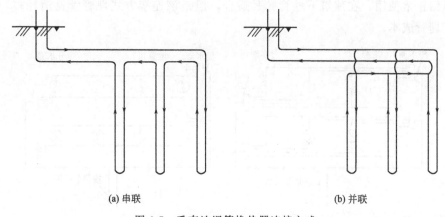

(a) 串联　　　　　　　　　　　　　　　(b) 并联

图 6-7　垂直地埋管换热器连接方式

串联连接方式主要优点：①一个回路具有单一流通通路，管内积存的空气容易排出；② 由于串联系统管路管径大，因此对于单位长度埋管来说，串联系统的热交换能力比并联系统的高。但串联系统也有许多缺点：①系统需要采用大管径的管子，因而成本高；②由于系统管径大，在冬季气温寒冷地区，系统内需较多的防冻液；③管径大增大了安装成本；④管道不能太长，否则阻力损失太大以及可靠性降低。

并联连接方式的优点有：①U 形管管径可以更小，从而可以降低管路费用、防冻液费用；②较小的管路更容易制作安装，也可减少人工费用；③U 形管管径的减小使钻井的直径也相应变小，钻井费用也相应降低。

并联管路热交换器中，同一环路集管连接的所有钻井的换热量基本相同；而串联管路热交换器中，各个钻孔传热温差是不一样，使得每个钻孔的换热量是不同的。采用并联还是串联管路取决于系统大小、埋管深浅及安装成本高低等因素。

目前空调工程上以应用并联系统为主。需要指出的是，对于并联管路，在设计和制造过程中必须特别注意，应确保管内水流速较高以排走空气。此外，并联管道每个管路长度应尽量一致（偏差宜控制在 10％以内），以使每个环路都有相同的流量。为确保各并联的 U 形埋管进、出口压力基本相同，可使用较大管径的管道作水平集箱连管，提高地埋管换热器循环管路的水力稳定性。

6.3.2.2 水平管的连接方式

水平管的连接方式有两种，一种是集管式，一种是非集管式。如图 6-8 所示，集管式是将多个钻孔的地埋管换热器连接到水平集管后，再汇总到检查井的分集水器。该连接方式将地埋管换热器分成若干组，每组由多个钻孔组成。因此，节省管道，但单孔不好控制，一旦任何一个孔有泄露存在，则整个组环路作废，可靠性不高。非集管式是将每个钻孔的地埋管换热器单独汇总至检查井集分水器，其优点是检修方便，在单个钻孔出现泄漏的情况下，关闭该回路即可，不影响其他回路正常使用，在建筑下埋管尤其适合，但是该连接方式埋管管材消耗多，增加了埋管成本。

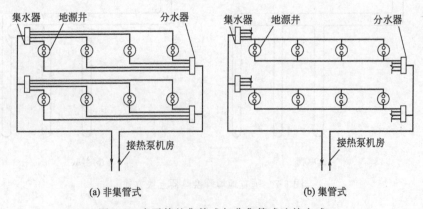

(a) 非集管式　　　　　　　　　　　　　　(b) 集管式

图 6-8　水平管的集管式与非集管式连接方式

6.3.2.3 水平集管连接形式的选取

水平集管是连接分、集水器的环路，而后者是循环介质从热泵到地埋管换热器各并联环路之间循环流动的重要调节控制装置，其连接支管路的形式也存在串联、并联两种，如图 6-9 所示。设计时应注意地埋管换热器各并联环路间的水力平衡及有利于系统排除空气。与分、集水器相连接的各并联环路的多少，取决于垂直 U 形埋管与水平连接管路的连接方法、连接管件和系统的大小。

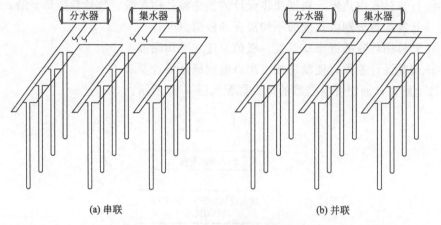

(a) 串联　　　　　　　　　　　　　　(b) 并联

图 6-9　水平集管连接方式

6.4　地埋管换热器长度的设计

根据所选择的地埋管换热器的类型及布置形式，设计计算地埋管换热器的管长。但迄今为止，地埋管换热器长度计算尚未有统一的规范，可根据具体情况和条件选用前面第 5 章介绍的设计计算方法。也可根据现场实测土壤及回填料热物性参数，采用专用软件计算埋管换热器的容量。在地埋管换热器设计计算时，环路集管作为安全裕量一般不包括在地埋管换热器长度内。但对于水平埋管量较多的竖直埋管系统，水平埋管应折算成适量的地埋管换热器长度。

地埋管换热器容量设计的基本任务，一是在给定地埋管换热器和热泵的参数以及运行条件的情况下，确定地埋管换热器循环介质的进出口温度，以保证系统能在合理工况下工作；二是根据用户确定的循环介质工作温度的上下限确定地埋管换热器的长度。计算方法如下。

首先，应确定地埋管换热器容量计算所需的设计参数：

① 确定钻井参数，包括钻井的几何分布形式、钻井半径、模拟计算所需的钻井深度、钻井间距及回填材料的热导率等；

② 确定 U 形管参数，如管道材料、公称外径、壁厚及两支管的间距；

③ 确定土壤的热物性和当地土壤的平均温度，其中土壤热物性最好使用在现场实测的等效热物性值；

④ 确定循环介质的类型，如纯水或选定的某一防冻液；

⑤ 热泵性能参数或热泵性能曲线，如热泵主机循环介质的不同入口温度值所

对应的不同的制热量（或制冷量）及压缩机的功率。

然后，根据已知的设计参数按如下步骤计算地埋管换热器的长度：

① 初步设计地埋管换热器，包括地埋管换热器的几何尺寸及布置方案；

② 计算钻孔内热阻，根据初步设计的换热器几何参数、物性参数等计算；

③ 计算运行周期内孔壁的平均温度和极值温度；

④ 计算循环液的进出口温度、极值温度或平均温度；

⑤ 调整设计参数，使循环液进出口温度满足设计要求。

综上所述，地埋管换热器的计算框图如图 6-10 所示。

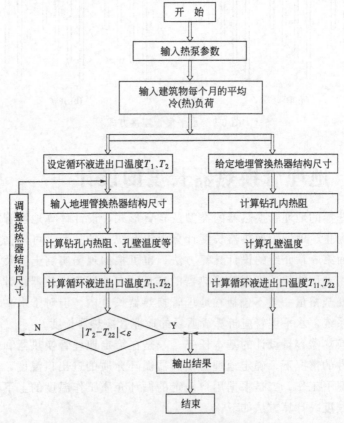

图 6-10　地埋管换热器计算框图

地埋管换热器长度的确定是一个比较复杂的设计计算过程，这要涉及建筑负荷、管路系统布置、管材与管径、当地的土壤物性参数资料（地下原始温度、热导率、导温系数）及气象参数等。对于土壤源热泵而言，应分别计算出满足冬季供暖与夏季空调所需的埋管长度。目前，应用比较广泛的垂直 U 形埋管换热器的设计主要有三种方法：工程概算法、半经验公式及动态模拟法。

6.4.1 工程概算法

首先根据建筑物的冷（热）负荷及热泵机组的 COP 确定地埋管的放热量或吸热量，然后确定埋管的布置方式，再根据热响应测试所得到的单位埋深换热量指标即可求出所需地埋管换热器的长度。这种方法简单、直观，比较适合于工程初期地埋管设计的估算。

（1）确定地埋管换热器的吸放热量

$$夏季放热量：Q_c = Q_0 \left(1 + \frac{1}{COP_c}\right) \tag{6-23}$$

$$冬季吸热量：Q_h = Q_1 \left(1 - \frac{1}{COP_h}\right) \tag{6-24}$$

式中，Q_c、Q_0 分别为埋管夏季向土壤中的放热量与设计总冷负荷，kW；Q_h、Q_1 分别为埋管冬季从土壤中的吸热量与设计总热负荷，kW；COP_c、COP_h 分别为设计工况下热泵机组的制冷、制热性能系数，无量纲，可根据产品样本确定。

（2）确定地埋管换热器长度　地埋管换热器的长度与地质、地温参数及进入热泵机组的水温有关。在缺乏具体数据时，可依据现场热响应测试得到的单位埋深换热量来确定，地埋管换热器所需长度可表示为：

$$L_h = 1000nQ_h/q_1 \tag{6-25}$$

$$L_c = 1000nQ_c/q_1' \tag{6-26}$$

式中，L_h、L_c 分别为冬、夏季工况下所需地埋管长度，m；q_1、q_1' 分别为单位埋深吸热与放热量，W/m；n 为地埋管长度修正系数，单 U 为 2，双 U 为 4。

（3）确定钻孔间距及数目　为了确定孔洞的平面布置，需要首先确定各钻孔之间的间距。根据国内外有关科研单位的实验研究结果，单根垂直埋管对周围土壤的热作用半径为 2～3m，因此为了避免各管井间的热干扰，其间距根据埋管场地面积可用情况一般可取为 4～6m，这也是国内外常用的工程经验值。

目前，钻孔深度可在 40～200m 范围内，可以根据现场可用埋管区域面积在此范围内先选择一个合适的钻孔深度 H 后，通过式（6-27）来计算钻孔数目：

$$N = L/(nH) \tag{6-27}$$

式中，N 为钻孔总数；H 为钻孔深度，m。

一般情况下是希望通过增加钻孔数量而不是埋深来满足负荷要求，因为埋深增加不仅会使造价急剧上升，而且还会增加热短路。此外还要考虑管壁的承压问题与单孔的流量问题，主要控制条件是可利用的埋管区域面积。表 6-12 给出了对应于不同管径埋管深度的建议值可供设计选用。

表 6-12 不同管径埋管深度的建议值

管径/mm	DN20	DN25	DN32	DN40
埋深/m	30～60	45～90	75～150	90～180

6.4.2 半经验公式法

半经验公式以热阻概念为基础，基于傅里叶导热定律，根据有关的简化传热公式来计算出各部分传热热阻，然后根据有关温差及负荷分别计算出满足夏季与冬季所需埋管长度，最后取较大者。第 5 章中给出的以国际地源热泵协会（IGSHPA）和美国供热制冷空调工程师协会（ASHRAE）共同推荐的 IGSHPA 模型方法影响最大。我国制定的《地源热泵系统工程技术规范》中地埋管换热器的计算就是采用的此种方法。该方法是北美确定地埋管换热器尺寸的标准方法，是以 Kelvin 线热源理论为基础的解析法。此外下面也是一种比较常用的钻孔长度计算方法：

供冷所需钻孔长度：$$L_c = \frac{q_a R_{ga} + (q_{lc} - \overline{W}_c)(R_b + PLF_m R_{gm} + R_{gd} F_{sc})}{T_g - \dfrac{T_{wi} + T_{wo}}{2} - T_p}$$

$$(6-28)$$

供热所需钻孔长度：$$L_h = \frac{q_a R_{ga} + (q_{lh} - \overline{W}_h)(R_b + PLF_m R_{gm} + R_{gd} F_{sc})}{T_g - \dfrac{T_{wi} + T_{wo}}{2} - T_p}$$

$$(6-29)$$

式中，F_{sc} 为热短路损失因子，无量纲；PLF_m 为设计月热泵运行率，无量纲；q_a 为年平均对大地的排热率；q_{lc}、q_{lh} 分别为建筑物的设计冷、热负荷，W；R_{ga}、R_{gm}、R_{gd} 分别为年、月及日热脉冲产生的有效热阻，m·℃/W；R_b 为钻孔热阻，m·℃/W；T_g 为土壤原始温度，℃；T_p 为相邻钻孔间的热干扰补偿温度，℃；T_{wi}、T_{wo} 分别为热泵进、出口温度，℃；W_c、W_h 分别为设计供冷与供热负荷下的耗功率，W。

6.4.3 计算机动态模拟法

计算机动态模拟法就是根据建立的地埋管换热器传热模型，结合热泵模型编制出相应的计算软件（如第 5 章中给出的土壤源热泵系统动态模拟计算程序框图 5-16），通过输入钻孔埋管的结构及热物性参数和建筑物的负荷来确定地热换热器的长度。具体的设计计算就是根据埋管负荷以及其流体出口的最高限温度（夏季）或最低限温度（冬季）来确定埋管的长度，其计算步骤如下：

① 根据建筑物的结构及气象参数，确定建筑物的逐时负荷；

② 根据选定的热泵机组，确定地下埋管的逐时负荷；

③ 由已知的地下埋管逐时负荷、运行时间、土壤热物性、钻孔几何配置情况等，初步设定埋管换热器的长度，并计算出钻孔壁的壁温 T_b；

④ 根据钻孔的几何尺寸和循环流体的流量、比热容等，由公式（5-71）计算出钻孔换热效率；

⑤ 由计算得到的钻孔壁温和钻孔换热效率，根据公式（5-73）即可确定埋管流体的出口温度；

⑥ 若计算得出的流体出口温度与机组设定的流体最高限温度（或最低限温度）相等，则设定的地埋管换热器长度即为所需长度，否则，重复③～⑤直到满足要求为止。

目前，关于计算机动态模拟法已开发出许多相应的计算软件，具体详见本章 6.7 节内容。

以上方法中，工程概算法最为简单，比较适合于工程应用，但计算精度较差，且单位埋管换热指标在设计前难以确定，在缺乏详细设计资料时可供选取。公式法计算精度高于估算法，但实际应用时公式中很多参数难以确定，尤其是在国内缺乏原始资料的情况下更是如此；计算机动态模拟法精度最高，但需要建立合适的埋管传热模型，并编制相应的计算软件，同时，需要设计人员对软件的使用要求熟悉，在计算机普及的当今不失为一种可取的方法。

6.5　地埋管换热系统的水力计算

6.5.1　地埋管换热系统流量的确定

地埋管换热系统流量的确定是水力计算的第一步，流量的大小与水泵的选型、热泵的季节性能系数及地埋管换热效果直接相关。地埋管循环流量的选择既要考虑水源热泵机组正常工作对流量的要求，也要考虑对地埋管换热器换热效果与流动阻力的影响。循环流量的选择，一般应遵循以下原则：

- 蒸发器的进、出口温差　$\Delta t \leqslant 4℃$
- 冷凝器的进、出口温差　$\Delta t \leqslant 5℃$

夏季地埋管循环总流量，可按式（6-30）确定：

$$G_1 = \frac{3600 Q_g}{\rho c \Delta t} = \frac{3600 (Q_c + N)}{\rho c \Delta t} \tag{6-30}$$

式中，G_1 为夏季地埋管系统总流量，m^3/h；Q_g 为夏季地埋管换热器总放热量，kW；Q_c 为土壤源热泵机组夏季总制冷量，kW；N 为夏季土壤源热泵机组总耗功率，kW；ρ 为循环介质的密度，kg/m^3；c 为循环介质的比热容，$kJ/(kg \cdot ℃)$；Δt 为热泵机组冷凝器进出口温差，$℃$。

冬季地埋管循环总流量，可按式（6-31）确定：

$$G_2 = \frac{3600Q'_g}{\rho c \Delta t} = \frac{3600(Q_h - N)}{\rho c \Delta t} \tag{6-31}$$

式中，G_2 为冬季地埋管系统总流量，m^3/h；Q'_g 为冬季地埋管总吸热量，kW；Q_h 为土壤源热泵机组冬季总供热量，kW；N 为冬季土壤源热泵机组总耗功率，kW；ρ 为循环介质的密度，kg/m^3；c 为循环介质的比热，$kJ/(kg \cdot \text{℃})$；Δt 为热泵机组蒸发器进出口温差，℃。

地埋管换热系统的总流量取 G_1 与 G_2 中的较大者。由于冬夏季地埋管流体流量相差较大，地埋管换热系统宜根据建筑负荷变化进行流量调节，可以节省水泵能耗。当地下流体温差的取值与热泵机组标准工况不同时，应对机组进行冷热量的校核。

6.5.2 地埋管换热系统的阻力计算

6.5.2.1 压力损失计算

对以水为传热介质的地埋管换热器，管道压力损失计算与常规的管内阻力计算方法相同。对于同程式系统，取压力损失最大的环路作为最不利环路进行阻力计算，可采用当量直径法。将局部阻力转换成当量长度，然后与实际管长相加得到各不同管径管段的总当量长度。传热介质不同，其摩擦阻力也不同，水力计算应按选用的传热介质的水力特性进行计算。国内已有的塑料管比摩阻通常是针对水而言，对添加防冻剂的水溶液，可根据塑料管的相对粗糙度通过计算图求得比摩阻。地埋管换热器的压力损失可按照以下方法进行计算。

① 确定管内流体的流量、公称直径和流体特性。

② 根据公称直径，确定地埋管换热器的内径。

③ 计算地埋管的断面面积 A

$$A = \frac{\pi d_j^2}{4} \tag{6-32}$$

式中，A 为地埋管的断面面积，m^2；d_j 为地埋管的内径，m。

④ 计算管内流体的流速 V

$$V = \frac{G}{3600A} \tag{6-33}$$

式中，V 为管内流体的流速，m/s；G 为管内流体的流量，m^3/h。

注意：对于 DN32 单 U 形管与 DN25 双 U 形埋管，其流速应分别大于 0.6m/s 与 0.4m/s。

⑤ 计算管内流体的雷诺数 Re，Re 应该大于 2300 以确保紊流。

$$Re = \frac{\rho V d_j}{\mu} \tag{6-34}$$

式中，Re 为管内流体的雷诺数；ρ 为管内流体的密度，kg/m^3；μ 为管内流体的动力黏度，$N \cdot s/m^2$。

⑥ 计算管段的沿程阻力 P_y

$$P_d = 0.158\rho^{0.75}\mu^{0.25}d_j^{1.25}V^{1.75} \tag{6-35}$$

$$P_y = P_d L \tag{6-36}$$

式中，P_y 为计算管段的沿程阻力，Pa；P_d 为计算管段单位管长的沿程阻力，Pa/m，可按表 6-13 计算，制表时管道的内径采用表 6-14 的数值；L 为计算管段的长度，m。

表 6-13　聚乙烯塑料管的单位长度压力损失 P_d

流量	DN20mm		DN25mm		DN32mm		DN40mm		DN50mm		DN65mm		DN75mm		DN90mm		DN100mm	
	v	ΔP_m	v	ΔP_m	v	ΔP_m	v	ΔP_m	v	ΔP_m	v	ΔP_m	v	ΔP_m	v	ΔP_m	v	ΔP_m
m³/h	m/s	Pa/m	m/s	Pa/m	m/s	Pa/m	m/s	Pa/m	m/s	Pa/m	m/s	Pa/m	m/s	Pa/m	m/s	Pa/m	m/s	Pa/m
0.10	0.17	52.8																
0.15	0.26	107.3																
0.20	0.34	177.5																
0.25	0.43	262.3	0.21	50.2														
0.30	0.51	361.0	0.25	69.0														
0.35	0.60	472.7	0.30	90.4														
0.40			0.34	114.2														
0.50			0.42	168.7	0.26	53.3												
0.60			0.51	232.1	0.31	73.3												
0.70			0.59	304.0	0.37	96.1												
0.80			0.68	384.0	0.42	121.3												
0.90			0.76	471.9	0.47	149.1	0.3	50.9										
1.00					0.52	179.3	0.33	61.2										
1.20					0.63	246.7	0.40	81.2										
1.40					0.73	323.1	0.47	110.3										
1.60					0.84	408.1	0.53	139.4										
1.80							0.60	171.3	0.39	62.6								
2.00							0.67	205.9	0.44	75.2								
2.20							0.73	243.3	0.48	88.9								
2.40							0.80	283.3	0.52	103.5								
2.60							0.87	325.9	0.57	119.0								
2.80							0.93	371.1	0.61	135.5								
3.00							1.00	418.7	0.65	152.9								
3.20									0.70	171.2								

续表

流量	DN20mm		DN25mm		DN32mm		DN40mm		DN50mm		DN65mm		DN75mm		DN90mm		DN100mm	
	v	ΔP_m	v	ΔP_m	v	ΔP_m	v	ΔP_m	v	ΔP_m	v	ΔP_m	v	ΔP_m	v	ΔP_m	v	ΔP_m
m³/h	m/s	Pa/m	m/s	Pa/m	m/s	Pa/m	m/s	Pa/m	m/s	Pa/m	m/s	Pa/m	m/s	Pa/m	m/s	Pa/m	m/s	Pa/m
3.40									0.74	190.4	0.46	59.9						
3.60									0.78	210.4	0.48	66.2						
3.80									0.83	231.3	0.51	72.8						
4.00									0.87	253.0	0.54	79.7						
4.20									0.91	275.5	0.56	86.8						
4.40									0.96	298.9	0.59	94.1						
4.60									1.00	323.1	0.62	101.7						
4.80									1.05	348.1	0.64	109.6						
5.00									1.09	373.9	0.67	117.7						
5.50									1.20	441.7	0.74	139.1	0.52	60.7				
6.00											0.80	162.0	0.57	70.7				
6.50											0.87	186.3	0.61	81.3				
7.00											0.94	212.1	0.66	92.6				
7.50											1.00	239.3	0.71	104.5				
8.00											1.07	267.9	0.76	117.0				
8.50											1.14	297.9	0.80	130.1				
9.00											1.20	329.3	0.85	143.7	0.59	59.8		
9.50											1.27	361.9	0.90	158.0	0.62	65.8		
10.00											1.34	395.9	0.94	172.8	0.65	72.0		
10.50													0.99	188.2	0.69	78.4		
11.00													1.04	204.2	0.72	85.0		
11.50													1.09	220.7	0.75	91.9		
12.00													1.13	237.8	0.78	99.0		
12.50													1.18	255.4	0.82	106.3		
13.00													1.23	273.6	0.85	113.9		
13.50													1.27	292.2	0.88	121.7		
14.00													1.32	311.4	0.91	129.6		
14.50													1.37	331.2	0.95	137.9		
15.00													1.42	351.4	0.98	146.3		
15.50													1.46	372.2	1.01	154.9		
16.00													1.51	393.4	1.04	163.8	0.70	63.0
16.50													1.56	415.2	1.08	172.8	0.72	66.5

续表

流量	DN20mm		DN25mm		DN32mm		DN40mm		DN50mm		DN65mm		DN75mm		DN90mm		DN100mm	
	v	ΔP_m	v	ΔP_m	v	ΔP_m	v	ΔP_m	v	ΔP_m	v	ΔP_m	v	ΔP_m	v	ΔP_m	v	ΔP_m
m³/h	m/s	Pa/m	m/s	Pa/m	m/s	Pa/m	m/s	Pa/m	m/s	Pa/m	m/s	Pa/m	m/s	Pa/m	m/s	Pa/m	m/s	Pa/m
17.00															1.11	182.1	0.74	70.0
17.50															1.14	191.6	0.76	73.7
18.00															1.18	201.3	0.79	77.4
18.50															1.21	211.1	0.81	81.2
19.00															1.24	221.2	0.83	85.1
19.50															1.27	231.5	0.85	89.0
20.00															1.31	242.0	0.87	93.1
21.00															1.37	263.6	0.92	101.4
22.00															1.44	285.9	0.96	110.0
24.00															1.50	309.1	1.05	128.1
26.00															1.57	333.0	1.14	147.3
28.00															1.63	357.6	1.22	167.7
30.00															1.70	383.0	1.31	189.2
32.00															1.76	409.2	1.40	211.9
34.00															1.83	436.1	1.48	235.6
36.00																	1.57	260.4
38.00																	1.66	286.2
40.00																	1.75	313.1
42.00																	1.83	341.0
44.00																	1.92	369.9
46.00																	2.01	399.8

表 6-14 管道的计算内径

公称直径	mm	20	25	32	40	50	65	80	90	100
	in	3/4	1	5/4	3/2	2	5/2	3	7/2	4
计算内径/mm		14.4	20.4	26.0	32.6	40.3	51.4	61.2	73.6	90.0

⑦ 计算管段的局部阻力 P_j

$$P_j = P_d L_j \tag{6-37}$$

式中，P_j 为计算管段的局部阻力，Pa；L_j 为计算管段管件的当量长度，m，可按表 6-15 计算。

⑧ 计算管段的总阻力 P_z

$$P_z = P_y + P_j \tag{6-38}$$

式中，P_z 为计算管段的总阻力，Pa。

表 6-15　管件当量长度表

名义管径		弯头的当量长度/m				T形三通的当量长度/m			
		90°标准型	90°长半径型	45°标准型	180°标准型	旁流三通	直流三通	直流三通后缩小 1/4	直流三通后缩小 1/2
3/8″	DN10	0.4	0.3	0.2	0.7	0.8	0.3	0.4	0.4
1/2″	DN12	0.5	0.3	0.2	0.8	0.9	0.3	0.4	0.5
3/4″	DN20	0.6	0.4	0.3	1.0	1.2	0.4	0.6	0.6
1″	DN25	0.8	0.5	0.4	1.3	1.5	0.5	0.7	0.8
5/4″	DN32	1.0	0.7	0.5	1.7	2.1	0.7	0.9	1.0
3/2″	DN40	1.2	0.8	0.6	1.9	2.4	0.8	1.1	1.2
2″	DN50	1.5	1.0	0.8	2.5	3.1	1.0	1.4	1.5
5/2″	DN63	1.8	1.3	1.0	3.1	3.7	1.3	1.7	1.8
3″	DN75	2.3	1.5	1.2	3.7	4.6	1.5	2.1	2.3
7/2″	DN90	2.7	1.8	1.4	4.6	5.5	1.8	2.4	2.7
4″	DN110	3.1	2.0	1.6	5.2	6.4	2.0	2.7	3.1
5″	DN125	4.0	2.5	2.0	6.4	7.6	2.5	3.7	4.0
6″	DN160	4.9	3.1	2.4	7.6	9.2	3.1	4.3	4.9
8″	DN200	6.1	4.0	3.1	10.1	12.2	4.0	5.5	6.1

6.5.2.2　循环泵的选择

根据水力计算的结果，合理确定循环水泵的流量和扬程，并确保水泵的工作点在高效区。同时，应选择与防冻液兼容的水泵类型。根据许多工程的实际情况，地埋管系统循环水泵的扬程一般不超过 32m。扬程过高时，应加大水平连接管管径，减小比摩阻。管径引起的投资增加不多，而水泵的电耗是长期的。为了减少能耗，节约运行费用，可采用水泵台数控制或循环泵的变流量调节方式。

当系统较大、阻力较高，且各环路负荷特性相差较大，或压力损失相差悬殊（差额大于 50kPa）时，亦可考虑采用二次泵方式，二次水泵的流量与扬程可以根据不同负荷特性的环路分别配置，对于阻力较小的环路可以降低二次泵的扬程，做到"量体裁衣"，避免无谓的浪费。

在设计中，根据地埋管换热系统水力计算的设计流量 M_{de}、换热系统环路总的阻力损失 $\Sigma\Delta H$，再分别加 10%~20% 的安全因数后作为选择循环泵组时所需要依据的流量和扬程（压头），即

$$M_P = 1.1 M_{de} \tag{6-39}$$

$$H_P = (1.1\sim1.2) \Sigma\Delta H \tag{6-40}$$

根据公式（6-39）～式（6-40）和水泵特性曲线或特性表，选择循环水泵。在选择中应注意：

① 为了减少造价和占机房面积，一般台数不宜过多（不应超过 4 台）。

② 如选两台泵，应选择其工作特性曲线平坦型的。

③ 水泵长时间工作点应位于最高效率点附近的区间内。

6.5.2.3 管材承压能力的校核

地埋管换热系统设计时应考虑地埋管换热器的承压能力，若系统压力超过地埋管换热器的承压能力，可设中间换热器将地埋管换热器与室内系统分开。管路最大压力应小于管材的承压能力。若不计竖井灌浆抵消的静压，管路所承受的最大压力等于大气压力、重力作用静压和水泵扬程一半的总和，即可采用如下公式进行压力校核：

$$p = p_0 + \rho g h + 0.5 p_h \tag{6-41}$$

式中，p 为管路最大压力，Pa；p_0 为建筑所在地大气压，Pa；ρ 为地埋管中流体密度，kg/m^3；h 为地埋管最低点与闭式循环系统最高点之高差，m；p_h 为水泵扬程，Pa。

6.6 地埋管换热系统设计实例

6.6.1 工程概况

工程位于江苏省中部某市，为一高档住宅小区。建筑总面积为 $175580m^2$，建筑类型包括多层花园洋房、小高层、高层住宅。经计算其总冷负荷为 9555.45kW，总热负荷为 7318.33kW。针对小区的高标准及其示范性，经甲方要求，拟建成以地热能作为冷热源的集中供冷暖系统，其配套建筑面积为 $161893m^2$。

6.6.2 系统分区与机房冷热源配置

由于工程量比较大，经甲方要求，整个小区的土壤源热泵系统根据工程分期按照两个独立的分区进行配套设计，即一、二期工程分别设计一套地埋管系统与冷热源机房，且地埋管采用地下车库面积进行埋设，以节省地面占地空间。为此，考虑到小区平面布置、地下车库及建设分期情况，以一、二期工程建设的建筑住宅进行分区，具体为：一期工程建设中的 14 栋建筑作为 1♯ 区域集中配置一个冷热源机房，二期工程建设中的 22 栋建筑作为 2♯ 区域集中配置一个冷热源机房。经负荷计算，并考虑到用户的同步使用系数可得 1♯ 区域的设计冷热负荷分别为 2246.96kW 与 1772.41kW，2♯ 区域的设计冷热负荷分别为 3846.31kW 与 2668.58kW。机房设置位置考虑到连接管路的方便、就地利用地下车库面积及减少地面冷却塔运行对小区居民的干扰，分别置于小区两侧地下车库。

在冷热源配置上，考虑到冬夏季冷热负荷的差异及地下冬夏季取放热量的平衡问题，为了更高效地利用地能系统，并减少系统钻孔埋管的费用以节省初投资，地埋管的设计以满足冬季采暖为主，夏季则辅以冷却塔作为补充散热冷却装置，以满足夏季的排热要求及地下热平衡，即采用冷却塔混合式土壤源热泵系统。参照上述冷热源配置设计思路及冷热负荷设计值，可得如下表 6-16 机组设备选型。在系统运行方式上，考虑到夏季负荷大于冬季负荷，则对于 1♯与 2♯区域，冬季分别停开 YSSR-700B/2 与 YSSR-1200A/2 机组，并以埋管作为热源。夏季则所有机组全开，并以冷却塔作为辅助冷源。

表 6-16　热泵机组选型

区域	型号	制冷量/kW	制冷输入功率/kW	制热量/kW	制热输入功率/kW	台数/台
1♯ 区域	YSSR-900B/2	882	169.4	945	217.8	2
	YSSR-700B/2	656	125.4	703	161.4	1
2♯ 区域	YSSR-900B/2	882	169.4	945	217.8	3
	YSSR-1200A/2	1240	233.2	1380	319.6	1

6.6.3　地埋管换热系统的设计

（1）地下钻孔深度的设计

① 确定冬夏季土壤吸放热量

$$夏季放热量：Q_c = Q_0 \left(1 + \frac{1}{COP_c} \right) \tag{6-42}$$

$$冬季吸热量：Q_h = Q_1 \left(1 - \frac{1}{COP_h} \right) \tag{6-43}$$

将具体数值代入以上两式可得 1 号区域夏季向土壤放热量与冬季从土壤吸热量分别为 2808.7kW 与 1329.3kW，2 号区域夏季放热量与冬季吸热量分别为 4808.5kW 与 2001.4kW。

② 确定地下钻孔深度。根据甲方提供的本工程现场土壤热响应测试报告可得：土壤原始平均温度为 17.8℃，对于 $DN25mm$ 的双 U 形 PE 埋管，钻孔深度 83m，埋管深度为 80m，管道流速为 0.4~0.7m/s，夏季进水温度为 30~38℃时，单位井深放热量 q_c 为 70~80W/m；冬季进水温度为 5~10℃时，单位井深吸热量 q_h 为 55~60W/m。鉴于地埋管数量比较大，且埋管面积的有限性，本工程采用双 U 形埋管方式，q_c 取 75W/m，q_h 取 58W/m，将具体数据代入上述工程概算法中的式（6-25）与式（6-26），可得 1♯与 2♯区域的冬夏季要求的钻孔数量与埋管长度，分别见表 6-17 与表 6-18。

分析表 6-17 与表 6-18 的数据可以看出，冬夏季所需钻孔埋管数量相差比较大，从钻孔总深度来看，1＃区域夏季制冷工况所需钻孔比冬季多 38.8％（14531m），2＃区域夏季比冬季多 46.2％（29607m）。因此，考虑到钻孔费用及冬夏季土壤热平衡问题，取冬季供暖工况作为埋管设计依据，并辅以冷却塔作为夏季补充散热，故 1＃区域的总设计钻孔深度为 22919m，钻孔总数量 328 个，2＃区域的总设计钻孔深度为 34507m，钻孔总数量 493 个，单孔设计深度均为 70m，采用双 U 形埋管并联连接，辅助冷却塔容量的确定见下面。

表 6-17 1＃区域钻孔埋管设计数据

夏季制冷工况		冬季供暖工况	
总设计冷负荷/kW	3846.96	总设计热负荷/kW	1772.41
土壤总放热量/kW	2808.7	土壤总吸热量/kW	1329.3
钻孔总深度/m	37450	钻孔总深度/m	22919
单孔深度/m	70	单孔深度/m	70
钻孔数量/个	535	钻孔数量/个	328
埋管总长度/m	149800	埋管总长度/m	91676

表 6-18 2＃区域钻孔埋管设计数据

夏季制冷工况		冬季供暖工况	
总设计冷负荷/kW	2246.81	总设计热负荷/kW	2668.58
土壤总放热量/kW	4808.5	土壤总吸热量/kW	2001.4
钻孔总深度/m	64114	钻孔总深度/m	34507
单孔深度/m	70	单孔深度/m	70
钻孔数量/个	916	钻孔数量/个	493
埋管总长度/m	256456	埋管总长度/m	138028

（2）地埋管系统的排列与布置　地埋管系统的排列与布置既要考虑现场可用埋管面积及施工安装与检修方便等因素，也要考虑系统换热与流动阻力要求。根据以上计算与现场实际情况，本工程埋管系统分为两个独立的区域，埋管均采用 DN25 的双 U 形管形式，钻孔深度为 70m，所有钻孔埋管均采用并联同程连接，分组采用两级分集水器的形式，以确保每个钻孔的进出口压力与流量一致，其中一级分集水器置于地源热泵机房内，二级分集水器置于专设的窗井内，分组的地埋管环路首先接入相应的二级分集水器，各二级分集水器总管再接入机房内一级分集水器，且加装流量平衡阀，这样就避免了环路过多且各个环路阻力相差过大造成的水力失调现象。具体的钻孔数量、阵列形式与布置见表 6-19 及图 6-11 和图 6-12，其中表 6-19 中阵列形式的第 1 个数字代表一级分集水器的连接环路数，第 2 个数字代表二级分级水器的连接环路数，第 3 个数字代表二级分集水器每个支环

路所连接的钻孔数，具体可参见图 6-11 所给出的埋管阵列布置原理图及图 6-12 并联环路管径分布图。

表 6-19 钻孔埋管布置与排列形式

区域	钻孔数/个	单孔深度/m	阵列形式	钻孔间距/m	埋管区域占地面积/m²	连接方式	埋管形式	U 形管数量/个
1#	330	70	6×5×11	5×5	7250	并联	双 U	660
2#	490	70	7×7×10	5×5	17280	并联	双 U	980

6.6.4 辅助冷却塔容量的确定

辅助冷却塔容量的确定可以采用下述计算公式：

$$Q_{cooler} = Q_{system} (L_c - L_h) / L_c \tag{6-44}$$

式中，Q_{cooler} 为冷却塔的设计散热能力，kW；Q_{system} 为夏季系统的排热量，kW；L_c 为夏季工况地埋管的设计长度，m；L_h 为冬季工况地埋管的设计长度，m。

将具体参数代入式（6-44）可得 1# 与 2# 区域所需辅助冷却塔的容量 Q_{cooler} 分别为 1089.8kW 与 2220.5kW。

为了校核计算结果的正确与否，可以通过式（6-45）所给出的简单能量平衡关系来进行检验，计算结果见表 6-20 所示。

$$埋管放热量 + 冷却塔散热量 = 制冷量 + 压缩机功耗 \tag{6-45}$$

从表 6-20 的计算结果可以看出，左右两边基本相等，考虑水平埋管部分的放热能力，则完全可以满足夏季设计要求。

表 6-20 冷却塔散热能力校核

区域	埋管放热量/kW	冷却塔散热量/kW	制冷量/kW	输入功率/kW
1#	1718	1089.8	2420	464.2
	合计：2807.8		合计：2884.2	
2#	2588	2220.5	3886	741.4
	合计：4808.5		合计：4627.4	

6.6.5 地埋管系统流量的确定

地埋管系统的流量等于热泵主机冷却水流量，可确定如下：

$$M = 3.6 Q_c / (c_p \Delta t) \tag{6-46}$$

式中，M 为地埋管系统总流量，m³/h；Q_c 为增加冷却塔辅助后系统通过埋管向土壤中的放热量，kW，可由全部埋管承担时土壤的总放热量减去冷却塔承担的散热量得出；Δt 为设计工况冷却水进出口温差，℃，一般可取 4~5℃；c_p 为水的定压质量比热容，4.19kJ/（kg·℃）。

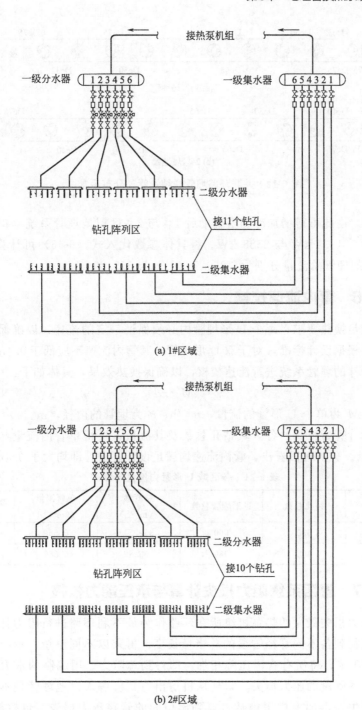

(a) 1#区域

(b) 2#区域

图 6-11　地埋管系统布置阵列原理图

由上面的计算可知，1#区域与2#区域埋管全部承担时土壤的总放热量分别为 2808.7 kW 与 4808.5 kW，对应冷却塔辅助的散热量分别为 1089.8 kW 与

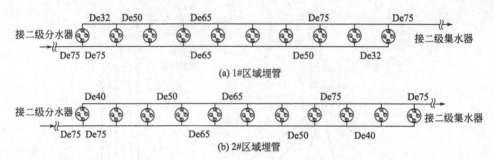

图 6-12　并联环路埋管联结及管径分布示意图

2220.5 kW，由此可得增加冷却塔辅助后 1♯ 与 2♯ 区域地埋管系统承担的土壤放热量分别为 1718.9 kW 与 2588 kW。将具体参数代入式（6-46）可计算得出 1♯ 与 2♯ 区域的埋管总流量分别为：369.21m³/h 与 555.89m³/h。

6.6.6　管内流速校核

为了满足换热要求，每个 U 形埋管内必须保证一定的流速，以确保流动处于紊流状态。根据设计标准，对于双 U 形埋管，其管内流速不应低于 0.4m/s，为此必须对所设计的埋管系统进行流速校核，以确保换热效果，具体如下：

$$V = 4M'/\pi d^2 \tag{6-47}$$

式中，M' 为单个 U 形管的流量，m³/h；d 为埋管的内径，m。

由上面计算所得到的各区域钻孔总数及其流量，可得单管内流量与流速，如表 6-21 所示。分析可以看出，管内流速均满足设计要求，即均大于 0.4m/s。

表 6-21　各区域 U 形管内流量与流速

区域	钻孔总数	U 形埋管总数	总流量 /(m³/h)	单管流量 /(m³/h)	管内流速 /(m/s)
1#	330	660	369.21	0.559	0.509
2#	490	980	555.89	0.567	0.482

6.6.7　管路系统阻力损失计算与承压能力校核

选择压力损失最大的热泵机组所在环路作为最不利环路进行阻力计算。采用当量长度法得到各不同管径管段的总当量长度，再乘以不同流量、不同管径管道每 100m 的压降，将所有管段压降相加，即得到总阻力。用编制的水力计算程序分别计算出各管段的压力损失，得到从机房出口到机房入口地埋管最不利环路管段总压力损失，再加上机房内从入口到出口间的管路压力损失（包括热泵机组、各种阀和其他设备元件等的压力损失），则可计算出系统总的水力损失约为 28mH₂O（1mH₂O=9.8×10³Pa），据此及流量便可以选择水泵。

地埋管换热系统设计时应考虑地埋管换热器的承压能力，管路最大压力应小

于管材的承压能力，将具体数据带入式（6-41）可得该系统的最大压力为
0.97Ma，而管材的最大承压能力为 1.25MPa，因此，满足设计要求。

6.6.8　地下热平衡计算

地下土壤全年热平衡是土壤源热泵高效运行的前提之一，解决不好则会影响
系统的能效，从而不能充分发挥土壤源热泵的优势。对于全年地下土壤的散热量
或取热量可分别按式（6-48）与式（6-49）计算如下：

$$Q_s = Q_1 \times T_1 \times T_2 \times 3600/1000 \qquad (6-48)$$

$$Q_q = Q_2 \times T_3 \times T_4 \times 3600/1000 \qquad (6-49)$$

式中，Q_s、Q_q 分别为夏季向土壤的总散热量与冬季土壤的总取热量，MJ；
Q_1、Q_2 分别为夏季与冬季土壤的平均散热与吸热率，kW；T_1、T_3 分别为夏季与
冬季的运行天数，d；T_2、T_4 分别为夏季与冬季每天的运行小时数，h。

根据当地的气候特点及人们的生活习惯，按照全年夏季制冷运行 120d，冬天
供暖运行 100d，每天运行 10h 来计算，将具体数值代入以上公式（6-48）与式
（6-49），可得如下土壤负荷及对应的冷却塔辅助散热运行时间，见表 6-22。

表 6-22　地埋管系统热平衡计算

区域	夏季放热量/MJ	冬季取热量/MJ	差值/MJ	冷却塔辅助散热运行时间/h
1#	7.43×10^6	4.79×10^6	2.64×10^6	672.9
2#	11.2×10^6	7.21×10^6	3.97×10^6	496.6

分析表 6-22 可以看出，全年夏季向土壤中的排热量均大于冬季取热量，其中
1# 区域放取热量差值为 2.64×10^6 MJ，2# 区域差值为 3.97×10^6 MJ，为了平衡
这部分热量，可采取开启冷却塔补充散热来实现，经计算可得 1# 与 2# 区域冷却
塔的补充散热运行时间，见表 6-22。如果运行时间改变，使用该方法亦可计算出
其他运行方式下冷却塔所需的额外运行时间。

6.7　地埋管换热系统专用设计软件

地埋管换热器的设计现在基本上由计算方便快捷的计算机软件来完成。正确
地设计地埋管换热器，无论对于垂直埋管或是水平埋管都是保证热泵正常运行的
关键因素。需要计算的主要有两种工况：

① 最大热负荷（或最大冷负荷），流体温降（或温升）不超过允许值。

② 系统的长期稳定性，供暖与供冷季节负荷如果不平衡的话，将逐年的向土
壤吸热（或释热），导致土壤供热（或供冷）能力下降。

土壤源热泵系统专用设计软件应具有以下功能：

① 能计算或输入建筑物全年动态负荷；

② 能计算当地岩土体平均温度及地表温度波幅；

③ 能模拟岩土体与换热管间的热传递及岩土体长期储热效果；

④ 能计算岩土体、换热工质及换热管的热物性；

⑤ 能对所设计系统的地埋管换热器的结构进行模拟（如钻孔直径、换热器类型、灌浆情况等）。

目前，在国际上比较认可的地埋管换热器的计算核心为瑞典隆德大学开发的 g-函数算法。主要软件如 EED、TRNSYS 和 GLHEPRO 软件等。

(1) EED 程序　20 世纪八九十年代瑞典隆德 Lund 大学的两位研究者 Eskilson 和 Hellstrom 提出了一种基于叠加原理的新思路，也称为 g-函数方法。他们利用解析法和数值法混合求解的手段精确地描述了单个钻孔在恒定热流加热条件下的温度响应，再利用叠加原理得到多个钻孔组成的地埋管换热器在变化负荷作用下的实际温度响应。这种方法中采用的简化假定最少，可以考虑地埋管换热器的复杂的几何配置和负荷随时间的变化，同时可以避免冗长的数值计算。g-函数法是介于经验计算与费时的数值计算之间的一种方法。

(2) TRNSYS 程序　TRNSYS 软件中地埋管换热器的计算模型也是 g-函数法，该模型与其他暖通空调组件相结合，功能更加强大。TRNSYS（Transient System Simulation Program）是一套完整的和可扩展的瞬时系统模拟软件。TRN-SYS 软件最早于 1975 年由美国威斯康星大学太阳能实验室的研究人员开发，并在欧洲一些研究所的共同努力下逐步完善。TRNSYS 的组件模型库提供了一百多个常用的组件模型和更多的附加组模型，包括了建筑、HVAC 设备、控制、气象模型、太阳能、蓄热、地埋管等各种各样的常用组件。TRNSYS 的时间步长可以以 h、min、s 为单位，可以对系统的控制过程和响应进行比较准确的模拟，对风、水系统的瞬时特性和滞后特性的模拟与实际系统更为接近。基于上述特点，TRN-SYS 软件非常适合于建筑能耗动态模拟计算和土壤源热泵系统的仿真模拟及优化分析。

(3) GLHEPRO 程序　美国俄克拉荷马州立大学（OSU）开发的 GLHEPRO 程序基于瑞典隆德大学开发的热传导模型，它可以在一年或多年分析的基础上计算竖直地埋管换热器的长度。这种仅考虑热传导的多年工况分析模型适用于无地下水流动、年度吸热量和释热量不平衡、采用辅助散热装置的地区。GLHEPRO 在标准的 Windows 用户界面上运行，容易理解，操作简便。用户将设计过程的一些信息，例如，地面钻井的配置、循环液体属性的选择，输入对话框。其中建筑为每月冷热负荷的峰值是一项重要的输入。该程序提供了一个界面，可以从几个建筑物的能量分析程序中直接读取负荷。这些 Windows 程序有 BLAST，Trane System Analyzer 和 HVAC Load Calculations。GLHEPRO 可进行地下环路换热器的模拟试验。用户可以通过试验确定进入热泵流体温度的最大值，还有每月平均气体温度和热泵的能量消耗。而且，GLHEPRO 还可以确定能满足用户指定进泵流体温度范围的钻进深度。

（4）GchpCale 软件程序　亚拉巴马州塔斯卡卢萨的能源信息服务机构开发，建立在利用稳态方法和有效阻力方法近似模拟的基础上，能根据设计条件下的吸热量和散热量对竖直地埋管换热器进行选型。该程序可以针对多年工况进行分析，但目前仅用于一年期的分析。该程序还可以将覆盖层和岩土体的多层结构考虑在内，也可同时对竖直和水平地埋管换热器选型。该程序采用的方法是在阿肯色大学 Hart 和 Couvillion 开发的热传导模型的基础上发展而成的。Gchp Calc 模型是根据设计条件下岩土体吸收或放出的热量来计算换热器长度的。

（5）GLD　由国际地源热泵协会中国委员会（萨斯特公司）提供翻译，已有中文版可供使用。GLD（Ground Loop Design）地下环路设计软件是一种模块化的地源热泵地下环路设计软件，由美国加利福尼亚州 Gaia Geothermal 公司设计开发，由明尼苏达州 Thermal Dynamics 提供专业技术支持。该软件在美国近十年实际工程科研、应用当中，成功支持了众多大型地源热泵系统工程的设计和施工，得到了国际地源热泵协会（IGSHPA）好评并在全球范围内推荐使用。GLD 软件能够帮助受过训练的暖通空调设计师和工程师，根据一系列输入的基础参数，对各种民用和商业建筑进行地下环路形式和尺寸的设计，可进行多种设计方案比较、选择；适合进行各种地下热交换器设计、负荷输入、设备选型、复合式系统和用户个性化定制（可针对特定的机组制造企业和专业设计院所进行定制）。软件模块化设计可以为设计师创造灵活、便捷的设计环境，在设计、分析软件的支撑下，可以进行许多新技术的创新和针对特别地质条件的成熟技术拓展。GLD 软件具有清晰友好的用户界面和设计接口。中文版 GLD 地下环路设计软件系统提供了设计环境，包括设备尺寸的确定，钻井或管路的长度，竖直管沟和利用浅表水的商业项目中管路要求。

（6）地热之星 GeoStar　地热之星由山东建筑大学地源热泵研究所的研究人员在消化吸收国外先进技术的基础上，博采众长，独立开发的具有自主知识产权的地埋管换热器设计和模拟计算的专业软件。该软件采用动态传热模型，可以模拟地源热泵和地埋管换热器系统在长达 20 年的时间里的工作状态，并带有大量设计所必需的基础数据。该设计软件已成功地应用于山东建筑大学学术报告厅等多个国内地源热泵空调项目的设计。

第7章
土壤热平衡问题及其控制

　　土壤热平衡对于土壤源热泵系统长期高效稳定运行至关重要，是当前土壤源热泵技术正确推广与健康发展的关键，它不仅决定了该系统的市场竞争优势，也决定了该项技术的节能与环保性乃至未来的可持续发展性。本章在阐述土壤热平衡概念、土壤热失衡原因、危害及其控制措施的基础上，提出了设计方案及其控制中有待解决的关键问题，重点分析了影响土壤热平衡各因素的影响规律及复合式系统的设计与控制。

7.1　土壤热平衡

7.1.1　土壤热平衡的概念

　　土壤热平衡问题是随着土壤源热泵应用地域的延伸及其使用规模的不断扩大而产生的。土壤热平衡问题作为近些年土壤源热泵应用中所出现的亟待解决的难点及关键问题，已在一定程度上直接影响了其正确推广与健康发展。从工作原理上来看，土壤源热泵是利用地下土壤作为其吸热（热源）与排热（冷源）的场所，夏季将室内余热取出供暖的同时，将热量排至地下储存以备冬用；冬季又将夏季储存的热量从地下取出供暖后储存冷量以备夏用，如此往复实现能源的可再生化与高效利用。因此，从工作原理上，土壤源热泵实质上是一种以地下土壤作为蓄能体的跨季节地下蓄能与释能系统。在这里，地下土壤是具有蓄能功能的“蓄能体”，而不是简单的“冷源”或“热源”。要保持土壤源热泵系统能够长期高效运行，就必须保证这一“蓄能体”在以年为运行周期的“恒温”特性。也就是说，在完成一个运行周期后，地下土壤温度能够恢复至初始状态。然而，对于年均冷热负荷非平衡地区，土壤源热泵地下埋管全年对地下土壤的取放热量会不一致，形成所谓的“冷热堆积”，从而导致土壤温度偏离其作为理想冷热源时的初始温度，并呈现逐年升高或降低的趋势，即土壤热平衡问题。因此，土壤热平衡问题的关键是在运行周期内土壤温度的恢复。

　　综上分析可以看出，所谓土壤源热泵的土壤热平衡，并非字面意义上所要求的绝对的地下取放热量的完全相等，而是说在一个运行周期内（通常以年为时间尺度），土壤通过自身的储能与传热扩散，在消除一定冷热负荷不平衡率带来的影响后，地下土壤温度能恢复或接近至初始状态，即使地下取放热量并不完全相等，也可认为符合热平衡原则。因此，土壤热平衡控制的关键是地下换热区域的土壤温度在完成一个运行周期后能够自我恢复，从而保证其作为理想热源的"恒温"特性，这就是土壤热平衡问题的实质。

7.1.2 土壤热失衡的原因

7.1.2.1 冷热负荷差异

土壤源热泵以大地浅层土壤作为热源与热汇，在冷、热源交替应用过程中实现交替蓄能与再利用。其中大地作为热源时的取热量（蓄冷）与作为热汇时的排热量（蓄热）间的差距大小是土壤源热泵是否可持续高效运行的关键。我国幅员辽阔，地区气候差异较大，从而使得大部分地区建筑物全年冷、热负荷相差甚大，由此导致埋管全年对地下土壤的取放热量不一致，形成所谓的地下土壤"热堆积"，即土壤热失衡，从而使得大地土壤能量库靠自身难以得到恢复，以至于无法循环再利用，这是造成土热平衡问题的根源，也是难以改变的客观因素。作为后果，长期运行后"冷热堆积"会超出土壤自身对热量的扩散能力，从而导致土壤温度逐渐偏离其原始温度，并逐年升高或降低，从而降低系统的运行效率。

7.1.2.2 设计问题

设计不合理是造成土壤热失衡问题的重要人为因素之一。土壤源热泵在冬夏交替运行过程中，地下土壤作为能源载体及其传递介质，其温度变化总是由埋管附近沿径向方向逐渐向外层传递，其中单位钻孔的热扩散半径及其扩散体积对于其周围土壤温度的升高或降低幅度至关重要。由于土壤本身是一个巨大的蓄能体，在蓄存能量一定时，蓄能体积的增大会降低土壤平均温度的变化幅度，因此在合理的布孔间距下，各埋管间不会产生热干扰，在避免各自温度波叠加的同时，可有效减缓土壤温度的上升或下降速度。同时，适当增加埋管深度，以降低单位钻孔深度负荷率及增加蓄能体体积，也可减缓土壤热失衡问题。如果为了节省占地面积，埋管布置过密，不仅产生热干扰而导致各钻孔温度波叠加，而且也缩小了单位钻孔的热扩散半径及蓄能体的体积，从而会加速土壤温度的变化，形成"热堆积"。因此，设计人员对埋管的布局是造成土壤热失衡问题的一个极为重要的人为因素。

7.1.2.3 施工问题

施工问题是造成土壤热失衡问题的另一重要人为因素之一。尽管设计人员在设计阶段充分考虑了土壤热平衡问题，且按要求布置了埋管形式及其设计参数，同时也考虑了辅助冷热源方案。但由于施工阶段缺乏有效的衔接及监督，再加上施工人员本身专业知识的不足，从而造成未按设计要求施工，最终导致设计与施工脱节。

7.1.2.4 运行管理问题

一套设计优良的土壤源热泵系统，如果运行管理不当，也会造成土壤热失衡问题。目前，绝大多数系统在设计时都考虑了平衡冷热负荷差距所需的辅助冷热源设备。然而，在实际运行过程中，运行管理人员由于各种原因，不按规定及时启停辅助冷热源设备，导致系统冬夏季节土壤的取放热量不平衡率高于设计值，从而导致热堆积，这在实际运行环节是一个不可忽视的因素。

7.1.3 土壤热失衡的危害

7.1.3.1 系统运行效率降低

如前所述，对于大面积管群阵列式地埋管系统，土壤热失衡的最大危害在于长期运行后埋管区域土壤的"冷、热堆积"，这会导致土壤温度逐渐偏离其作为理想冷热源时的原始温度，并呈现出逐年升高或降低趋势，从而导致热泵蒸发温度的降低或冷凝温度的升高，最终会使系统运行效率降低甚至恶化，从而失去土壤源热泵所具有的节能优势。图 7-1 与 7-2 分别给出了蒸发温度与冷凝温度对热泵 COP 的影响，图中冷凝与蒸发温度分别设定为 50℃与 0℃。从图中可看出，在冷凝温度/蒸发温度一定时，热泵 COP 随蒸发温度的降低/冷凝温度的升高而迅速下降。因此，如何保证土壤热平衡是土壤源热泵系统长期高效运行的关键。

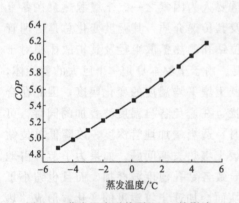

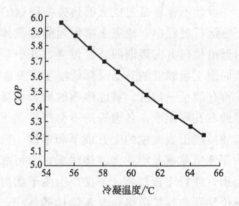

图 7-1　蒸发温度对热泵 COP 的影响　　　图 7-2　冷凝温度对热泵 COP 的影响

7.1.3.2 对局部土壤热环境影响

（1）对大地热流的影响　大地热流作为来自地球内部的能量在地球圈层耦合过程中的作用和对生态环境的影响已逐渐引起有关学者的注意，通常把单位时间内由地球内部以导热方式通过单位地球表面散失的热量称为大地热流，它是土壤温度梯度与热导率的乘积。已有研究表明：各地生态环境的优劣与区域大地热流有密切的关系，通常大地热流较高的地区生态体系发育较好，生态环境优越；而大地热流较低的地区生态环境比较恶劣。大地热流的高低决定了一个地区地表生态系统能量供给的下限（即温度下限），可能制约了一些地区生态系统物种的多样性，进而影响到区域生态系统的稳健性。同时，大地热流的脉动还影响区域大气系统下垫面的热力背景和气流运动，从而影响降水的分布和区域气候的干湿程度。大地热流的高低与区域地温梯度以及岩土的热导率密切相关。一个地区地下岩土热导率通常可认为不变，但地温梯度则与地表温度、地下岩土温度分布及深度有关。如上所述，由于土壤源热泵取放热量不平衡所形成的热堆积必然会引起土壤温度场的变化，进而造成地温梯度的变化而影响到大地热流，这无疑会对地表生态系统带来难以预测的影响。

（2）对生物生长的影响 温度是影响生物生长发育最重要的因素之一，所有生物都是在一定的温度条件下生长、发育、繁殖和活动。通常把作物生命活动过程中所要求的最适温度以及能忍耐的最低和最高温度统称为三基点温度。在最适温度条件下作物的生命力强盛、生长发育迅速而正常，当临近其所能忍受的最低或最高温度时，作物一般会停止发育，但仍能维持生命，如果温度持续降低或升高，作物就会受害直至死亡。土壤温度的变化也会影响植物根系活动，从而影响其对营养元素的吸收。各种生物只分布在它们所能耐受的温度范围内，因此土壤温度是生态系统存在和演化的重要限制因子。由前面的分析可知，土壤热失衡会导致土壤温度的逐年持续升高或降低，一旦其超过原有生物活动所要求的三基温度，则必然会导致某些生物群落的灭亡，引起生物种类的重新分布，最终影响到整个区域生态环境的变化。

7.2 土壤热平衡的设计与控制

7.2.1 土壤热平衡的设计

7.2.1.1 设计依据

土壤热平衡的设计以全年埋管总的取放热之比为依据，应进行全年动态负荷计算，最小计算周期宜为一年。计算周期内，土壤源热泵系统的总释（排）热量宜与其总吸（取）热量相平衡。定义全年累积排、取热量之比 r_{al} 为：

$$r_{al} = \frac{全年累积地下总排热量}{全年累积地下总取热量} \qquad (7\text{-}1)$$

则依据 r_{al} 是否大于或小于 1，可判断出地下土壤温度会升高或降低。

根据土壤的热平衡状况：即不同地区气候条件、不同功能的空调房间和不同运行方式所形成的累积排热量与累积取热量的状况，其历年负荷总量累积曲线如

图 7-3 所示。

图中曲线①、④为累积平衡型，即全年累积取排放热量相等。其中，冬季开始供热使用，然后在夏季制冷，全年冬夏季取排热总量相等，则负荷总量变化曲线为曲线①。反之，夏季开始制冷使用，然后在冬季供热，则为曲线④。显然，冬季开始投入使用的工程，有利于夏季季节能效比的提高；夏季开始投入使用的工程，有利于冬季季节能效比的提高。累积平衡型是土壤源热泵土壤热平衡的理想情况，是保证土壤源热泵长期高效运行的关键。

曲线②为累积排热型，该曲线意味着地埋管换热器周围岩土中累积的热量逐渐增加，温度逐渐上升，热泵排热的能效比逐年下降，最终不能运行。这种情况下必须采取措施增加取热量，将累积排热型调整为平衡型，才能实现土壤源热泵的长期持续使用。

曲线③为累积取热型。在这种负荷总量变化特征下长期运行，负荷总量累积曲线将逐年向下偏离零总负荷线，这意味着地埋管换热器周围岩土温度逐年下降，使土壤源热泵取热的能效比逐年下降，最终仍不能运行。这种情况调控的关键措施是增加排热。

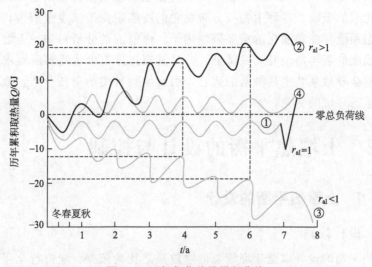

图 7-3　历年负荷总量累积曲线

7.2.1.2　设计方案

根据地下累积排热量和取热量的平衡状况及我国不同地域气候特点、不同功能的空调房间、不同运行方式及不同的现场冷热源条件，提出以下 13 种可能的土壤热平衡设计方案：

（1）平衡型（全年取排热量相等）

方案 1：地埋管＋地源热泵机组

（2）累积排热型（以空调为主）

方案 2：地埋管＋热泵机组＋冷却塔

方案 3：地埋管＋热回收热泵机组

方案 4：地埋管＋热回收热泵机组＋冷却塔

方案 5：地埋管＋双冷凝器热泵机组＋闭式冷却塔

方案 6：地埋管＋热泵机组＋喷泉

方案 7：地埋管＋热泵机组＋河水源

方案 8：地埋管＋热泵机组＋扩大供热面积

（3）累积取热型（以供暖为主）

方案 9：地埋管＋热泵机组＋辅助热源

方案 10：地埋管＋热泵机组＋太阳能

方案 11：地埋管＋热泵机组＋通风表冷器

方案 12：地埋管＋热泵机组＋热源塔

方案 13：地埋管＋热泵机组＋锅炉

7.2.2 土壤热平衡控制的技术措施

7.2.2.1 纠正对土壤源热泵认识

正确认识与理解土壤源热泵的实质，并为其进行正名，不要再认为土壤源热泵是一种利用浅层土壤中"取之不尽，用之不竭"的"恒温"地热能来实现采暖空调目的的技术，而应该把该"恒温带"冷热源当作"蓄能体"来使用，即从地下取多少热就应该在同一年中放多少热，以保持这一热源的恒温特性。这是解决地下热平衡问题的意识问题，并也逐渐成为目前正确设计与使用系统，以解决地下热失衡问题的前提与关键。

7.2.2.2 系统热平衡的校核计算

系统设计前应对拟建项目进行全年动态负荷计算及至少一年的地下埋管区土壤温度场的数值模拟，掌握全年负荷特征及地下土壤温度的变化趋势，并考虑过渡季及间歇运行时土壤温度恢复情况。在此基础上，以年为时间尺度，以土壤温度复原作为评价基准，来对地下埋管的深度、数量及间距进行优化设计。

7.2.2.3 辅助冷热源的设置与控制

对冬夏两季负荷差距较大地区，应考虑加装辅助冷热源设备，以减小或消除地下埋管取放热量的不平衡率。热负荷大于冷负荷的北方地区，可以夏季负荷来设计埋管长度，并辅以锅炉或太阳能集热器作为补充热源。而空调冷负荷大于热负荷的南方地区，则可以冬季负荷来计算埋管长度，并采用辅助冷却塔或热回收技术来减少系统对土壤的排热量。同时，应通过全年动态模拟来得出辅助冷热源设备的开启条件及时间。

7.2.2.4 埋管的合理设计及其运行监控

埋管设计时，可与热泵机组对应设置成多组回路，交替使用。部分负荷时，可优先考虑使用外围环路，以加速周边埋管土壤聚集冷热量的扩散，避免中心局部过热。同时在埋管区土壤中心位置设置温度传感器，及时监控土壤温度的变化，一旦温度超过设定值时预警，同时开启辅助调峰设备，避免冷热堆积。在埋管布置上，条件允许时，可以通过增大埋管布置间距、减小地埋管换热器单位深度承担的负荷等措施来减小换热器的密集度。

7.2.2.5 规范化的运行管理

加强和规范对土壤源热泵系统的运行管理，是落实前期优化设计措施、解决土壤热失衡问题的最后环节，也是最不可忽视的一个环节。不当的运行管理不仅会引起甚至加大冬夏土壤取放热量的不平衡率，而且还可能使系统设计所采用的土壤热平衡措施失效。应对管理人员进行相关的培训，并制定管理规范。

7.3 土壤热平衡控制中关键影响因素的分析

7.3.1 取放热不平衡率

如上所述，土壤热平衡的设计依据是全年累积排、取热量之比。因此，土壤取放热不平衡率对于土壤热平衡的影响及其控制至关重要。为了探讨取放热不平衡率对土壤温度动态分布特征的影响，以图 7-4 中 4×4 管群阵列为分析对象，其中 x 与 y 方向钻孔间距均为 5m。以管群中心点 T_1、左下角 T_2 及 T_3 作为温度监测点，来分析管群区域土壤温度动态变化特征。

对图 7-4 计算区域列土壤能量方程，计算结果见图 7-5 和图 7-6。分析图 7-5 可以看出，对于供冷为主的地区，由于夏季过多的热量排至地下，各监测点土壤温度均逐年增加，且其增加的幅度取决于放取热比例不同。如中心监测点 T_1 的温度在运行 10 年后，对于夏季单季运行、放取热比例 1.8 及 1.5，其从原始温度的 17.6℃分别增加至 39.8℃、24.7℃及 21.6℃，这将会导致冷凝温度过高而恶化热泵运行性能。相反，对于以供暖为主的北方寒冷地区，由于全年地下累积取热量大于排热量，各监测点温度均会逐年下降。正如图 7-6 所示，对于冬季单季运行、取放热比例 1.8、1.5 及 1.2，监测点温度 T_1 分别从原始温度 10℃下降至 −10.3℃、−0.49℃、1.58℃及 4.27℃，这无疑会降低蒸发温度而导致系统效率下降。从模拟结果来看，对于本计算条件，其不平衡率控制在 1.2 以内可基本确保 10 年运行后土壤温度的恢复。

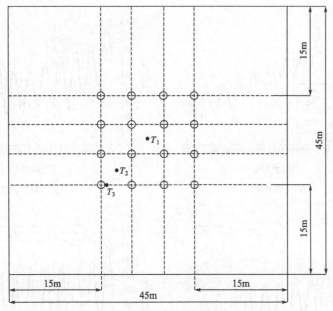

图 7-4 计算区域图

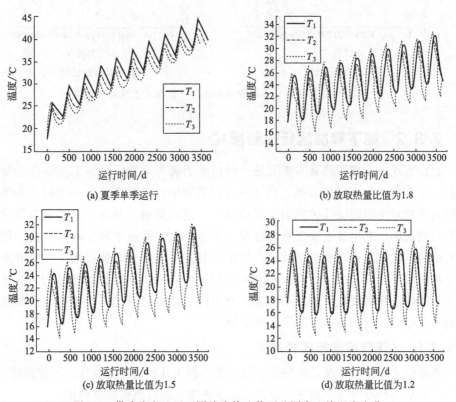

(a) 夏季单季运行

(b) 放取热量比值为1.8

(c) 放取热量比值为1.5

(d) 放取热量比值为1.2

图 7-5 供冷为主地区不同放取热比值下监测点土壤温度变化

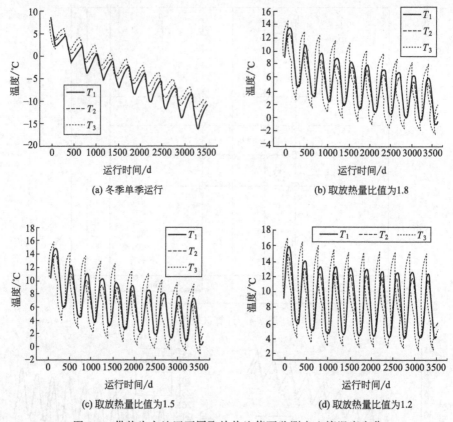

(a) 冬季单季运行　　　　　　　　　　　(b) 取放热量比值为1.8

(c) 取放热量比值为1.5　　　　　　　　　(d) 取放热量比值为1.2

图 7-6　供热为主地区不同取放热比值下监测点土壤温度变化

7.3.2　地下释能运行控制模式

如前所述，土壤源热泵本质上是一种以年为运行周期、以地下土壤作为蓄能体的跨季节蓄能与再利用系统。在这一运行周期中，当夏季蓄能一定时，冬季释能控制模式对土壤温度及热流的扩散规律有一定的影响。为此，基于地热能利用中的时空效应，提出通过改变释能过程中能量释放在蓄能体的空间分布及作用时间的变换，从而达到改变温度及蓄存能量在蓄能体空间分布的目的。以管群阵列为分析对象，研究释能运行模式对全年运行周期内土壤温度扩散的影响，并从有利于蓄能体温度有效恢复的目的出发，对不同释能运行模式进行模拟，预测最有利的运行模式，以期为实际运行提供指导。

7.3.2.1　地下释能运行模式定义

考虑到实际运行情况，并便于比较，提出以下几种可能释能运行控制模式。

（1）均匀释能模式　地下蓄能区域所有埋管同时等负荷强度释能。

（2）非均匀释能模式　地下蓄能不同区域埋管采用不同负荷强度的释能模式，

根据不同区域埋管所采用负荷强度大小的不同，可以分为以下两类：

① 内强外弱：即内部区域埋管采用高负荷强度释能，而外部区域埋管采用低负荷强度释能。

② 外强内弱：即外部区域埋管采用高负荷强度释能，而内部区域埋管采用低负荷强度释能。

（3）交替释能模式　在不同时期内交替使用内区或外区盘管作为释能盘管，而释能负荷强度不变，根据内外区域埋管释能运行时间的不同，可以分为以下两类：

① 先内后外：在释能周期内先用内区盘管进行释能，然后采用外区盘管释能。

② 先外后内：在释能周期内先用外区盘管进行释能，然后采用内区盘管释能。

7.3.2.2　计算区域

为了探讨地下释能控制模式对全年运行后土壤温度分布的影响，以图 7-7 中 5×5 管群阵列为分析对象，埋管间距均为 5m。图中外围 12 个实心圆定义为外区盘管，中间 13 个空心圆定义为内区盘管。

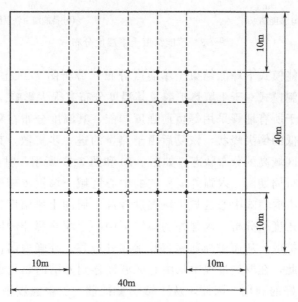

图 7-7　计算区域图

7.3.2.3　计算结果与分析

对图 7-7 计算区域列土壤能量方程，运行采用白天 10h 运行、夜间 14h 恢复的间歇运行方式，全年运行过程为：夏季先放热 122d 后，过渡季恢复 61d，然后冬季吸热 90d，最后再恢复 92d，从而完成全年运行过程，计算结果见图 7-8～图 7-13。

(1) 夏季蓄能期结束时土壤温度分布　分析图 7-8（a）可以看出，夏季蓄能结束时，地下换热区域各钻孔局部区域温度均较高，温度分布呈现出尖峰状；但经过一个过度季恢复后，由于各钻孔局部聚集热量向钻孔周围土壤的逐渐扩散，整个区域温度均较高，正如图 7-8（b）所示，呈现出内部高外部低的温度分布特征。因此，地下埋管换热区中心是温度最高部分，可以作为温度监测点，设置温度探头，通过温度动态监测来判断地下土壤的热平衡状况。

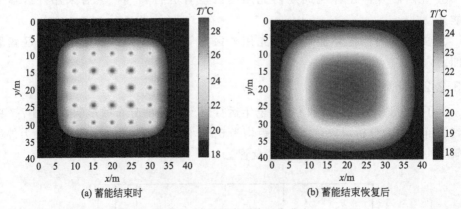

(a) 蓄能结束时　　　　　　　　　　　(b) 蓄能结束恢复后

图 7-8　蓄能结束土壤温度分布

(2) 不同释能模式下释能结束土壤温度分布　分析图 7-9～图 7-13 可得，不同的释能运行控制模式对于土壤热扩散及其温度分布有很大影响。如图 7-9 所示，均匀释能模式由于所有埋管采用等负荷强度释能，其温度分布在释能结束时呈现出钻孔局部区域低的倒尖峰状，恢复后由于热量的进一步扩散，其温度分布呈现出中间及其四周区域高的分布状态。如图 7-10 和图 7-11 所示，对于非均匀释能模式，完成一个运行周期后，内强外弱模式的中心区域土壤温度较低、外围土壤温度较高，而外强内弱模式中心区域土壤温度较高、周围土壤温度较低。从热扩散及其控制机理的角度来分析，内强外弱模式下中心土壤在释能的同时，周围土壤热量会不断向外扩散，从而可加速聚集热量向外迁移。外强内弱模式，由于外部取热强度大，因此，在取热过程中从中心区域迁移到外围的热量也可通过外围盘管取热而得到较好的利用。因此，从土壤热量扩散、土壤温度恢复的角度考虑，内强外弱模式优于外强内弱模式；但从能源有效利用的角度考虑，外强内弱模式优于内强外弱模式。

进一步分析图 7-12 和图 7-13 可以看出，对于内外交替释能运行模式，先内后外模式土壤温度中心区域高、外围较低，而先外后内模式整个区域温度均较高。这主要是因为先内后外模式，在内部取热释能的同时，外围盘管聚集热量会同时

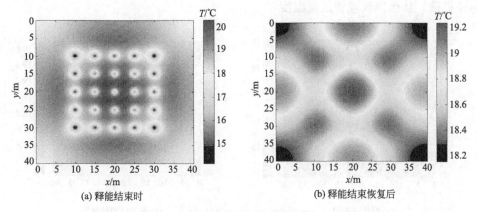

(a) 释能结束时　　　　　　　　(b) 释能结束恢复后

图 7-9　均匀释能模式土壤温度分布

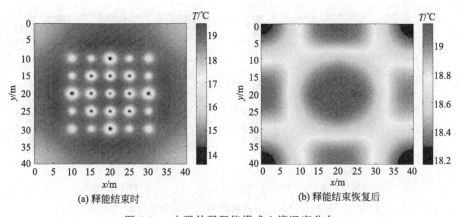

(a) 释能结束时　　　　　　　　(b) 释能结束恢复后

图 7-10　内强外弱释能模式土壤温度分布

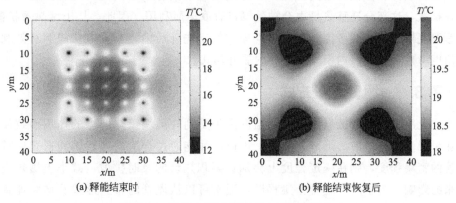

(a) 释能结束时　　　　　　　　(b) 释能结束恢复后

图 7-11　外强内弱释能模式土壤温度分布

向外扩散，从而导致埋管区域温度

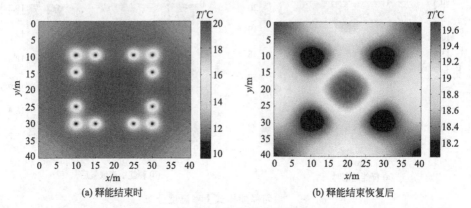

(a) 释能结束时   (b) 释能结束恢复后

图 7-12　先内后外释能模式土壤温度分布

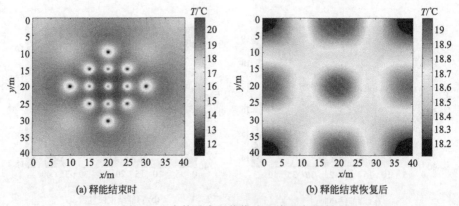

(a) 释能结束时   (b) 释能结束恢复后

图 7-13　先外后内释能模式土壤温度分布

相对较低。但先外后内模式，在外围盘管取热释能的同时，内部盘管热量会向外扩散，这部分迁移热量也会被外围盘管取热而利用。因此，从土壤热量扩散、土壤温度恢复的角度考虑，先内后外模式优于先外后内模式；但从能源有效利用的角度考虑，先外后内模式优于先内后外模式。

7.3.3　埋管布置方式

如上所述，埋管区域中部土壤温度由于受到外围埋管热屏障的作用而致使累积热量无法向外扩散，形成热堆积。因此，如能通过合适的埋管排列形式以减小埋管的密集程度，则在一定程度上会加速累积热量的及时扩散，减小土壤热失衡带来的影响。为了减少埋管密集程度，通常可以从埋管的布置形式及增大埋管间距两方面着手，图 7-14 给出了表 7-1 所列四种排列形式下埋管区域中点土壤温度随运行时间变化，图 7-15 示出了埋管间距分别为 3m、4m、5m、6m 时中心土壤温度随时间变化。

表 7-1　不同埋管形式

埋管形式	形式 1	形式 2	形式 3	形式 4
布置方式	2×18	3×12	4×9	6×6

注：埋管间距均为 5m。

　　分析图 7-14 可以看出，在放取热量比值一定时，埋管区域中心土壤温度随管群密集度的减少而降低，如对于密集程度最大的形式 4，全年运行结束后中心土壤温度由初始温度 17.6℃上升为 19.8℃，但对于较稀疏的条形布置形式 2 降为 19.2℃，而对于最为稀疏的条形布置形式 1，已完全恢复到初始温度的 17.6℃。这主要是由于管群密集程度的减小而加速了累积热量的向外快速扩散，从而增加了土壤温度的自我恢复能力。这意味着对于管群布置比较稀疏的情况，可以保证在具有较大取放热不平衡率时，埋管区域土壤温度仍可有效恢复。因此，通过合理改变埋管布置方式，尽量采用分块或条形布置，降低埋管的密集程度可有效控制土壤热失衡问题。

　　进一步分析图 7-15 可得，中心土壤温度随间距的逐渐增加，而逐渐降低，这主要是由于埋管间距加大，其承担热量储存的土壤容积增加，从而平均温度会降低。因此，合适的埋管间距对于降低地下热堆积及土壤热失衡的控制至关重要。

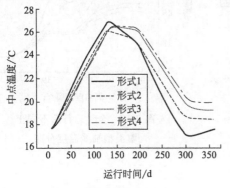

图 7-14　不同埋管形式下中
点土壤温度随时间变化

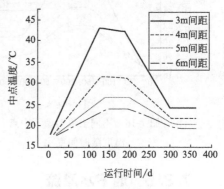

图 7-15　不同埋管间距下中
心土壤温度随时间变化

7.3.4　岩土类型

　　以黏土、砂土、砂岩、石灰岩及花岗岩 5 种典型土壤为例进行探讨，表 7-2 给出了对应的热物性参数，图 7-16 示出了不同土壤类型下中心土壤温度随运行时间变化，图 7-17 给出了不同土壤类型下埋管区域轴线土壤温度分布。

　　由图 7-16 可得，全年运行过程中黏土的中心温度最高，恢复最慢，其次为砂土，温度最低、恢复效果最好的为花岗岩。进一步分析图 7-17 也可以发现，全年运行结束后埋管区域轴线温度分布黏土最高，最低的为花岗岩。分析表 7-2 可以看出，这主要是由于黏土的热导率与热扩散率最小，其导热能力与热扩散速度最低，从而热量难以及时向外扩散，导致局部温度最高。因此，对于管群阵列而言，土壤的导热与热扩散性对于土壤热失衡带来的影响具有重要作用。同样条件下，黏土因土壤热失衡而导致的土壤温升率会明显高于花岗岩。

表 7-2 五种类型土壤热物性参数

参数 类型	密度/(kg/m³)	比热/[kJ/(kg·℃)]	热导率/[W/(m·℃)]	热扩散率/(m²/s)
黏土	1500	1.1	0.9	0.545×10⁻⁶
砂土	1900	1.26	1.8	0.752×10⁻⁶
砂岩	2500	1.11	2.5	0.9×10⁻⁶
石灰石	2600	0.96	3.0	1.2×10⁻⁶
花岗岩	2650	0.88	3.5	1.5×10⁻⁶

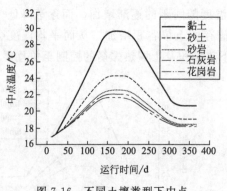

图 7-16 不同土壤类型下中点
温度随时间变化

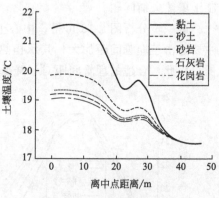

图 7-17 全年运行后不同土
壤类型轴线温度分布

7.3.5 地下水渗流

针对富水地区，由于地下水渗流的存在，地下水的流动会带走聚集在地下埋管区域中的热（冷）量，从而可减缓或消除由于地下取放热不平衡所导致的冷热堆积现象。利用第 5 章所列地下水渗流模型，可探讨地下水渗流对地下土壤温度分布的影响。如图 7-18 所示，无地下水渗流时，埋管区域土壤温度较高，但有渗流时，土壤温度场沿渗流方向发生偏移，且由于地下水渗流带走热量而使埋管区域土壤温度明显降低。进一步分析图 7-19 可以看出，埋管区域中心土壤温度随渗流速度的增加，其温度波动减小，且完全恢复到了初始温度。因此，富水地区地下水渗流会明显减缓土壤热失衡的影响。

值得注意的是，对于存在地下水渗流的场合，当渗流速度达到一定值

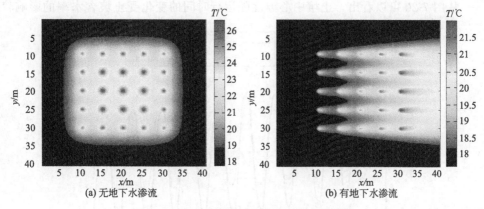

图 7-18　地下水渗流对土壤温度分布的影响

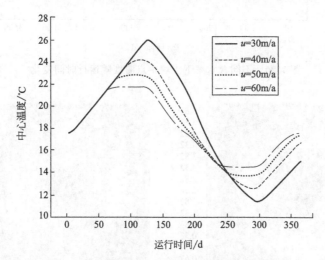

图 7-19　不同渗流速度时中心温度随时间变化

时，土壤源热泵将失去传统意义上的工作原理，不再是以地下土壤作为蓄能体的跨季节蓄能及再利用系统。至于这一渗流速度值，则需要依据埋管群区域大小、岩土类型及全年地下取热放差值来综合考虑，具体还有待进一步深入讨论。

7.3.6　土壤冻结相变

对于北方寒冷地区，当地埋管进口流体温度低于0℃时，埋管周围的含湿土壤会冻结。由于土壤水分冻结会释放出相变潜热，从而会延缓土壤温度的下降速度，理论上可以减缓或消除北方地区由于"冷堆积"而造成的土壤热失衡问题。图 7-20 给出了在取放热比为 1.5 的不平衡率下，考虑土壤冻结相变时不同含水率 ε 下土壤中心温度随运行时间变化，图 7-21 示出了对应的不同含水率下运行 10 年后埋管区域土壤温度分布。

从图 7-20 可以看出，土壤中心温度随运行时间的变化受土壤含水率的影响较

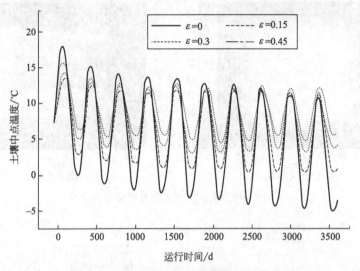

图 7-20 不同含水率下土壤中点温度随运行时间变化

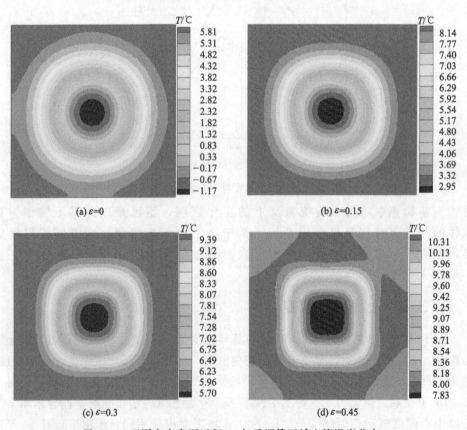

图 7-21 不同含水率下运行 10 年后埋管区域土壤温度分布

大，含水率越高，土壤温度降低速度越小。如运行十年后，对应于含水率为0、0.15、0.3、0.45，其中心土壤温度分别从初始温度9℃分别下降到－1.66℃、2.59℃、5.44℃及7.65℃，这主要是由于含水率越高，释放至土壤中的相变潜热越大，从而有助延缓土壤的温降。正如图7-21所示，运行10年后埋管区域土壤温度随含水率的增加而升高。因此，对于北方寒冷地区，土壤水分的冻结相变能有效减缓土壤温度的下降速度，削弱或消除土壤热失衡问题带来的影响。

7.4 复合式土壤源热泵系统

7.4.1 复合式系统的必要性

如前所述，土壤源热泵是以土壤作为蓄能体的热泵能源利用系统，确保蓄能体的温度周期性恢复是土壤源热泵土壤热平衡的关键。但对于年均冷热负荷差别较大的冷热负荷非平衡地区，由于冷热负荷差异的客观原因，单纯利用土壤源热泵系统也无法实现土壤温度的自我恢复，这会导致蓄能体的温度超出其作为理想冷热源时的温度范围，从而会降低甚至恶化系统性能。

如果夏季空调向土壤排放的热量大于冬季采暖时所提取的热量，那么长期运行势必使土壤温度越来越高，所能排放的热量会逐年减少，这将降低热泵系统的运行效率，最终导致夏季土壤源热泵系统不能正常运行。相反，如果夏季空调向土壤排放的热量小于冬季采暖时所提取的热量，那么长期运行势必使土壤温度越来越低，所能取得的热量会逐年减少，这也将降低热泵系统的运行效率，最终导致冬季土壤源热泵系统不能正常运行。

同时，尽管土壤源热泵系统运行费用低，但初投资偏高，因此如何合理的降低初投资及运行费用是土壤源热泵系统应用中值得探讨的。为此，针对冷热负荷差距较大的冷热负荷非平衡地区，通过增加辅助冷源或热源装置来平衡全年土壤取放热量与承担一部分埋管负荷，在消除土壤热失衡、确保蓄能体温度恢复的同时可有效降低埋管系统的初投资。

因此，对冷、热负荷相差较大的地区，应采用复合式土壤源热泵系统。当冷负荷大于热负荷时，可采用"土壤源热泵＋冷却塔"的方式，土壤源热泵系统承担的容量由冬季热负荷确定，夏季超出的部分由冷却塔提供。当冷负荷小于热负荷时，可采用"土壤源热泵＋辅助热源"的方式，土壤源热泵系统承担的容量由夏季冷负荷确定，冬季超出的部分由辅助热源提供。通常采用的辅助热源有：太阳能、锅炉或余热等。

7.4.2 冷却塔-土壤源热泵复合式系统

7.4.2.1 系统形式

实际工程中，冷却塔-土壤源热泵复合式系统中冷却塔与土壤源热泵的连接方式通常有两种，一种是串联，一种是并联。如图7-22所示，串联连接方式中冷凝器出来的热水先经过冷却塔，再进入地埋管换热器。由土壤源热泵系统承担基础负荷，冷却塔用于调峰、平衡取热量和排热量的差异。图 7-23 为并联连接方式，此连接方式中土壤源热泵可同时运行，也可交替运行，这主要取决于冷却塔的具体选型。无论采用哪种连接方式，在选择冷却塔时，冷却塔运行时的散热率与时间的乘积应能平衡全年土壤的取热量和放热量的差异，使得地下土壤温度在一个运行周期内（通常为 1 年）能实现恢复。

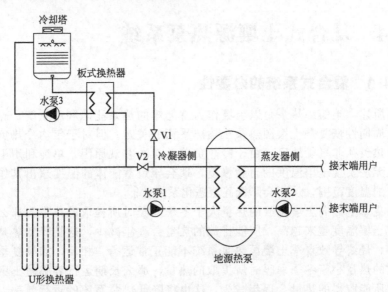

图 7-22　冷却塔与土壤源热泵串联连接方式

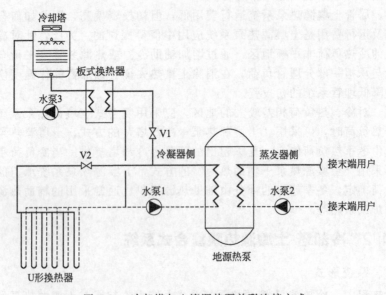

图 7-23　冷却塔与土壤源热泵并联连接方式

7.4.2.2 技术优势

（1）**占地面积小、节省初投资** 土壤源系统的初投资主要取决于地下部分，对于以空调为主的南方气候地区，若采用单独的土壤源热泵系统，则其地下埋管的设计长度由冷、热负荷两者中较大者——冷负荷来决定，这样存在两方面的缺陷：一方面会使设计的埋管过长，相应的占地面积也较大，从而使得其初投资较高；另一方面会造成埋管在土壤中的冬夏取放热量之间的不平衡，使得热泵性能长期运行后会因进口流体温度逐年升高而恶化。对于冷却塔复合式系统而言，其埋管长度是按冬季热负荷的要求来设计，夏季多余的散热量（即冬夏从土壤中取放热量之差）则通过辅助冷却塔来完成。因此，冷却塔辅助复合式土壤源热泵系统在满足正常负荷的前提下，可以大大减小埋管长度及孔域面积，降低系统初投资。

（2）**运行费用低、节能效果显著** 由于采用了辅助散热设备，可实现土壤内部冬取夏灌热量之间的基本平衡，从而消除了埋管区域地下土壤的热积累及其造成的温升；与单独土壤源热泵系统相比，它可以降低夏季空调时热泵冷凝器侧进口流体的温度，减小冷凝温度与蒸发温度的温差，从而提高了热泵机组的性能系数及其运行效率，达到节能目的。尽管冷却塔散热系统也会消耗一定的电能（风扇或水泵等耗能设备），增加维修费用，但通过建立合理的控制策略，可以使这部分费远小于其所节省的运行费用。因此，从总体效果上来看，复合式系统具有明显的节能效果。

7.4.2.3 控制策略

复合式土壤源热泵系统的控制策略主要是指对补充散热装置运行条件的控制，其控制方案的不同对整个系统设计的经济性、运行效果及其运行费用等有着很重要的影响，是复合式土壤源热泵系统研究中的一个重要内容。现综合国内外有关文献，以冷却塔补充散热装置为例对其进行分析。目前，常用的控制方案主要有三类：热泵进（出）口流体温度控制、温差控制及控制冷却塔开启时间。

（1）**热泵进（出）口流体温度控制** 此控制方案主要是根据所在地区的具体气候特点及建筑物负荷的具体需要，事先设定好热泵进（出）口流体的最高温度，当在运行过程中达到或超过此设定极限温度值时，启动冷却塔及其循环水泵进行辅助散热，该设定值一般为 35.8℃。

（2）**温差控制** 温差控制主要对热泵进（出）口流体温度与周围环境空气干球温度之差进行控制，当其差值超过设定值时，启动冷却塔及循环水泵进行辅助散热，主要有以下三种控制条件：

① 当热泵进口流体温度与周围环境空气干球温度差值＞2℃时，启动冷却塔及冷却水循环水泵，直到其差值＜1.5℃时关闭；

② 当热泵进口流体温度与周围环境空气干球温度差值＞8℃时，启动冷却塔

及冷却水循环水泵，直到其差值<1.5℃时关闭；

③ 当热泵出口流体温度与周围环境空气干球温度差值>2℃时，启动冷却塔及冷却水循环水泵，直到其差值<1.5℃时关闭。

（3）控制冷却塔的开启时间　此控制方案主要是考虑到土壤的短期及长期蓄冷作用，并以此来避免或抵消土壤因长期运行所产生的热积累而造成的温升。考虑到夜间室外气温比较低，此控制方案通过在夜间开启冷却塔运行 6h（午夜 12 点～早上 6 点）的方式将多余的热量散至空气中。为了避免发生水环路温度过高的情况，方案中采用设定热泵最高进（出）口流体温度的方法作为补充，具体有以下三种方法：

① 冷却塔及循环水泵在全年每天的 12：00am～6：00am 运行；在其他时间内，只有当热泵进（出）口流体温度超过 35.8℃时，启动冷却塔及循环水泵；

② 此方法与上面基本相同，不同之处在于冷却塔及循环水泵只是在每年的 1～3 月每天的 12：00am～6：00am 运行，即在冷季节将土壤中过多的热量通过辅助散热装置冷却塔散至空气中；

③ 此方法与上面基本相同，不同之处在于冷却塔及循环水泵只是在每年的 6～8 月每天的 12：00am～6：00am 运行，即在热季节将土壤中过多的热量通过辅助散热装置冷却塔散至空气中。

已有研究表明：温差控制中的方案 3 是最佳的。该方案充分利用了冬季土壤的蓄冷作用；同时，在春、夏、秋季条件有利时（如室外空气温度较低），也可自动定期将土壤中的部分多余热量通过冷却塔释放至空气中，从而可使系统初投资及运行费用均达到最小。

7.4.2.4　复合式系统的设计

复合式系统设计的主要任务是针对给定的建筑物，如何确定出地埋管换热器的长度、补充冷却散热装置的容量其开启的时间等。这不仅要考虑系统的经济性，而且还要涉及系统的运行性能与可靠性、埋管的布置形式及整个系统的维修费用等，是复合式系统应用中的一个重要环节。参照国内外有关文献，以下方法可以参考。

（1）根据传统方法确定供热埋管长度 L_h 与供冷埋管长度 L_c　地埋管换热器长度的确定可以采用国际地源热泵协会模型，该模型是北美确定地下埋管换热器尺寸的标准方法，以开尔文线热源理论为基础，以最冷月和最热月的负荷为计算的依据。

$$L_h = \frac{CAP_h \times \left(\dfrac{COP_h - 1}{COP_h}\right) \times (R_p + R_s \times F_h)}{T_1 - T_{MIN}} \tag{7-2}$$

$$L_c = \frac{CAP_c \times \left(\dfrac{COP_c - 1}{COP_c}\right) \times (R_p + R_s \times F_c)}{T_{MAX} - T_h} \tag{7-3}$$

式中，CAP_h 为热泵处于最低进口流体温度 T_{MIN} 时的供热负荷，W；COP_h 为热泵处于最低进口温度时的供热性能系数；CAP_c 为热泵处于最大进口流体温度 T_{MAX} 时的供冷负荷，W；COP_c 为热泵处于最大进口温度时的供冷性能系数；T_h 为土壤的年最高温度，℃；T_l 为土壤的年最低温度，℃，具体确定可参见第 5 章内容。

（2）确定供热时热泵机组的进水温度　供热时热泵机组的进水温度是指可以接受的最低温度。由于在大型商业及公共建筑中冷负荷较大，即使有较低的机组供热进水温度，供冷时机组负荷也能满足要求。一般情况下，为避免结冰，进水温度可维持在 5~7℃。

（3）根据 L_h、L_c 及最大设计负荷确定埋管长度与冷却塔冷却能力　由于冷负荷大于热负荷，因此复合式系统中埋管长度以满足供热要求来确定，则其设计埋管长度可按 L_h 来确定。在实际运行过程中，为了平衡全年埋管冬夏从土壤中的取（放）热量，在确定冷却塔冷却容量时必须根据实际运行负荷、运行时间、机组的性能及系统的控制策略等来综合考虑。若冷却系统能力选择较小，则必须延长其运行时间。可用如下式（7-4）来计算冷却塔的冷却能力：

$$Q_{cooler} = Q_{system} \frac{L_c - L_h}{L_c} \tag{7-4}$$

式中，Q_{cooler} 为冷却塔的设计散热能力，W；Q_{system} 为整个系统环路夏季的排热量，W。

（4）确定设计系统的运行时间　对于一栋典型建筑而言，冷却塔所需运行时间可用式（7-5）来确定。当地埋管无法满足散热需求时，启动冷却塔辅助散热。一般情况下以循环管路流体温度作为启停标准，即当埋管循环流体温度上升到一设定值时（一般取 27~32℃）启动辅助散热系统。

$$EFLH_{cooler} = EFLH_c \times \left(1 - \frac{Q_{cooler}}{2 \times Q_{system}}\right) \tag{7-5}$$

式中，$EFLH_{cooler}$ 为冷却塔的运行时间，h；$EFLH_c$ 为系统供冷当量全负荷小时数，h。

（5）冷却塔实际运行时间的计算　冷却塔的实际运行时间是为平衡地埋管冬夏取（放）热量所需的全年运行时间，包括供热供冷两部分时间，可采用如下计算公式来计算：

$$Hours_{cooler} = \frac{C_{fc} \times Q_c \times EFLH_c - C_{fh} \times Q_h \times EFLH_h}{c_l \cdot \dot{m} \cdot Range} \tag{7-6}$$

式中，C_{fc}、C_{fh} 分别为热泵供冷供热修正系数，无量纲，可按表 7-3 取值；

Q_c，Q_h分别为埋管的放热量与吸热量，kW；c_1为循环流体的质量比热，kJ/(kg·℃)；$\dot{m}$为热泵机组循环流体的质量流量，kg/s；$Range$为温度波动幅度，℃；$EFLH_c$与$EFLH_h$分别为供冷供热模式下的当量全负荷小时数，h。

表 7-3　热泵修正系数

制冷系数（COP）	C_{fc}	供热系数（COP）	C_{fh}
3.2	1.31	3.0	0.75
3.8	1.26	3.5	0.77
4.4	1.23	4.0	0.80
5.0	1.20	4.5	0.82

7.4.2.5　复合式系统的优化

复合式系统的优化主要是指针对一既定负荷的建筑物，如何合理地确定出地埋管的长度及辅助散热装置的冷却能力（决定其容量大小），属于埋管尺寸与辅助散热系统容量间的优化匹配问题。优化设计是复合式系统应用中的一个至关重要的内容，决定了其系统的经济性（初投资及运行费用），进而确定了其在市场上的竞争力。目前复合式系统优化设计的研究较少，还只是停留在理论阶段，可应用的基础数据也不足。

复合式系统的优化设计主要是在某一确定的控制策略下来进行的，同一系统在不同的控制策略下，其优化的最终结果也不尽相同，只有在最佳的控制策略下，才能得出好的优化结果。因此，在进行优化设计前，首先应该对各种控制策略进行优化比较，以找出最佳的控制方案。一般情况下，可以采用系统模拟的方法先找出最佳的控制策略，然后在该控制方案下以热泵进口温度作为优化指标，采用长期系统模拟来决定埋管尺寸，并相应确定出辅助冷却装置的大小。热泵进口温度一般可维持在 $-3.4 \sim 40.6℃$，设计峰值温度控制在 $29.4 \sim 35℃$，对于高效率热泵，其最高进口温度亦可设定在 $43.3℃$，这主要取决于所选用的热泵型号及埋管中的流体热特性。

7.4.2.6　应用中的关键问题

（1）冷却塔-土壤源热泵复合式系统主要是针对南方气候条件以及空调负荷大于热负荷的建筑物而设计，对于不同的地区，其系统的设计、运行方式不尽相同，从而所导致的运行效率也不一样。因此，应该加强对不同气候地区、不同建筑类型复合式系统适应性与运行方式的探讨与研究。

（2）复合式系统比较庞大，其运行性能不仅与控制条件有关，而且与系统各部件的相互耦合与匹配性、建筑物的负荷特性及室外气象参数等紧密相连。要对这一复杂系统的运行状况有全面了解，必须进行相应的模拟研究，并开发相应的计算软件模拟其运行状况，以为其优化设计、研究及应用奠定基础，并在此基础上加强整个系统在不同气候地区、不同控制条件下相互匹配性的研究。

（3）控制策略对于复合式系统的设计、运行、初投资及其运行的经济性有很大的影响，对于不同的气候地区，为了达到最佳的运行效果与最小的初投资，其控制策略不同。因此，必须大力加强整个复合式系统在不同地区最佳控制方案及其相应的自动控制技术方面的研究，以实现整个系统运行状况的自动优化，从而达到最佳的运行状态。

7.4.3 太阳能-土壤源热泵复合式系统

7.4.3.1 系统形式与工作原理

太阳能-土壤源热泵复合式系统是利用太阳能与土壤热能作为热泵热源的复合热源热泵系统，属于太阳能与地热能综合利用的一种形式。已有研究表明：对于以供暖为主的场合，系统具有明显的节能与环保效果，有着广阔的发展前景。由于太阳能与土壤热源具有很好的互补与匹配性，因此太阳能-土壤源热泵具有单一太阳能与土壤源热泵无可比拟的优点。图 7-24 为其系统结构原理图，该系统包括四大部分：太阳能集热系统、地埋管换热系统、热泵工质循环系统及室内空调末端管路系统。与常规热泵不同，该热泵系统的低位热源由太阳能集热系统和地下埋管换热系统共同或交替来提供。根据日照条件和热负荷变化情况，系统可采用不同运行流程，从而可实现多种运行工况，如太阳能直接供暖、太阳能热泵供暖、土壤源热泵供暖（冬季）或空调（夏季）、太阳能-土壤源热泵联合（串联或并联）或交替供暖及太阳能集热器集热土壤埋管或水箱蓄热等，每一流程中太阳能集热器和土壤热交换器运行工况分配与组合不同，流程的切换可通过图中阀门的开与关来实现。

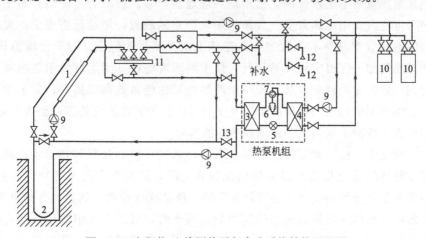

图 7-24 太阳能-土壤源热泵复合式系统结构原理图

1—太阳能集热器；2—U 形地埋管换热器；3—蒸发器（冬季），冷凝器（夏季）；4—冷凝器（冬季），蒸发器（夏季）；5—节流阀；6—压缩机；7—四通电磁阀；8—蓄热水箱；9—循环水泵；10—风机盘管；11—联箱；12—淋浴器；13—阀门

　　以太阳能集热器与 U 形埋管联合作为热泵热源的太阳能-土壤源热泵联合供暖运行工况为例，其工作原理为：冬季日间热泵蒸发器同时从集热器与地下埋管中吸收低位热能，经提升后从冷凝器侧输出高品位的热能，以给建筑供暖与提供生活用热水；夜间，则主要利用埋管从土壤中取热作为热泵热源，在负荷较大时，亦可将蓄热水箱中蓄存的日间富余太阳能加入，以进一步提高热泵进口温度。夏季，系统采用土壤源热泵制冷运行工况，而太阳能系统主要用于提供生活用热水。

7.4.3.2　技术优势

　　(1) 符合可持续发展的需要　系统利用太阳能和土壤能资源作为热泵冷热源来进行供热空调，地下土壤本身是一个巨大的太阳能集热器，收集了约 47% 的投射到地球表面的太阳辐射能，与太阳能一样资源广阔、取之不尽、用之不竭，是人类可以利用的清洁可再生能源，利用太阳能-土壤源热泵系统采暖和空调制冷符合可持续发展要求。

　　(2) 节能效果显著　由于热泵本身就是一个逆向制冷机，减小冷凝温度与蒸发温度的温差，将会提高机组的制热、制冷系数，提高运行效率。土壤温度全年相对稳定，冬季比环境空气温度高，夏季比环境温度低，是很好的热泵热源和空调冷源。冬季采暖时利用太阳能与土壤热来提高进入蒸发器的低位热源循环介质的温度，夏季空调制冷时利用土壤来降低进入冷凝器的冷源循环介质的温度，都可以减小冷凝温度与蒸发温度的温差，提高了热泵机组的工作效率达到节能的目的。

　　(3) 太阳能和土壤热源互补　增加太阳能利用装置可弥补热负荷大的地区土壤源热泵制热量的不足以及制热效率低和埋地盘管多、投资大等缺陷；而土壤热源的使用可克服太阳能热泵受气候条件影响严重的缺点，使运行更稳定；太阳能热泵与供热季节需热率不一致的缺点正是土壤源热泵的优点；对于土壤源热泵，由于太阳能的加入便可实现间歇运行，使土壤温度场在日间运行太阳能热泵期间能够得到一定程度的恢复，从而使得土壤源热泵性能系数得以提高；太阳能热泵也由于土壤热源的加入而使得阴雨天及夜间系统仍能够在适宜的热源温度下运行，同时还可省去或减小储热水箱或辅助热源的容量。

　　(4) 功能多样化、调节灵活　如上所述，系统可根据日照和热需求，通过阀门调节方便地组合成最合理最经济的流程和工况，从而可实现多种功能。另外，太阳能集热器和土壤热交换器还可相互交流，使系统更有效。例如，冬季采暖时，当集热器所提供的热量能够满足建筑物的需热率时，可以由太阳能集热器直接供暖；当集热器温度较高、供热量有余时，可将部分热量转移到土壤中储存，既有助于土壤温度的恢复，而且还可降低进入集热器的流体温度，提高集热效率。当供暖负荷继续增大时，可将集热器与埋地盘管联合起来运行，从两热源中同时取热。同时，冬季也可利用土壤源热泵来融化集热器表面的积雪。又如，夏季空调制冷时，白天将室内余热排入地下土壤中，晚上可利用集热器作为散热器，将土壤中的部分热量取出排到空气中，这有助于土壤温度的恢复；同时，夏季可利用夜间低谷电价按冰蓄冷工况运行，以制备冷量供日间空调用，从而可实现削峰填谷的功效，过渡季节还可通过 U 形埋管进行太阳能土壤蓄热，以便冬季采暖时取出加以利用。

（5）可实现建筑一体化设计　太阳能-土壤源热泵作为可再生能源综合利用系统的一种形式，特别适用于别墅或负荷不大的各类建筑，且容易实现建筑一体化设计。如太阳能集热器可作为建筑构建的一部分，布置于屋顶、阳台等位置；地下埋管换热器可埋设于草坪或花园底下土壤中，或直接放置于建筑地基中，不占用空间；对于太阳能蓄热可采用相变蓄热墙或相变地板来实现，可在满足建筑热舒适度要求的同时，真正实现各部件的建筑一体化设计。

7.4.3.3　系统运行模式及其流程

太阳能-土壤源热泵复合式系统的运行模式是指其在供暖运行期间热泵热源的各种不同选取和联结方式以及每一热源运行时间的分配比例，最基本的包括两种：其一是太阳能（热源）热泵和土壤（热源）热泵昼夜交替供暖运行的交替运行模式，主要体现在太阳能热泵与土壤源热泵昼夜间的相互切换上。其二是同时采用太阳能和土壤热作为热泵热源的联合运行模式，集热器根据日照条件由控制器来实现自动开停，而土壤埋地盘管在供暖期间始终投入运行。此外，如上所述，根据其功能的不同，系统还有太阳能热泵、土壤源热泵、利用地下 U 形埋管进行太阳能跨季节土壤蓄热、太阳能-蓄热水箱蓄热、太阳能直接供暖与供生活热水等运行模式。这里主要讨论联合与交替运行模式的定义及相应载热流体的运行流程，其他运行模式见其功能分析部分。

（1）联合运行模式　联合模式是指同时采用太阳能和土壤热作为热泵复合热源的运行方式，是一种效率比较高的运行模式。根据热源组合方式及其时间分配比例的不同，联合运行模式有如下三种情况。

① 串联运行模式：定义该运行模式中日间埋地换热器与太阳能集热器耦合方式为串联，即载热流体的流经顺序为先经埋地盘管吸热，再进入太阳能集热器升温后进入热泵蒸发器，其蒸发器侧载热流体运行流程如图 7-25 所示；夜间无太阳辐射时集热器关闭，埋管出口流体从集热器旁通管路直接进入热泵机组蒸发器。该模式的主要优点是白天由于太阳能的加入可提高热泵进口流体的温度，从而提高其运行效率；同时，亦可减少日间埋地盘管从土壤中的净吸热量，并且因土壤本身具有短期储能作用，可将日间富余的太阳能自动地储存于土壤中，夜间时再取出利用，从而有利于

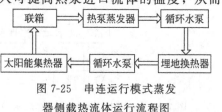

图 7-25　串连运行模式蒸发器侧载热流体运行流程图

夜间土壤源热泵的运行。

② 并联运行模式：定义该运行模式中日间埋地换热器与太阳能集热器间的耦合方式为并联，即载热流体同时流入埋管与集热器经吸热后，再进入热泵蒸发器，其蒸发器侧载热流体运行流程见图 7-26。夜间集热器则关闭，流体全部经埋管流入蒸发器。该运行模式的优点是：热泵蒸发器的出口即为埋管与集热器的进口，从而两者均可有效地吸收太阳能与地热能，以提高热泵进口温度；缺点是：太阳能是一极不稳定的热源，当太阳辐射强度较弱而集热器侧流量增大、埋管流量减少时，会降低系统性能。该运行模式中热泵进口流体温度受太阳辐射强度及各自流量分配比例影响较大，且流量的分配比例也会影响各自的运行效率，从而也使得系统运行性能不同。

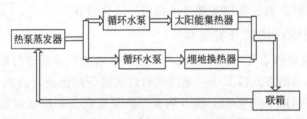

图 7-26　并联运行模式蒸发器侧载热流体运行流程图

③ 土壤源热泵＋蓄热水箱运行模式：日间运行土壤源热泵，并在此期间利用蓄热水箱进行太阳能蓄热，夜间则将埋管与蓄热水箱串联运行，以提高热泵进口流体温度。其运行流程图见图 7-27～图 7-29。该运行模式的主要优点是可有效地将日间太阳能转移到夜间热负荷大时再利用，从而可充分提高夜间土壤源热泵的运行效率，比较适合于夜间热负荷大且需供暖情况。

图 7-27　日间土壤源热泵运行模式蒸发器侧载热流体运行流程图

图 7-28　日间太阳能-蓄热水箱蓄热载热流体运行流程图

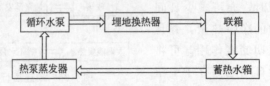

图 7-29　夜间土壤源热泵＋蓄热水箱运行模式蒸发器侧载热流体运行流程图

（2）交替运行模式 单一土壤源热泵运行时的最大缺陷在于地下埋管在热泵启动连续运行时，埋管周围土壤温度会因连续取热而逐渐降低，从而降低热泵进口流体温度及其运行性能。如果能实现埋管间歇取热或采用某种补热方式来让土壤温度及时得到恢复，则可大大改善热泵运行性能，提高能源利用效率。为此，提出了以太阳能作为辅助热源，以实现土壤温度恢复为主要目标的太阳能-土壤源热泵系统交替运行模式的思想。

交替运行模式的主要出发点是为了克服土壤源热泵因连续运行造成土壤温度逐渐降低而导致热泵性能低下这一致命的弱点。土壤源热泵由于太阳能的加入便可实现间歇运行，使得土壤温度场在白天使用太阳能热泵或补热期间能够及时得到一定程度的恢复，从而使得夜间土壤源热泵的运行效果比连续运行时要好；太阳能热泵也由于土壤热源的加入而使得系统在阴雨天及夜间仍能够在适宜的热源温度下运行，同时还可省去或减小储热水箱或辅助热源的容量。

根据日间是否需要采暖，交替运行模式主要有三种运行方式。

① 对于昼夜均需采暖情况，则采用夜间运行土壤源热泵、日间采用太阳能热泵供暖，并在此期间让土壤温度自然恢复；

② 对于日间无需供暖（如别墅建筑的工作日）或夜间无需供暖（如办公建筑的工作日），则在日间（别墅建筑）或夜间（办公建筑）可利用太阳能通过 U 形埋管向土壤中补热来强制土壤温度恢复，以提高夜间或日间土壤源热泵的运行性能；

③ 太阳能热泵与土壤源热泵短时间间隔交替运行，以延缓土壤温降率，使土壤温度能维持在更高的工作温度范围内。

交替运行模式中的关键问题是解决太阳能与土壤作为热泵热源的时间分配比例，这可根据土壤温度恢复效果来进行评价。

7.4.3.4 系统的功能

根据系统构成、热负荷大小及冷热源组合情况可以实现下述六种功能。

（1）太阳能直接供暖与供生活热水 在供暖初期与末期，当太阳能加热的蓄热水箱温度能达到要求的供暖或生活热水温度要求时，可直接进行供暖或生活热水，热泵机组停开。此外在夏季及过渡季节可以直接利用太阳能提供所需要的生活热水。

（2）太阳能热泵供暖 太阳能热泵系统供暖运行方式能充分利用太阳能，它包括太阳能集热器＋热泵与蓄热水箱＋热泵两种运行流程。运行时所应满足的条件是：热泵机组的供热量必须大于或等于建筑物的需热率。

① 当太阳辐射强度较大，如晴天天气的中午，采用太阳能集热器收集到的热量作为热泵的低位热源能够满足建筑物的瞬时热负荷时，采用太阳能＋热泵运行流程。

② 当太阳辐射强度比较弱，如短时间的阴雨天气及早上与傍晚，太阳能集热器的有效集热量为零甚至为负值，但用蓄热水箱中所储存的太阳辐射热量作为热泵低位热源能够满足建筑物的热需求时，可采用蓄热水箱＋热泵的运行流程。

（3）太阳能-土壤源热泵联合供暖　当单独太阳能热泵所提供的热量不足以满足建筑物的热需求时，可以考虑启动土壤埋地盘管来进行联合运行，具体有以下两种运行流程。

① 当太阳辐射有一定的强度，集热器的有效集热量大于零，但作为热泵的低位热源所得的制热量满足不了建筑物的热需要时，采用太阳能集热器与土壤埋地盘管联合运行的运行流程。

② 当太阳辐射强度较弱，集热器的有效集热量为零，而且蓄热水箱中所储存的热量又不足以满足建筑物的热需求时，可采用土壤埋地盘管与蓄热水箱联合运行流程。

（4）土壤源热泵供暖或制冷　在冬季的夜晚、阴雨天气或太阳辐射强度较弱时，太阳能集热器及蓄热水箱中所储存的热量都不可能满足建筑物的热需求，则需启动土壤源热泵系统，采用土壤源热泵供暖。夏季则可利用土壤源热泵进行制冷，此时集热器主要用于提供生活热水。

（5）太阳能-U形埋管跨季节性土壤蓄热　由于太阳能具有很强的季节性，且还存在着热量需求与太阳辐射不一致的情况（即夏季太阳辐射较强，建筑物需热率较低；而在冬季太阳辐射较弱时，建筑物的需热率却较大）。因此，必须通过一定的方式进行太阳能量存储（蓄热），以补偿太阳辐射与热量需求的季节性变化，即跨季节性太阳能蓄热，从而达到更高效利用太阳能的目的。由于大地土壤本身是一种天然的储热体，具有很好的蓄能特性；同时，土壤源热泵在冬季长期供暖运行后，其埋管周围土壤温度很低，具有极好的蓄热基础；为此，提出在供暖期结束后的夏季或过渡季利用 U 形埋管进行太阳能补热的思路，这样不仅可以实现跨季节性太阳能蓄热，而且还可以及时恢复或提高土壤温度，以提高下一个冬季太阳能-土壤源热泵的运行性能，从而可实现双重功效。

（6）太阳能蓄热水箱蓄热　在夏季或过渡季，当太阳能有富余时，日间可利用蓄热水箱来进行太阳能蓄热，以供夜间时使用。同时，还可利用蓄热水箱所储存的太阳能作为热源来进行夏季空调制冷运行实验，如太阳能吸收式制冷等。

7.4.3.5　系统优化设计模型

由于系统中太阳能集热器与地下埋管间的相互耦合，使得系统运行效果不仅与集热器及地下埋管的运行效率有关，而且还与热泵机组及房间的负荷特性紧密相连。因此，在满足建筑负荷的前提下，如何合理确定埋管长度与集热器面积的匹配比例，以使系统具有更高的经济性，即优化问题，是太阳能-土壤源热泵复合式系统推广应用的一个重要前提与基础。下面以图 7-30 所示系统为例，建立太阳能-土壤源热泵复合式系统优化设计数学模型。

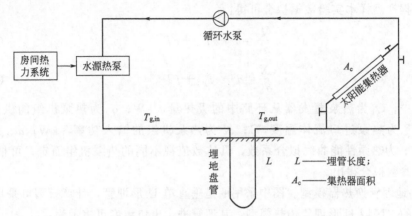

图 7-30 太阳能-土壤源热泵复合式系统优化计算示意图

（1）系统数学模型的建立　图 7-30 为太阳能-土壤源热泵复合式系统示意图，在不考虑太阳能蓄热时，复合式系统包括 4 个子系统：太阳能集热器、热泵机组、地下埋管换热器及房间热力系统。

① 太阳能集热器模型。图 7-30 中所示为普通平板太阳能集热器，该类型集热器因具有结构简单、造价低、性能好及能满足一般供暖中所需水温的要求等优点而得到普遍应用，其数学模型为：

$$Q_u = I_c A_c F_R \left[(\tau\alpha)_e - \frac{U_1 (T_{ci} - T_a)}{I_c} \right] \tag{7-7}$$

式中，Q_u 为集热器有效集热量，kW；I_c 为太阳辐射强度，W/m²；A_c 为集热器面积，m²；F_R 为集热器热迁移因子，无量纲；$(\tau\alpha)_e$ 为集热器有效透过-吸收比乘积，无量纲；U_1 为集热器热损失系数，W/（m²·℃）；T_{ci} 为集热器进口流体温度，℃；T_a 为室外空气温度，℃。

对集热器流体侧有

$$Q_u = c_1 m_1 (T_{co} - T_{ci}) \tag{7-8}$$

式中，c_1 为集热循环流体的比定压热容，kJ/（kg·℃）；m_1 为集热循环流体的质量流量，kg/s；T_{co} 为集热器出口流体温度，℃。

由式（7-7）和式（7-8）得

$$T_{co} = \left(1 - \frac{A_c F_R U_1}{c_1 m_1}\right) T_{ci} + \frac{A_c I_c F_R (\tau\alpha)_e}{c_1 m_1} + \frac{F_R U_1 A_c}{c_1 m_1} T_a \tag{7-9}$$

② 水源热泵机组模型。图 7-30 中采用的是水-空气式水源热泵机组，其性能取决于水流量、室内侧进口空气温度及进口流体温度等参数。由于水源热泵的选择是在一定的水流量及室内设计空气温度的前提下进行的，故可以认为水源热泵在运行时水流量及室温基本保持恒定，因此，水源热泵的性能就可看作是只取决

于进口流体温度。根据厂家提供的数据，水源热泵的性能可表示成进口水温的函数，根据产品样本实验数据拟合可得：

$$\frac{Q_e}{q_h} = a + bT_{in} + cT_{in}^2 \tag{7-10}$$

$$\frac{N}{q_h} = d + eT_{in} + fT_{in}^2 \tag{7-11}$$

式中，Q_e 为热泵蒸发器从环路中的吸热量，kW；q_h 为热泵机组的供热量，kW；T_{in} 为热泵进口流体温度，℃；N 为热泵机组的输入功率，kW；a、b、c、d、e、f 为热泵性能曲线拟合系数，具体数值视不同的热泵机组而定，可根据产品样本参数拟合得出。

③ 地埋管换热器模型。图中采用的是垂直单 U 形埋管，计算模型可采用第 5 章发展的二区域 U 形埋管传热模型，其埋管进、出口温度可表示为：

$$\left.\begin{array}{l} T_{g,in} = T_b - \theta_1 (0) \\ T_{g,out} = T_b - \theta_2 (0) \end{array}\right\} \tag{7-12}$$

式中，$T_{g,in}$ 为地埋管的进口温度，℃；$T_{g,out}$ 为地埋管的出口温度，℃；T_b 为钻孔壁温，℃；$\theta_1 (0)$ 为地埋管的进口过余温度，℃；$\theta_2 (0)$ 为地埋管的出口过余温度，℃。

④ 房间热力系统模型。房间负荷可采用专用的能耗分析软件来计算，目前常用的有 DesT、Energy Plus、Blast、TRNSYS 等。通过能耗分析软件计算获得模拟建筑的全年 8760h 逐时动态负荷数据，作为复合式系统中水源热泵模型的输入参数。

(2) 系统模型及算法　将集热器模型、水源热泵模型、地下埋管换热器模型及所计算出来的房间负荷结合起来便构成太阳能-土壤源热泵复合式系统的优化数学模型，其计算过程如图 7-31 所示。

7.4.3.6　系统应用中的关键问题

太阳能-土壤源热泵复合式系统作为集太阳能热泵与土壤源热泵技术优点于一体的可再生能源综合利用系统，是极有发展潜力的低品位能源采掘与利用装置，系统各部件间相互耦合使得其运行特性不仅与集热器和埋地换热器的运行效率有关，而且与热泵机组的工作效率及建筑物的负荷特性紧密相连。由于整个系统中部件多、功能复杂、运行模式多，而且系统还具有很强的地域性。因此，在其推广应用中尚有很多关键问题有待解决，具体如下。

(1) 太阳能集热器作为系统中的热源采掘装置之一，其传热特性与集热效率对整个系统的性能及初投资大小有着很重要的影响，因此，必须进一步探讨与研制各种新型的太阳能集热器，以适合于不同地区气候特点、不同采暖要求的系统配套需要，提高集热效率，并在此基础上建立相应的传热模型来优化设计及其与地下埋管换热的耦合特性。

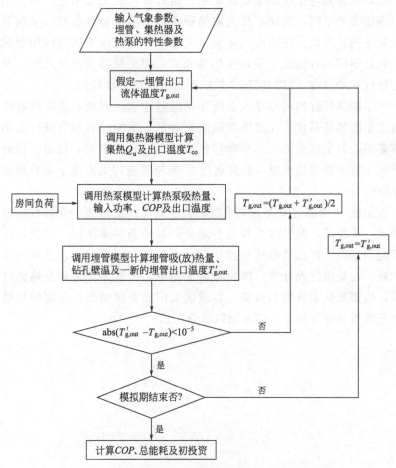

图 7-31　太阳能-土壤源热泵复合式系统动态模拟算法

（2）地下埋管换热器作为系统中集热源采掘与蓄热功能于一体的最重要部件，其传热效果对系统性能及初投资起着决定性的作用。传统的埋地换热器传热模型忽略了土壤中热湿迁移、地下水渗流及土壤冻结对地下埋管传热性能的影响，因此，必须建立新的换热器传热传质模型，在此基础上研究提高换热器性能的方法，进一步研制与开发各种形式的高效埋地换热器，以提高其换热效率。

（3）太阳能集热器与埋地换热器间联合运行是一个比较复杂的传热、传质动态过程，系统各部件间相互耦合使得系统的运行效果不仅与集热器和埋地换热器的效率有关，而且与热泵机组的工作效率、建筑物的负荷特性及土壤中的换热方式紧密相连。要对这一复杂系统的运行状况有全面了解，必须开发相应的计算程序，以模拟其运行。因此，必须在建立各部件（包括集热器、地下埋管、热泵机组、蓄热装置及用户末端等）模型的基础上建立系统模型，进行动态性能仿真与优化设计。

（4）太阳能热源与土壤热源是决定系统运行特性的关键因素，由于不同地区的气候与地质条件不同，因此，其太阳能资源与土壤热特性各异，从而导致系统的运行效果不同。因此，必须进一步探讨系统在不同气候地区的应用状况及其适应性，研究在不同运行模式下埋地换热器和太阳能集热器的最佳匹配，并加强系统自动控制技术的研究，以实现整个系统运行状况的自动匹配。

（5）为了提高装置的利用率及系统冬季运行性能，利用系统中现有的钻孔 U 形埋管与太阳能集热系统，在夏季空调结束后至冬季的过渡季节进行太阳能跨季节性土壤蓄热，以实现太阳能移季利用便成为系统研究中的一部分。因此，必须建立合适的土壤埋管蓄热模型，研究利用 U 形埋管进行太阳能土壤蓄热的可行性及其蓄热特性。

（6）太阳能-土壤源热泵复合式系统的初投资目前比较高，系统性能的可靠性也有待于进一步验证，其经济性根据各地区的具体条件来决定。因此，应在理论与实验研究的基础上对其可靠性与经济性做出正确分析与评价，以进一步推动其应用与发展。在系统的设计中，需要考虑太阳能、土壤热作为热泵热源时谁主谁辅的问题，这需要从系统的初投资、各地区太阳能资源情况、土壤的热物性及系统运行的可靠性及经济性等方面来加以综合考虑。

第 **8** 章
地埋管换热系统施工

地埋管换热系统的施工是土壤源热泵系统应用中的一项至关重要的内容，其施工工艺的完善与否及施工质量的优劣直接决定了系统能效的发挥及整个系统的经济性与市场竞争力，是土壤源热泵技术正确推广中最为重要的一个环节。本章详细给出了地埋管换热系统施工的工艺流程，包括施工前的准备、施工设备、地埋管换热器的连接与安装及地埋管换热系统的检验与试压等。

8.1 施工工艺流程

地埋管换热系统的施工应由专业施工队伍来完成，做好每一个工艺环节。一个完整的地埋管换热系统施工工艺主要包括施工前的准备、水平管沟的开挖与竖直孔的钻孔、管道的试压与下管、管道的安装、钻孔与管沟的回填、地埋管管材的检验及系统的检验与验收等，每一道工艺流程都涉及多方面，具体工艺流程见图8-1。

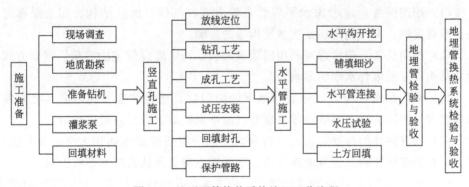

图 8-1 地下埋管换热系统施工工艺流程

8.2 施工前的准备

8.2.1 现场勘探

现场勘探是整个土壤源热泵系统设计环节的第一步，应在决定选用土壤源热泵方案之前进行，包括对施工现场情况、地质状况等进行详细的勘察，这些资料既是系统设计的前提与基础，也是土壤源热泵方案可行性的主要依据。

现场地质状况是现场勘探的主要内容之一，通过现场勘探可获得埋管深度范围内的地质分布状况，从而决定选用何种钻井、挖掘设备以及确定地下埋管换热器的安装成本。通常应根据勘探井的勘测情况或当地地质状况对施工现场的适应性做出评估，包括不同深度处的分层岩土类型及其力学与物理特性。同时，应对影响施工的因素和施工周边的条件进行调研与勘查。主要内容包括：

① 可用于埋管的场地面积大小及形状分布；

② 现场在建的与计划建的各类建筑或构筑物；

③ 交通道路（包括规划中）及其周边附属建筑与地下服务设施等；

④ 是否有自然或人造的地表水源及其等级和范围；

⑤ 是否有树木和高架设施等；

⑥ 现场地下管线与地下构筑物的分布状况；

⑦ 现场钻井设备所需电源与水源及其分布情况；

⑧ 其他可能安装系统的设置位置等。

8.2.2 场地规划

8.2.2.1 拟定施工与设计方案

详细的场地规划有助于选用合适的材料与设备，确定合理的施工组织方案，以便顺利地完成地埋管换热系统的安装。规划过程中应当考虑以下几方面的因素。

（1）挖沟深度 应考虑水平埋管布置方式、气候、地质结构、冻土层深度、是否承载重物、人工挖沟还是机械挖沟等的影响。

（2）挖沟长度 应考虑可利用的地表面积、沟中埋设管道的数量、埋管方式、地质结构以及土壤含水率的影响。

（3）沟的结构 应考虑地表与地下的障碍物、地表坡度、沟转向半径限制、回填要求等的影响，必须确保找出所有以前埋设的地下管线并做出标示。

（4）垂直钻井的深度与数量 应考虑可用于埋管的场地面积大小、单井换热量、单井的流量控制、建筑冷热负荷、地下岩土类型及钻孔成本等的影响。

（5）单U与双U埋管形式的确定 应考虑钻井的难易程度、可用埋管的场地面积以及U形管材的价格等因素。

8.2.2.2 确定地下设施

现场规划的另一个主要任务是对施工区域内地下所埋的公用事业管道系统进行描述说明。应当注意以下问题。

① 应通过有关部门准确确定电力、电话、有线电视、网络、煤气、给水排水等市政工程所有埋设管线的详细位置，以合理规划地埋管的优化布局。施工过程

中若切断或挖断其他任何管线,将会增加施工费用,并延误施工计划。

② 应标注出地埋管换热器的准确位置,以备将来再次挖掘,该位置应当以现场的两个永久固定的目标作为参照物进行定位。

8.2.2.3 征求业主意见

施工过程中如果遇到涉及业主自身利益的问题时,应充分征询业主的意见后再做决定。应注意以下几方面。

① 管线布置应避开的区域。树木、灌木、花园及小区道路等应当避开的地方应事先做好标记。

② 可以进出重型设备的位置。应当注意车道的承载负荷限制,轮胎较大的轻型机械对公路的负载较小。

③ 承包商不易标示或可能不了解的地下管线系统的位置。

8.2.3 水文地质调查

对于准备安装地下埋管换热器的现场,应预先做好水文地质调查,主要应注意以下几方面的问题。

① 应了解在施工现场进行钻孔、挖掘时应遵守的相关规章条例、允许的水流量和用电量以及附属建筑物等其他约束因素。

② 查阅曾经发表的地质以及水文报告和可以利用的地图。

③ 检查所有的勘测井测试记录和其他已有的施工现场周围水文地质记录,对总的地下条件进行评估,包括地下状况、地下水位、可能遇到的含水层和相邻井之间潜在的干扰等。

④ 地下状况的调查方法应与采用的系统形式相匹配。对于垂直U形埋管换热系统,需要钻测试孔。如果需要勘测后再确定采用哪种系统,那么选择勘测井的方法较为合适。因为它可以满足任何一种系统形式的需要。即使这些勘测井最终对于热泵系统本身没有用,但它可以用作钻孔或打井以及施工期间的水源。

8.2.4 测试孔与监测孔

8.2.4.1 测试孔

测试孔能够提供设计和安装竖直埋管换热器所需要的基础数据,包括埋管现场岩土层的热物性、岩土原始温度、单位延米换热量及地下岩土的类型等。测试孔完成相关测试任务后可用作后期施工中的U形埋管钻孔,也可作为竣工后的监测孔使用。当测试孔到达地下水的深度时,它所采集的地下水样不但能够反映最初的地下水质量,而且还能够长时间的测量地层温度、地下水位及水的质量。

对于建筑面积小于 3000m² 的竖直地埋管换热系统,可使用一个测试孔。对于大型建筑,应采用两个或两个以上的测试孔,测试孔的深度应比U形埋管深 5m。

通过钻测试孔，可采集不同深度的岩土样品，并进行热物性测试与分析，为地下埋管换热系统的设计提供依据。钻探测试孔，探明施工现场岩土层的构造，为合理选用钻孔设备、估算钻孔成本和钻孔时间提供第一手资料。同时可根据测试孔的钻探结果，对地埋管深度和单、双 U 形管的选择提出建议。对于不再使用的测试孔，应及时自下而上进行灌浆封孔，以免污染地下水质。

对于施工现场不具备钻孔条件，如缺电、缺水或无现成的钻孔设备等，而无法完成测试孔的钻探时，可先根据已掌握的地质条件或参照附近相关工程的地质资料，对地埋管换热系统进行初步设计。然后，在首批地埋管安装完毕后，选取其中具有代表性的一个或多个 U 形埋管进行测试，根据钻孔现状及测试结果对地埋管设计方案进行修正。

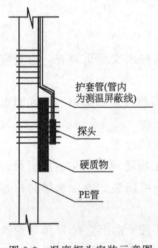

图 8-2　温度探头安装示意图

护套管(管内
为测温屏蔽线)

探头

硬质物

PE管

8.2.4.2　监测孔

监测孔通常用来监测土壤源热泵运行时地下岩土层的温度、地下水深度以及地下水水质等。土壤源热泵运行时对岩土的取放热过程会对地下环境造成一定的影响，长期监测这些数据，便于观察土壤源热泵长期运行对地下土壤温度、地下水质等的影响，有利于评价土壤源热泵系统的设计与安装效果，及时总结经验与教训，以为其实际运行管理与调控提供依据，并为后期相关工程的设计与运行优化措施提供改进依据。有时也可选择部分有代表性的 U 形管，安装传感探头，兼做监测孔，图 8-2 示出了监测孔中温度探头安装示意图。

8.3　施工设备

8.3.1　钻孔与挖掘机械

8.3.1.1　竖直孔钻孔机械

安装竖直地埋管需要钻孔，钻机是完成钻孔施工的主机，它带动钻具和钻头向地层深部钻进，并通过钻机上的升降机来完成起、下钻具和套管，更换钻头等工作。泵的主要功能则是向孔内输送冲洗液以清洗孔底、冷却钻头和润滑钻具。根据钻进方法，钻机主要有冲击式钻机、回转式钻机及冲击回转式钻机。

冲击式钻机是利用钻头凿刃，周期地对孔底岩石进行冲击，使岩石受到突然的集中冲击载荷而破碎，当孔底岩石粉达到一定数量后，应提起钻头，用专用工具将岩粉捞出清除，然后再下入钻头继续冲击，如此反复地进行冲击、捞砂，以加深钻孔。

回转式钻机是利用钻头在轴向压力和水平回转力同时作用下，在孔底以切削、压皱、压碎和剪切等方式粉碎岩石，被粉碎的岩屑、岩粉随冷却钻头的冲洗液及时带出孔外，孔深随钻进时间延长而增加。

冲击回转式钻机是钻头在孔底回转破碎岩石的同时，施加以冲击荷载。冲击回转钻机主要应用于坚硬岩石。

图 8-3 所示为常用于竖直埋管钻孔的各类钻机，其中回转式岩心钻机可用于固体矿产的普查与勘探、工程地质勘查、水文地质调查、油气田的普查和勘探以

(a) 回转式岩心钻机

(b) 竖直孔普通电动钻机

(c) 竖直孔普通柴油钻机

图 8-3 常用于竖直埋管钻孔的钻机

及水井钻凿等钻孔施工；普通竖直孔电动钻机体积小、便于搬运，对于普通土壤钻孔速度较快，但不适合坚硬岩石类土质的钻孔。普通柴油钻机采用柴油作为燃料，用柴油机作为动力，无需配备电源，特别适合于现场无配备电源的场合的钻孔，而且动力较大，也可用于含有一般岩石类土质的钻孔。

地埋管换热器的竖直孔径一般在 100～180mm，孔距为 4～6m，孔深为 40～200m，这一深度基本是在松软、松散、软硬不均的第四纪地层（黏土、粉砂、粗砂、沙砾、卵石）以及风化基岩。岩石性质的复杂多变必然导致钻孔方法的多样化。采用回转式钻机正循环方式冲洗钻进，不仅能高效率地适应复杂多变的地层，钻机成孔，而且还具有安装地埋管和孔的回填功能。

8.3.1.2 水平钻孔机械

使用水平钻孔机械在安装地埋管换热器时可以避免影响地表现状，可在非开挖地表面的条件下，铺设多种地下管道。图 8-4 所示为其钻进工作原理，在这种方法中，钻头与地表面呈 30°夹角，钻头旋转时利用水压使其推进；钻孔过程中钻孔深度和方向由一个附在钻头上的信号发送器和地表面的便携式控向系统来监控，这种操纵可以使得钻头避开岩层和地下出现的其他障碍。

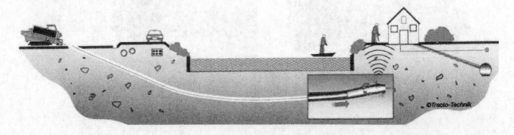

图 8-4　非开挖导向钻机钻孔原理

图 8-5 所示为非开挖导向钻机，它主要由钻机系统、动力系统、控向系统、泥浆系统、钻具及辅助机具组成。钻机系统是穿越设备钻进作业及回拖作业的主体；动力系统由液压动力源和发电机组成动力源，为钻机系统提供高压液压油作为钻机的动力，发电机为配套的电气设备及施工照明提供电力；控向系统通过计算机监测和控制钻头在地下的具体位置和其他参数，引导钻头沿着正确的方向钻进，由于有控向系统的控制，钻头能按设计曲线钻进，目前常采用的有手提无线式和有线式控向系统。泥浆系统由泥浆混合搅拌罐和泥浆泵及泥浆管路组成，为钻机系统提供适合钻进工况的泥浆。钻具及辅助机具是钻机钻进中钻孔和扩孔所使用的各种机具，主要包括钻杆、钻头、泥浆马达、扩孔器、切割刀等，辅助机具包括卡环、旋转活接头等。

由于地表面未受影响，现存景物未破坏，从而可使地表复原费用降至最低。在同一个水平区域可以同时放置多层水平管道，这样可以将所需的地表面积降至最低。当地的土壤和岩石条件决定了是否可以采用这种非开挖式埋设地埋管换热器的施工方法。

图 8-5 非开挖导向钻机

8.3.1.3 钻孔钻具

钻孔钻具是指方钻杆、钻杆、钻铤、接头、钻头、稳定器、减震器以及在特定的钻井条件下使用的其他井下工具的统称。在钻井过程中，将方钻杆、钻杆、钻铤等各种接头连接起来组成的入井管串称为钻柱，图 8-6 所示为竖直孔钻孔中常用的钻杆。

图 8-6 钻杆

钻具的合理组合对于保证钻井质量、提高钻速、减少钻具事故、增加钻具的可下深度以及延长钻具的使用寿命等均具有重要的意义。钻具的组合主要考虑钻头尺寸、钻机的提升能力和工程现场的地质条件、岩土结构等。钻具的组合应尽量简单，以便于钻柱的卸下操作和井下事故的处理；应尽量选用较大尺寸的方钻杆，下接头的外径与相连接的钻杆接头外径相近，随井深的增加可选用两种尺寸的钻杆组成的复合钻柱。

钻机钻进时，根据地层结构、岩石性质和钻孔目的的不同，采用不同的钻进方式，选用不同的钻头，借助钻机，切削粉碎岩石，逐步使钻孔加深。在地埋管换热器施工中，钻孔多采用硬质合金钻进、牙轮钻进及冲击回转钻机，常用的钻头有翼片钻头、牙轮钻头和潜孔锤钻头。

图 8-7 所示为三翼形翼片钻头，它将三个翼片焊接在贯眼接头体上，三翼呈 120°，钻头尖端呈 60°，合金密集均匀分布，此类钻头适用于钻进风化变质的覆盖层、黏土、砂质黏土、灰质黏土及少部分流沙岩层等。图 8-8 为牙轮钻头，钻头由钻头体、牙轮爪、牙轮轴承、水眼、储油密封补偿系统等部分组成。牙轮钻头工作时，牙轮滚动，牙齿交替接触井底，破岩扭矩小，牙轮的牙齿与井底接触面积小、比压大，易吃入地层，工作刃总长度大，因此相对减少了磨损，牙轮钻头适用于从软到硬的多种地层，在卵石层钻进效果最佳。钻孔过程中，当遇到土质较硬的岩土层时，可采用图 8-9 所示的潜孔锤钻头。

图 8-7　翼片钻头

图 8-8　牙轮钻头

图 8-9　潜孔锤钻头

8.3.1.4　链式（轮式）挖掘机与推土机

链式（轮式）挖掘机、推土机、反向铲和振动开沟机是埋设水平地埋管换热器的常用机械，如图 8-10 和图 8-11 所示。可根据现场条件和费用来选择机械，通常选用移动土量少的机械较经济。许多情况下，使用挖沟机是提高施工效率的选择之一，因为与其他方法相比其移动土量最少。目前设计的地埋管系统常在一条沟中铺设多条管道，这种设计可大大缩短沟的长度，减少水平埋管系统所需的面积。如果挖出的土另有用途或集管系统很大，宜采用推土机。在一些较大型水平地埋管换热器的安装工程中，常使用有轨机械来同时进行开沟和回填作业，回填作业由一个漏料斗和斜槽完成。

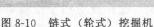

图 8-10　链式（轮式）挖掘机

图 8-11　推土机

8.3.2　焊接与回填设备

8.3.2.1　焊接设备

地埋管换热器通常采用聚乙烯管（PE80/PE100）或聚丁烯管（PB），其连接技术的优劣直接关系到地埋管换热系统的运行效果和使用寿命。按焊接方式的不同，聚乙烯管的连接一般有热熔连接和电熔连接，相应的焊接设备分别为热熔焊机和电熔焊机。焊接的通用原理是聚乙烯一般可在 190～240℃ 的温度范围内熔化，此时若将管材或管件熔化的部分充分接触，并保持有适当的压力（电熔焊机的压力来源于焊接过程中聚乙烯自身产生的热膨胀），冷却后便可牢固地融为一体。由于是聚乙烯材料之间的本体熔接，因此接头处的强度与管材本身的强度相同。

（1）热熔焊机　热熔焊机用于热熔对接。如图 8-12 所示，它利用加热板将待接聚乙烯管段界面加热熔融后相互对接融合，经冷却固定而连接在一起。热熔对接焊接技术一般用于连接具有相同熔融指数的管材或管件（最好应具备相同的 *SDR* 值），不同制造商的焊接参数各异，用户必须严格执行。

热熔焊机的操作模式有普通手动热熔对接和自动热熔对接两种。普通热熔对接焊接机一般包括焊机机架、动力源、铣刀（平端面装置）、加热板、计时装置。自动热熔对接焊机可对全过程的时间、温度、压力进行全自动不间断控制，焊接参数可自行设置，数码控制，机滑架有自动定位功能，能够自动完成焊接过程，

排除人为因素的影响，确保焊接质量，使每个焊接部位质量及外观达到一致。焊

图 8-12　热熔焊机

机根据国际标准采用电子智能保压，工作压力、保压压力等工作参数可数码设置、电子控制，稳定、精度高；加热板采用发热丝布局及电子温度调整和监控，使温度控制精确、稳定；铣刀修整器应运转平稳，切削效果好，使端面平整。

目前，用于聚乙烯管道对接连接的热熔焊机，已广泛应用于土壤源热泵、天然气、石油化工、自来水等各个领域，是各聚乙烯管生产厂商及管道施工单位的配套设备。

(2) 电熔焊机　电熔焊机如图 8-13 所示，它是通过对预埋于电熔管件内表面的电热丝通电而使其加热，从而使管件的内表面及管材（或管件）的外表面分别被熔化，冷却到要求的时间后而达到焊接的目的。对于 De25～De315 的聚乙烯管，均可采用电熔焊接，但由于大管径的电熔套管（管件）费用较高，所以电熔焊机常用于小管径的焊接。

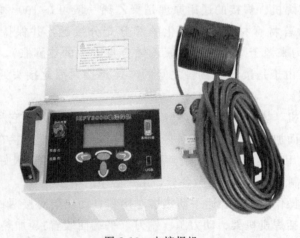

图 8-13　电熔焊机

自动电熔焊机通过管件条码能自动读取各种管件的规模、种类等，并能通过读取的数据自动选取最适合的电力状态进行工作。除可用 220V、AC 电源外，也可使用功率满足要求的发电机电源。通过自动补正环境温度，自动调节控制通电时间。并能对输入电压、电流进行自动控制及调整。具有自动记录工作日期、时间、完成熔接次数及记录操作现状等功能。

电热熔焊接的优点是施工速度快、焊接可靠性高、焊接管道内壁光滑、不影响流通量，且可用于不同牌号聚乙烯原料生产的管材和管件及不同熔融指数聚乙烯原料生产的中、高密度聚乙烯管材与管件的连接。

电熔管件上标定的焊接（FUSE）时间，适用于环境温度为（20±5）℃。当环境温度变化较大时，应按规定的修正值进行调整，具体详见表 8-1。如电熔焊接设有温度补偿功能，则仍按管件上标定时间进行焊接。

表 8-1 环境温度变化时焊接时间修正

环境温度/℃	标定加热时间 T 与修正值	焊接时间/s
+20	T	100
−10	$T+12\%T$	112
0	$T+8\%T$	108
+10	$T+4\%T$	104
+20	$T+0\%T$	100
+30	$T-4\%T$	96
+40	$T-8\%T$	92
+50	$T-12\%T$	88

由于每个电熔焊机制造商所采用的技术不完全一样，工作原理不同，所以生产出的电熔焊机的输出伏安特性等不尽相同，在焊接过程中就有可能产生焊接不牢或过火等现象，因此在采购过程中应充分听取管件生产厂商的推荐。因为他们有充足的试验手段和专业化的研究人员作为技术支撑，可以确保达到最佳的焊接质量。

8.3.2.2 灌浆泵

目前，国内对地埋管回填采用人工将水泥、砂子、水等拌匀后用铁锹填满，其缺点是回填速度慢、搅拌不匀、回填不实，容易出现孔隙，不利于热交换，热效率低，浪费能源，造成用户运行成本高，为此需要采用机械回灌方式。灌浆泵是机械钻孔回灌过程中使用的设备。当 U 形管插入钻孔中之后，灌浆泵将回填材料（又称灌浆材料）输送到钻孔中，自下而上将 U 形埋管孔密封。图 8-14 所示为螺杆式灌浆泵，图 8-15 为离心式单级、单吸灌浆泵。

图 8-14　螺杆式灌浆泵　　　　　图 8-15　离心式灌浆泵

8.4　地埋管管道的连接

地埋管换热器回填施工完毕后无法进行更换与修补，因此，其连接质量的优劣直接关系到地埋管换热系统的运行效果和使用寿命。为确保管道连接的可靠性，所有地下聚乙烯管道的接头必须采用热熔或电熔的连接方法，而不得使用机械连接方法。地埋管换热器的接头应采用相同材料的塑料管件熔接，不应采用金属管件，以防腐蚀。热熔连接接头的强度比管道自身的强度都要大，而且接头及连接件都是塑料材质，无腐蚀问题。管道连接方法的选择取决于管道制造商的要求和推荐说明以及现场施工人员所掌握的技术。

8.4.1　管道的热熔连接

热熔连接首先把管道修剪、清洗整洁、对齐，然后将管加热到熔点并连接在一起，最后再冷却形成一体。在工业上，热熔连接技术有热熔对接和热熔承插连接两种。

8.4.1.1　热熔对接

热熔对接是将待接聚乙烯管段界面，利用加热板加热熔融后相互对接融合，经冷却固定而连接在一起的方法。通常采用热熔对焊机来加热管端，使其熔化，迅速将其贴合，保持有一定的压力，经冷却达到熔接的目的。各尺寸的聚乙烯管均可采取热熔对接方式连接。但公称直径小于 63mm 的管材推荐采用电熔连接，该方法经济可靠，其接口在承拉和承压时都比管材本身具有更高的强度。

（1）准备工作　对接管段均应材质一致，应尽量采用同一厂配套材料；对接管段外径、壁厚应一致；待焊管材和管件的内外表面，尤其是端口附近应光滑平整，无异状；管材的尺寸偏差等应满足要求；对接管段均应具有与焊机匹配的良好的加工与焊接性能；检查焊接系统及电源匹配情况，清理加热板，将焊机各部件的电源接通，并且应有接地保护；按焊机给出的焊接工艺参数设置加热板温度至焊接温度；若是自动焊机，还应设置时间与冷却时间等参数。

（2）操作步骤

① 将需要安装连接的两根 PE 管材放在热熔器夹具上（夹具可根据所要安装的管径大小更换夹瓦），每根管材另一端用管支架托起至同一水平面，见图 8-16。

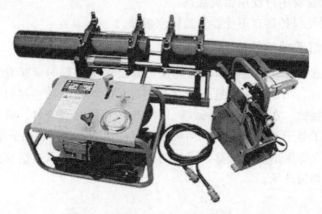

图 8-16　待焊接管材置于机架卡瓦内

② 用电动旋刀分别将管材端面切平整，确保两管材接触面能充分吻合，并校直两对接件，使其错位量不大于壁厚的 10%。

③ 将电加热板升温至 210℃，放置两管材端面中间，操作电动液压装置使两管端面同时安全地与电热板接触加热，如图 8-17 所示。

图 8-17　待接管材端面加热

④ 抽掉加热板，再次操作液压装置，使已熔融的两管材端面充分对接并锁定液压装置（防止反弹）。

⑤ 保持一定冷却时间松开，操作完毕。

⑥ 施工完毕，须经验收合格，方可埋土投入使用。

（3）注意事项

① 必须遵守对接机具使用程序及注意事项。

② 操作人员必须戴手套，穿工衣，做好自我防护，避免被电击或烫伤。

③ 加热板面，连接件连接端面要保持干净。

④ 对接压力要调试到现场连接实际需要值。

⑤ 聚乙烯管材不可使用明火加热。

⑥ 焊接时要保护接口不受沙土及雨水触及。

8.4.1.2 热熔承插连接

热熔承插连接方式中，两个需要连接的管道端部分别与承接套管两端部加热熔接，见图 8-18，每个接头应进行两次热熔过程。热熔承插连接时，管道端口应倒角，擦净连接面。在插口端划标线，用加热工具同时对管材、管件的连接面加热。当直径大于等于 63mm 时，采用机械装置的加热工具，否则为手动加热工具。加热完毕后，立即退出加热工具，用均匀外力将插口伸入承口达标线的深度，在承口端部形成均匀凸缘。

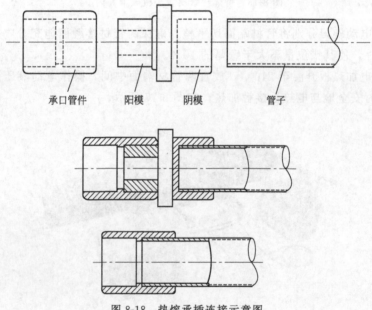

承口管件　　阳模　　阴模　　管子

图 8-18　热熔承插连接示意图

（1）准备工作　连接之前，应用切割器或专用 PE 管剪刀垂直切割 PE 管材，切割后的 PE 管端应呈圆形。清洁 PE 管、管件表面以及管腔内的泥土与油渍，并用不起毛的毛巾擦拭干净。对其表面和管内的水迹应擦干（图 8-19）。必要时可用刮片将 PE 管端部外表面（3~5cm）以及 PE 管件内表面熔接部位去除表面氧化层。刮去表皮时用力要均匀，厚薄要一致。将准备熔接的管子端头和管件的内外表面擦拭干净，然后将需要熔接的管道端部插入电熔套管。为了确保连接的可靠性，其最小承插深度应符合表 8-2 要求。

图 8-19　清洁 PE 管及其连接管件　　　　图 8-20　插入深度处标记

表 8-2　热熔承插连接技术要求

公称外径/mm	最小承插深度/mm	加热时间/s	保持时间/s	冷却时间/s
20	11.0	5	15	2
25	12.5	7	15	3
32	14.6	8	20	4
40	17.0	12	20	4
50	20.0	18	30	4
63	23.9	24	30	5
75	25.0	30	40	6
90	28.0	40	40	8
110	32.0	50	50	8

（2）操作步骤

① 用割刀或剪刀将 PE 管根据安装需要割断。

② 在管材插入深度处标记号（图 8-20）。

③ 将热熔器加温在 210℃以内，同时熔融 PE 管材、管件（图 8-21）。

④ 将 PE 管承插入管件内（承插到位后待片刻松手，在加热、承插、冷却过程中禁止扭动）（图 8-22）。

⑤ 自然冷却。

⑥ 施工完毕后需经试压验收合格后，方可封管投入使用。

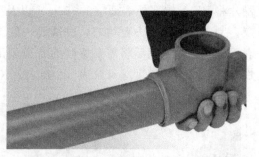

图 8-21　同时熔融 PE 管与管件　　　　图 8-22　PE 管承插入管件内

8.4.1.3　热熔连接方式的选取及其质量控制

热熔连接方式的选取主要取决于塑料管材质等级、密度等因素。塑料管的连接方法也应根据《埋地聚乙烯给水管道工程技术规程》（CJJ 101—2004）等相关规范和管道生产厂商推荐的方法施工。大多数聚乙烯既可以用热熔对接也可以用热熔承插连接接在一起。但是，一些高密度的聚乙烯管道不能用承插连接。在用于地埋管换热器时，聚丁烯一般为承插连接。两种连接方式使用得当，都可得到牢靠的接头，其强度比管道自身的强度都大。应注意的是：由于熔点和使用寿命不同，不同的塑料或级别不同的塑料不应熔接在一起。

施工中现主要采用目测和"后弯"试验方法来检测熔接质量。目测即用眼观测，翻边应是实心和圆滑的，根部较宽。若根部较窄且有卷曲现象的中部翻边，可能是由于压力过大或吸热时间过短造成的。"后弯"试验方法是用手指按住翻边外侧，将翻边向外弯曲，在弯曲过程中观察是否有细微缝状缺陷，如有则说明加热板可能存在细微污染。有条件的话，可采用聚乙烯管热熔对接接头的超声波检查系统，按检查的特征和采用机械试验的关联分析结果，对焊接质量做出判断。

8.4.2　管道的电熔连接

8.4.2.1　电熔连接原理与特点

所谓电熔连接，就是将电熔管件套在管材、管件上，预埋在电熔管件内表面的电阻丝通电发热，产生的热能加热、熔化电熔管件的内表面和与之承插的管材外表面，使之融为一体。图 8-23 所示为常用电熔连接管件。

电熔连接能够减少焊接过程中人为因素的影响；通过管件的结构设计和精确地控制输入功率（优化操作电压或电流和通电时间），可以获得高质量的接头：强度高、寿命长、水密封性好；而且操作简便，施工效率高。由于电熔管件的引入，使得连接成本较高，且对连接管材的加工尺寸精度要求较高。热熔连接和电熔连

(a) 电熔弯头	(b) 电熔三通	(c) 电熔旁通鞍型
(d) 电熔法兰	(e) 电熔管箍	(f) 电熔套管

图 8-23　电熔连接常用管件

接方式的优缺点比较见表 8-3。

表 8-3　热熔连接与电熔连接方式对比

对比项目	要求与特点	
	热熔连接	电熔连接
焊接机具	专用热熔焊机	专用电熔焊机
适用管径范围	公称直径大于 63mm	所有规格尺寸
适用管材与管件	同牌号、材质的管材与管件,性能相似,不同牌号、材质的管材与管件需试验验证	不同牌号、材质的管材与管件
影响因素	易受环境、人为因素影响	不易受环境、人为因素影响
投资与费用	设备投资高、连接费用低	设备投资低、维修费用低
技术要求	需专门培训,具有一定的经验	操作简单,易掌握

8.4.2.2　电熔连接过程

（1）准备工作及注意事项　对接管段均应材质一致,同时应尽量采用同一厂配套材料;对接管段外径、壁厚应一致,误差在许可范围内;待焊管材和管件的内外表面应光滑平整,无异状;对接管段均应具有与焊机匹配的良好的加工与焊接性能。

寒冷气候、大风环境下焊接时，应采取保护措施；需焊接的表面，临焊接前必须刮除氧化皮并保持洁净；电熔管件不用时不拆包装，严格按焊机说明书和管件条码规定的时间值进行焊接；在焊接过程中及焊接完成后的冷却阶段，不得移动连接件或施加任何外力。

（2）电熔焊接的操作要点　清洁管材连接面上的污物，标出插入深度，刮除其表皮；管材固定在机架上，将电熔管件套在管材上；校直待连接件，保证在同一轴线上；通电，熔接；冷却。

连接时，通电加热时的电压和加热时间选择应符合电熔连接机具生产厂家及管件生产厂家的规定。电熔连接冷却期间，不得移动连接件或在连接件上施加任何外力。

8.4.3　钢塑管道的转换连接

聚乙烯管道在和钢管及阀门连接时采用钢塑过渡接头连接和钢塑法兰连接。对于小直径的聚乙烯管（DN≤63mm），一般采用一体式钢塑过渡接头，见图 8-24；对于大直径的聚乙烯管（DN≥63mm），一般采用钢塑法兰连接。

（1）钢塑过渡接头　钢塑过渡接头的聚乙烯管端与聚乙烯管道连接按热熔与电熔连接方法处理。钢塑过渡接头钢管端与金属管道连接应符合相应的钢管焊接、法兰连接以及机械连接的规定。钢塑过渡接头钢管端与钢管焊接时，应采取降温措施。

图 8-24　一体式钢塑过渡接头

（2）钢塑法兰连接　聚乙烯管端与相应的塑料法兰连接，按热熔与电熔连接方法处理。钢管端与金属法兰连接，应符合相应的钢管焊接、法兰连接以及机械连接的规定。聚乙烯管与金属管间的法兰连接常采用背压活套法兰，见图 8-25。聚乙烯管端法兰盘（背压活套法兰）连接，应先将法兰盘套入待连接的聚乙烯法兰连接件的端部，再将法兰连接件平口端与管道按热熔或电熔连接的要求进行连接。

两法兰盘上螺孔应对中，法兰面相互平行，螺孔与螺栓直径应配套，活套法兰片应做防腐处理以提高使用寿命。

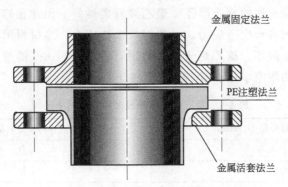

图 8-25　钢塑背压活套法兰连接示意图

《地埋聚乙烯给水管道工程技术规程》（CJJ 101—2004），列出了常用规格的聚乙烯管和金属管，阀门的相应配套关系表，见表 8-4。

表 8-4　常用规格的聚乙烯管和金属管、阀门的相应配套关系　单位：mm

聚乙烯管公称外径	32	40	50	63	75	90	110	160	200	315	400	450	500	560	630
阀门、金属管公称内径	25	32	40	50	65	80	100	150	200	300	350	400	450	500	600

8.4.4　聚乙烯管道连接与施工时应注意事项

8.4.4.1　管道连接

管道连接前应对管材、管件及附属设备、阀门、仪表等按设计要求进行校对，并应在施工现场进行外观检查，符合要求方准使用。每次连接完成后，应进行外观质量检验，不符合要求的必须切开返工。每日施工结束后，管口应临时堵封，以防杂质进入管道产生影响。在寒冷气候（−5℃以下）和大风环境下进行连接操作时，应采取保护措施或调整施工工艺。

8.4.4.2　管道施工时应注意事项

聚乙烯管道施工需遵守建设部行业标准《地埋聚乙烯给水管道工程技术规程》（CJJ 101—2004）的有关规定。

（1）水平管道埋深　聚乙烯管道埋设在土壤中，应遵循聚乙烯管敷设的特殊要求。由于聚乙烯管较金属管的强度低，所以一定要注意埋深，这涉及管道承受的外荷载和防冻的问题。同时，竖直式地埋管换热器的水平埋管应埋设在其他市政管道之下，一般为 1.5～2.0m。水平式地埋管换热器的聚乙烯管道的最小管顶覆盖土厚度应在冻土层以下且应符合如下规定：

埋设在车行道下时，不应小于 0.8m；埋设在非车行道下时，不应小于 0.6m。

（2）管材敷设允许的弯曲半径　聚乙烯管柔性好，因此很容易使其弯曲，但弯曲后的管道内侧将产生压应力，外侧将产生拉应力。当材料形变超过一定限度时，会因蠕变发生破坏。聚乙烯管道敷设时，应符合表 8-5 的规定。管段上有承插接头时，允许的弯曲半径 R 不应小于 $125D_e$。

表 8-5　聚乙烯管材敷设允许的弯曲半径

管道公称外径 D_e/mm	允许的弯曲半径 R
$D_e \leqslant 50$	$30D_e$
$50 < D_e \leqslant 160$	$50D_e$
$160 < D_e \leqslant 250$	$75D_e$

（3）蛇行敷设　由于聚乙烯管的线膨胀系数比金属管高十余倍，所以对温度的变化比较敏感。为避免产生拉应力，聚乙烯管应采取蛇行敷设。

（4）金属示踪线　聚乙烯管埋于地下后，难以用常规方法巡示，给管网的维护管理带来困难，故《地埋聚乙烯给水管道工程技术规程》（CJJ 101—2004）中 4.2.10 条规定，管道敷设后宜沿管道走向埋设金属示踪线。

8.5　地埋管换热器的安装

8.5.1　水平式地埋管换热器

8.5.1.1　水平式地埋管换热器安装要点

① 按平面图开挖地沟。

② 按所提供的热交换器配置在地沟中安装塑料管道。

③ 应按工业标准和实际情况完成全部连接缝的熔焊。

④ 循环管道和循环集水管的试压应在回填之前进行。

⑤ 应将熔接的供回水管线连接到循环集管上，并一起安装在机房内。

⑥ 在回填之前进行管线的试压。

⑦ 在所有埋管地点的上方做出标志，标明管线的定位带。

8.5.1.2　管道安装步骤

管道安装可伴随着挖沟同步进行。挖沟可使用挖掘机或人工挖沟。如采用全面敷设水平埋管的方式设置换热器，也可使用推土机等施工机械，挖掘埋管场地，水平埋管的施工现场见图 8-26。

水平管沟的具体位置和尺寸确定后，即可开挖。水平管沟开挖前，应掌握管道沿线的地上和地下情况及资料。根据垂直钻井孔位以及图纸先确定管道变向点、分支点和变坡点，并据此确定管路走向，在确定的点上打坐标桩，标出管沟中心及挖沟深度，沿桩用线拉直，撒上白灰，即为管沟边沿线，如图8-27所示。为利于机械开挖并防止撞伤或损伤垂直埋管，垂直钻孔应在水平管沟边线以外0.5m范围。水平管沟沿边线开挖后，管沟至钻孔之间的土方采取人工开挖方式。

图8-26 水平地埋管换热器的施工现场

图8-27 管沟边沿线的划定

　　管道安装的主要步骤：首先清理干净沟中的石块，然后在沟底铺设100～150mm厚的细土或沙子，用以支撑和覆盖保护管道，如图8-28所示。检查沟边的

图8-28 管沟底部回填

图8-29 水平埋管敷设

管道是否有切断、扭结等外伤；管材应沿管线敷设方向排列在沟槽边，如图8-29所示。由于PE管道为整卷供货，且材料塑性较大，自由状态时多呈盘状，直线敷设较困难，应采取措施固定。因此，水平PE管敷设前必须设置支架。管道连接完成并试压后，再仔细地放入沟内。回填料应采用网孔不大于15mm×15mm的筛进行过筛，保证回填料不含有尖利的岩石块和其他碎石。为保证回填均匀且回填料与管道紧密接触，回填应在管道两侧同步进行。同一沟槽中有双排或多排管道时，管道之间的回填压实应与管道和槽壁之间的回填压实对称进行。各压实面的高差不宜超过30cm。管腋部采用人工回填，确保塞严、捣实。分层管道回填

时，应重点做好每一管道层上方 15cm 范围内的回填。管道两侧和管顶以上 50cm 范围内，应采用轻夯实，严禁压实机具直接作用在管道上，使管道受损。若土壤是黏土且气候非常干燥时，宜在管道周围填充细砂，以使管道与细砂的紧密接触。或者在管道上方埋设地下滴水管，以确保管道与周围土层的良好换热条件。

8.5.2 竖直式 U 形地埋管换热器

8.5.2.1 放线、钻孔

将地埋管换热器设计图上的钻孔排列、位置逐一落实到施工现场。单 U 形埋管钻孔孔径约 110～130mm，双 U 形埋管钻孔孔径约 130～150mm。孔径的大小以能够较容易地插入所设计的 U 形管及灌浆管为准。钻孔小需要的泥浆流量较小、钻头直径较小且价格低、泥浆池和泥浆泵较小，泥浆泵所受的磨损小。这会降低钻孔费用。U 形埋管外径为 25～40mm。目前工程上大多采用外径为 32mm 的 U 形管。灌浆用管采用相同材料和规格。为确保 U 形管顺利安全地插入孔底，孔径要适当。图 8-30 为钻孔施工现场。

图 8-30　钻孔施工现场

钻孔常用两种技术：泥浆或空气旋转钻孔（湿钻孔）和标准螺旋钻或空心杆螺旋钻钻孔（干钻孔）。在泥浆或空气旋转钻孔方式中，钻机旋转钻管并沿钻管内部送入高压空气、水或泥浆以润滑和冷却钻头，并沿着钻杆的外侧将钻屑送回地表。在旋转泥浆钻孔方式中，如果需要的话，将取出的泥浆放入泥浆池中以便再回填封孔，或者将其运离作业现场。空心杆螺旋钻机钻孔时，钻机驱动带有切削齿的钻头旋转，钻孔作业完全是干式的。因此，施工现场较为干净。大部分岩土屑被带到地面，但仍有一部分被就地挤压进钻孔壁面。钻孔时，空心螺旋钻杆充当了钻孔的保护套管。钻孔完成后，钻杆底部的钻头被击落，插入埋管，然后将钻杆拉出或旋出。在有些设计中，可以用拴在绳子上的重锤将一次性钻头击落。螺旋钻机只能在某些土壤中使用，它可以防止在黏土或碎石中钻孔时常遇到的钻孔塌陷、堵塞等问题。在潮湿的土壤中作业，螺旋钻孔要比旋转泥浆或空气钻孔慢一些。如果钻孔区域有大量坚硬的岩石，则采用振动锤钻孔效果较好。在卵石层中钻孔，冲击式钻机较之其他形式钻机适应性更强些。

在钻孔过程中，根据地下地质情况、地下管线敷设情况及现场土层热物性的测试结果，适当调整钻孔的深度、个数及位置，以满足设计要求，同时降低钻孔、下管及封井的难度，减少对已有地下工程的影响。在竖直埋管系统中安装一定长度的 U 形埋管是首要目的，而不是非要钻一定深度的孔。即总钻孔深度一定，可根据现场的地质条件决定钻孔的个数和经济合理的钻孔深度。如果局部遇到坚硬的岩石层，更换位置重新钻孔可能会更经济些。一般情况下，钻浅孔比钻深孔更经济些。由于靠近地表的土壤受气温影响温度波动较大，因此，对竖直埋管来说，钻孔深度不宜太浅，一般应超过 30m。随着钻孔深度的增加，土壤湿度和温度稳定性增加。钻孔数量少意味着水平埋管的连接少，减少所需要的地表面积。

用于埋设 U 形管的钻孔与用来取水的钻井是两种完全不同的任务，钻孔安装埋管要简单得多。钻孔无须下护壁套管，但如果孔壁周围土壤不牢靠或者有洞穴，造成下管困难或回填材料大量流失时，则需下套管或对孔壁进行固化。钻孔只是为了能够插放 U 形管，通过正确的控制和使用泥浆，大多数问题可以得到解决。

8.5.2.2　U 形管现场组装、试压与清洗

随着地埋管地源热泵空调系统的产业化，U 形管的组装已逐步在塑料管生产厂内完成。即塑料管生产厂按照订货单长度的要求，生产组装 U 形管。但是如上所述，由于种种原因，实际钻孔深度常常与其设计深度有差别，因此 U 形管在现场组装、切割为宜，以满足有可能出现的设计变更，尤其是钻孔深度变化的需要。图 8-31 所示为 PE 管厂生产的 PE 管。竖直地埋管换热器的 U 形弯管接头，宜选用定型的 U 形弯头成品件，不宜采用直管道煨制弯头，如图 8-32 所示为 PE 管厂商生产的单、双 U 形弯头。下管前应对 U 形管进行试压、冲洗，然后将 U 形管两个端口密封，以防杂物进入。冬季施工时，应将试压后 U 形管内的水及时放

图 8-31　PE 管卷盘

掉，以免冻裂管道。

(a) 单U管弯头   (b) 双U管接头

图 8-32　成品 U 形弯头

8.5.2.3　下管与二次试压

　　下管前，应将 U 形管的两个支管固定分开，以免下管后两个支管贴靠在一起，导致热短路。一种方法是利用专用的地热弹簧将两支管分开，同时使其与灌浆管牵连在一起。当灌浆管自下而上抽出时，地热弹簧将两个支管弹离分开（图8-33）。另一种方法是用塑料管卡（图 8-34）或塑料短管等支撑物将两支管撑开后，将支撑绑缚在支管上。两支撑物沿管长方向的间距一般为 2～4m。U 形管端部应设防护装置，以防止在下管过程中受损伤；U 形管内充满水，增加自重，抵消一部分下管过程中的浮力，因为钻孔内一般情况下充满泥浆，浮力较大。

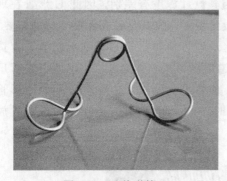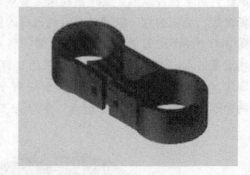

图 8-33　地热弹簧   图 8-34　塑料管卡

　　钻孔完成后，应立即下管。因为钻好的孔搁置时间过长，有可能出现钻孔局部堵塞或塌陷，这将导致下管的困难。下管是将 U 形管和灌浆管一起插入孔中，直至孔底。下管方法有人工下管（图 8-35）和机械下管（图 8-36）两种。当钻孔较浅或泥浆密度较小时，宜采用人工下管。反之，可采用机械下管。常用的机械下管方法是将 U 形管捆绑在钻头上，然后利用钻孔机的钻杆，将 U 形管送入钻孔深处。此时 U 形管端部的保护尤为重要。这种方法下管常常会导致 U 形管贴靠在钻孔内一侧，偏离钻孔中心，同时灌浆管也较难插入钻孔内，除非增大钻孔孔径。

图 8-35　人工下管

图 8-36　机械下管

U 形管的长度应比孔深略长些，以使其能够露出地面。下管完成后，做第二次水压试验，确认 U 形管无渗漏后，方可封孔。

8.5.2.4　回填封孔与岩土热物性测定

回填封孔是将回填材料自下而上灌入钻孔中。合适的回填材料能够加强岩土层和埋管之间的热交换能力，防止各含水层之间水的掺混和污染物从地面向下渗漏。主要的回填方法有人工回填和灌浆泵回填。人工回填是人工将回填料由钻孔四周缓慢填入钻孔内，回填的同时间断性地向孔内注水，尽可能地确保孔内填料密实，但是由于钻孔内存在大量空气以及泥浆很难确保回填密实，一般需要第一次填完后还应进行多次补充，如图 8-37 所示为人工回填效果。

图 8-38 是利用泥浆泵通过灌浆管将回填材料灌入孔中，如图 8-38 所示，灌浆系统由高速搅拌机、搅拌池、低速搅拌机及泥浆泵和管路组成。灌浆前，先将填料按照设计比例放入搅拌机中搅拌 2～3min，然后排入到低速搅拌罐中搅拌均匀。回灌时，根据灌浆的快慢将灌浆管逐渐抽出，使回填材料自下而上注入封孔，确保钻孔回灌密实，无空腔（图 8-39）。根据钻孔现场的地质

8-37　人工回填效果

情况和选用的回填材料特性，在确保能够回填密实无空腔的条件下，有时也可采用人工的方法回填封孔。除了机械回填封孔的方法外，其他方法应慎用。

封孔结束一段时间后，可利用岩土热物性测试仪进行现场 U 形地埋管传热性能测定，并根据测定结果对原有设计进行必要的修正。

对回填材料的选择取决于地埋管现场的地质条件。回填材料的热导率应不少于埋管处岩土层热导率，宜选用专用的回填材料。国外已有专门生产回填材料的厂商。我国在这方面的研究与应用刚刚起步，值得指出的是，在热导率大的岩石层上的钻孔埋管，更应选用专用的热导率大的回填材料。否则，回填材料有可能变成 U 形埋管的保温隔热层，如石英砂岩或花岗岩的热导率在 2.7W/（m·K）左右，而常用的回填材料膨润土、细砂和水泥的混合浆的热导率在 1.4W/（m·K）左右。用这种材料回填到花岗岩石的钻孔中，将使具有良好传热性能的岩层难以达到应有的换热效能。

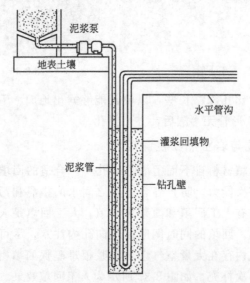

图 8-38　下管与回填封孔示意图

(a) 插入灌浆管

(b) 从底部灌浆至封孔

图 8-39　灌浆回填

正确的选择钻孔回填材料对于土壤源热泵系统的性能有很大的影响。钻孔回填材料的作用主要有两方面：一方面使埋管与钻孔壁之间尽可能填实，降低接触热阻，改善换热器与土壤的换热；另一方面是防止地表水通过钻孔向地下渗透而污染地下水，同时也防止各个含水层之间的交叉污染。高性能的回填材料需要具备良好的导热性能、流动性（稠度）、保水性、抗渗性、抗压强度以及适当的膨胀性等特性，以达到理想的回填效果，满足土壤源热泵的供暖制冷效果以及现场施工的可行性。而钻孔回填料的热导率并非越高越好，而是应该稍高于钻井周围岩土层的导热率。因为其导热率大小还必须要考虑管脚间热干扰的影响，这样既不会使回填料的热阻成为整个传热过程的瓶颈，也不会产生明显的热短路现象。

回填材料的选择应以地质勘察和岩土热物性参数的测试结果为基础，根据不同地质条件选择不同的回填材料。比如在华东地区相对坚硬致密、渗透系数较小的砂岩上使用风钻成孔后，选择水泥、石英砂、膨润土和水的混合物进行回填就会获得较好的换热和封井效果。而如果在华中地区地下水较丰富、强风化泥岩为主的地质情况下，使用水循环地质钻机成孔后，如果仍选用水泥砂浆回填，就很难达到提升换热效果和封井的目的，这种情况下，可以采用加入环保絮凝剂的混凝土进行封井。

8.5.2.5 环路集管连接

将地下 U 形管与水平管的连接称为环路集管连接。图 8-40 所示为集管连接施工现场。为防止未来其他管线敷设对集管连接管的影响或破坏，水平管埋设深度应大一些，一般可控制在 1.5～2.0m 之间。管道沟挖好后，沟底应夯实，填一层细砂或细土，并留有 0.003～0.005 的坡度。在管道弯头附近要人工回填以避免管道出现波浪弯。集管连接管在地上连接成若干个管段，再置于地沟与 U 形管相接，构成完整的闭式环路。在分、集水器的最高端或最低端宜设置排气装置或除污排水装置，并设检查井（图 8-41）。管道沟回填时，应分层用木夯夯实。

图 8-40 水平集管连接现场图

图 8-41 检查井

水平集管连接的方式主要有两种。一种是沿钻孔的一侧或两排钻孔的中间铺设供水和回水集管。另一种是将供水和回水集管引至埋设地下 U 形管区域的中央位置。

8.6 地埋管换热系统的检验与水压试验

8.6.1 地埋管换热系统的检验

应由一个最好是来自专业试验机构的独立的第三方承包商来工地现场做试验鉴定，并按如下内容提出报告：

① 管材、管件等材料应符合国家现行标准的规定。

② 全部竖直 U 形管的位置和深度以及地埋管换热器的长度是否符合设计要求。

③ 灌浆材料及其配比应符合设计要求。灌浆材料回填到钻孔内的检验应与安装地埋管换热器同步进行。

④ 监督循环管路、循环集管和管线的试压是否按下面所述要求进行，以保证没有泄漏。

⑤ 如果有必要，需监督不同管线的水力平衡情况。

⑥ 检验防冻液和化学防腐剂的特性及浓度是否符合设计要求。

⑦ 循环水流量及进出口温差均应符合设计要求。

8.6.2 地埋管水压试验

(1) 水压试验的特点　聚乙烯管道的水压试验，是为了间接证明施工完成后的管道系统密闭的程度。但聚乙烯管道与金属管道不同，金属管线的水压试验期间，除非有漏失，其压力能保持恒定；而聚乙烯管线即使是密封严密的，由于管材的蠕变特性和对温度的敏感性，也会导致试验压力随着时间段延续而降低，因此应全面的理解压力降的含义。国内地埋管换热系统应用时间不长，在水压试验方法上缺乏试验与实践数据。《地埋聚乙烯给水管道工程技术规程》（CJJ 101—2004）适用于埋地聚乙烯给水管道工程，但其水压试验方法与地埋管换热系统工程应用实践有较大差距，也不宜直接采用。水压试验方法是建立在加拿大标准基础上的，在试验压力上考虑了与国内相关标准的一致性。

(2) 试验压力的确定　当工作压力小于等于 1.0MPa 时，试验压力应为工作压力的 1.5 倍，且不应小于 0.6MPa；当工作压力大于 1.0MPa 时，试验压力应为工作压力加 0.5MPa。

(3) 水压试验步骤

① 竖直地埋管换热器插入钻孔前，应做第一次水压试验（图 8-42）。在试验

压力下，稳压至少 15min，稳压后压力降不应大于 3%，且无泄漏现象；将其密封后，在有压状态下插入钻孔，完成灌浆之后保压 1h。水平地埋管换热器放入沟槽前，应做第一次水压试验。在试验压力下，稳压至少 15min，稳压后压力降不应大于 3%，且无泄漏现象。

② 竖直或水平地埋管换热器与环路集管装配完成后，回填前应进行第二次水压试验。在试验压力下，稳压至少 30min，稳压后压力降不应大于 3%，且无泄漏现象。

③ 环路集管与机房分、集水器连接完成后，回填前应进行第三次水压试验。在试验压力下，稳压至少 2h，且无泄漏现象。

④ 地埋管换热系统全部安装完毕，且冲洗、排气及回填完成后，应进行第四次水压试验。在试验压力下，稳压至少 12h，稳压后压力降不应大于 3%。

(4) 水压试验方法　水压试验宜采用手动泵缓慢升压，升压过程中应随时观察与检查，不得有渗漏；不得以气压试验代替水压试验。

聚乙烯管道试压前应充水浸泡，时间不应小于 12h，彻底排净管道内空气，并进行水密性检查，检查管道接口及配件处，如有泄漏应采取相应措施进行排除。

图 8-42　水压试验

第9章
土壤源热泵系统运行能效测评

土壤源热泵系统作为一种可再生能源建筑应用技术，在建筑节能领域得到了较为广泛的应用。工程示范从单个项目开始发展到城市级和集中连片，建设规模呈明显增大趋势，应用面积急剧增长。但同时也暴露出一些问题，导致部分土壤源热泵工程能效较低，甚至出现系统运行失败的情况。因此，以实际工程经验为主要依据，针对已建立的土壤源热泵项目进行能效测评，找出影响系统运行能效的主要因素及其影响规律，在此基础上制定科学的设计、施工以及运行管理方案，对于土壤源热泵技术的正确推广与健康发展至关重要。本章主要介绍了土壤源热泵系统运行能效测评的内容、测评方法及测评报告的编制。

9.1　能效测评的必要性

9.1.1　土壤源热泵健康发展的需要

土壤源热泵因其具有节能环保、节省占地面积及可再生能源综合利用等优点，而成为传统采暖空调的有力竞争方式，并被国家"十一五"、"十二五"可再生能源利用专项规划列为重点支持与资助的领域之一。近年来，受国家及地方政府的大力推动，尤其是可再生能源建筑应用示范城市与示范项目的实施，该技术在我国得到迅速发展，并逐渐推广到全国各地，有推广至不同气候地区市级乃至县级区域应用的发展趋势。然而，由于土壤源热泵技术工作原理的特殊性及不同地区地质条件、气候特征及不同建筑负荷特性的差异，其运行特性与运行效率存在较大的差异性，从而导致已建立的相关工程项目的运行效果存在多样性，特别是长期运行过程造成的地下土壤热（冷）量的累积效应使得其运行的可靠性受到严重挑战，并成为影响土壤源热泵系统长期稳定高效运行的关键。因此，针对不同土壤源热泵工程进行能效测评，在此基础上总结出已有工程经验，以为在建相关工程及后续拟建工程的优化设计与运行管理提供参考，对于土壤源热泵技术的正确推广与健康发展至关重要。

9.1.2 土壤源热泵系统的复杂性

土壤源热泵系统是一个有众多影响参数和众多目标参数相互影响、相互制约的复杂系统，包括气候特征、建筑类型、建筑功能、负荷特性、地质条件、机组运行特性、地埋管换热特性及其与热泵机组的耦合特性与优化调控等；同时，目前地源侧换热机理的研究尚未完善，关于土壤源热泵机组与地埋管换热系统及其与室内末端系统的优化匹配和自动控制调节技术的研究还相当缺乏。上述问题的存在使得土壤源热泵系统设计难度大、施工工艺及运行调节相对复杂，在应用效果方面存在一定程度的不确定性。为了充分发挥土壤源技术的节能优势，在开展相关关键技术研究的同时，有必要对这一复杂系统进行能效监测与评价，确定不同因素对其能效的影响规律，在此基础上提出优化设计与运行调控方案，以保证该系统运行性能的最大化。

9.1.3 系统优化运行管理的需要

土壤源热泵系统既可以供暖、空调制冷，又可以提供生活热水，一机多用，一套系统可以替换原有的供热锅炉、制冷空调和生活用水加热的三套装置或系统，高效便捷。同时，现代建筑往往具有综合功能效用，土壤源热泵系统不仅可以提供日常的生活热水和空气舒适调节功能，还可能为酒店提供游泳池热水供应等舒适性服务。此外，对于有些场合，土壤源热泵系统还会与太阳能系统、冷却塔系统、VRV（多联机）空调系统及风冷热泵等联合运行，这些都对土壤源热泵在联合运行过程中的高效性提出较高要求。在土壤源热泵系统运行过程中，需要对整个系统进行智能化管理，使得土壤源热泵系统能够随人流和负荷变化自动调整制冷或制热量，实现节能的最大化、运行费用的最小化。因此，对土壤源热泵系统进行测试评估是系统优化运行的需要。

9.1.4 土壤源热泵生态环保的需要

从工作原理上，土壤源热泵是一种以地下土壤作为蓄能体的跨季节地下蓄能与释能系统。土壤作为巨大的蓄能体，最佳情况是地下土壤温度在完成一个运行周期后能够自我恢复，从而保证其作为理想热源的"恒温"特性，保证系统长期运行在理想的冷热源温度下。但是由于不同建筑功能以及不同地区导致的冷热负荷不均，长期运行会导致地下土壤温度持续上升或持续下降，这样土壤的热平衡就被打破，即土壤热失衡。存在土壤热失衡问题的土壤源热泵长期运行可以导致地埋管周围区域热（冷）堆积，从而造成地下区域的温度持续升高或者降低，由此引起土壤温度梯度的改变，大地热流值随之也发生变化，使地壳表层的正常温度分布遭到破坏，形成局部地区热异常，进而影响生态环境。土壤中微生物总生物量的主要限制因子是土壤温度和湿度，大地热流既影响土壤的温度，也影响土壤的湿度，因而是影响土壤中微生物总量的一个重要因素。同时土壤温度是影响生态系统存在和演化的重要因素。它影响到土壤中有机质和 N、P、K 元素的积累，土壤电导性、土壤水分状况、微生物活性及土壤中各种生物化学过程。热失衡会导致土壤温度的逐年持续升高或降低，一旦超过原有生物活动所要求的温度范围，必然会导致某些生物群落的灭亡，引起生物种类的重新分布，会破坏生物链，最终会影响到整个区域生态环境的变化。要保持土壤源热泵的绿色生态环保，就必须首先解决其土壤热失衡问题。因此，对土壤源热泵系统运行能效进行监测，以确保土壤热平衡，是土壤源热泵技术生态环保的前提与关键。

综上所述，制订科学合理的土壤源热泵系统测试和评价方法，对于保证土壤源热泵系统的实际应用效果、规范土壤源热泵行业发展和保护水文、地质和生态，均具有重要的作用。

9.2　能效测评的依据

目前，土壤源热泵系统能效测评的主要依据有：

① 《可再生能源建筑应用工程评价标准》（GB/T 50801—2013）。

② 可再生能源建筑应用示范项目检测程序与评价标准。

③ 《地源热泵系统工程技术规范》（GB 50366—2009）。

④ 《水（地）源热泵机组》（GB/T 19409—2013）。

⑤ 一些地方性的评价标准，如江苏省的《地源热泵系统建筑应用能效测评技术规程》。

⑥ 竣工图纸、验收资料、运行调试资料等。

9.3　能效测评的内容

土壤源热泵系统的检测与评价是全面掌握土壤源热泵系统能效的重要途径，建立与完善土壤源热泵系统的能效测评体系，对土壤源热泵技术的正确推广与健康发展有着重要意义。

9.3.1　测试条件

① 测评应在被测项目投入使用之后，且土壤源热泵系统正确运行达到稳定之后进行。

② 检测时热泵系统的冷（热）负荷宜达到设计值的 60% 以上，热泵机组测定工况原则上应接近额定工况。宜在室外接近设计工况的条件下进行，检测期间系

统的热力工况应保持相对稳定。

③ 土壤源热泵系统综合能效现场测试应在典型供暖日和供冷日进行测试，测试周期为 2～3d。

9.3.2　测试内容

土壤源热泵系统的检测一般包括以下内容：

① 室内应用效果的检测；

② 热泵机组性能的检测；

③ 土壤源热泵系统能效的检测；

④ 输送系统性能的检测；

⑤ 土壤源侧特性的检测。

9.3.3　评价内容

依据上述检测结果，对土壤源热泵系统的综合能效进行评价，一般包括以下评价内容：

① 室内应用效果评价；

② 热泵机组性能的评价；

③ 土壤源热泵系统综合能效的评价；

④ 输送系统性能的评价；

⑤ 土壤源侧换热特性评价；

⑥ 系统节能效益的评价；

⑦ 系统环境效益的评价；

⑧ 系统经济效益的评价。

9.4　能效测评的方法

9.4.1　测试方法

9.4.1.1　室内应用效果的检测方法

调节室内温湿度，满足人们舒适性要求或工艺要求是空调系统最基本的功能，土壤源热泵空调系统各种性能的评价都要在满足舒适性要求的前提下进行。因此在对土壤源热泵系统性能进行测试和评估时，应首先对系统的室内应用效果进行测试。

土壤源热泵系统室内应用效果即舒适性测试，包括制冷季和供暖季效果测试，测试应选择典型的供暖日（供冷日）进行测试，测试方法相同，对于热泵系统同时承担冬季热负荷和夏季冷负荷的项目，应在两个季节分别进行测试。

（1）测试参数　对于舒适性空调系统，冬季主要测试参数为室内温度，夏季测试参数为室内温度和相对湿度。

（2）测点布置　根据建筑功能的不同，选择较为典型的房间或区域作为测试对象，根据测试对象面积以及使用功能的不同，依据相应规范确定测点的个数和位置，布置温度（温度和湿度）测试仪器，并记录各个仪器编号及其相应的位置。测试室内应用效果的同时应对室外温湿度进行测试，室外测点位置应该避免日晒和雨淋。

（3）测试仪器及精度要求　温湿度测量仪表：玻璃水银温度计、数字式温湿度仪、智能型温湿度自记仪。

温度精度要求±0.3℃，相对湿度精度要求为±5％RH。

（4）测试方法　室内应用效果的测试一般要求连续监测，根据具体情况确定监测时间间隔，室外温湿度的监测应与室内温湿度监测同步。测试时间长短根据具体情况确定。

9.4.1.2　热泵机组性能的检测方法

每台热泵机组都有铭牌参数，包括制冷量、制热量、输入功率、输入电流、进出口水温、能效比，铭牌上的值都是在实验室额定工况下的测试值，并不是机组实际运行参数，这里的热泵机组的性能检测是指在实际应用工况下的性能检测。

热泵机组性能测试包括供冷季和供暖季测试，测试方法和测试参数相同，对于冬夏季都应用的热泵系统，应在典型的供冷季和供暖季分别进行测试。

（1）测试参数

① 热源侧介质流量。

② 空调侧介质流量。

③ 热源侧进出口介质温度。

④ 空调侧进出口介质温度。

⑤ 机组输入功率。

⑥ 机组的制冷（热）量。

⑦ 机组的制冷（热）工况下的性能参数。

（2）测点布置

① 温度：温度计应尽量布置在靠近机组的进出口处，以减少由于管道散热所造成的热损失。

② 流量：流量计应设置在设备进口或出口的直管段上，一般对于超声波流量计，其最佳位置为距上游局部阻力构件 10 倍管径，据下游局部阻力构件 5 倍管径处，若现场不具备上述条件，可根据现场的实际情况确定流量测点的位置。

（3）测量仪器及精度要求

① 温度测量仪表：玻璃水银温度计、铂电阻温度计或热电偶温度计，要求测量精度为±0.1℃。

② 流量测量仪表：超声波流量计，要求精度为±1.5%读数。

③ 功率测量仪表：功率计、电力分析仪、钳形电力计，要求精度为±2%读数。

（4）测试方法

① 根据示范项目的系统配置情况，选择测试机组，原则上应所有运行机组全部进行测试，对于系统配置机组较多，没有条件全部测试的项目，可选择较典型的热泵机组进行测试，具体抽检方法应符合下列规定：

a. 对于 2 台及以下同型号机组，至少抽取 1 台。

b. 对于 3 台及以上同型号机组，至少抽取 2 台。

② 依据相关规范在热泵机组两侧管路布置温度测点，一般情况下机组设有温度测试预留套管，将温度探头慢慢地插入套管并固定，加入导热油，温度探头布置完成后，将温度探头连接到采集板相应的数据通道，根据系统运行情况设置采集时间间隔。当管路上没有预留温度测试预留套管时，可以选择采用热电偶测量进出管路的外壁面温度，测量时，应保证热电偶和管壁充分接触，而且热电偶外应覆盖保温材料，以防止由于散热而造成的测量误差。测试所用热电偶的测量精度应满足测试要求。

③ 依据相关规定，在热泵机组热源侧和空调侧循环介质管路上布置流量测点，依据仪器操作规程安装流量计，待流量计显示流量稳定后，读取流量，对于定流量情况可以读取一段时间内的平均流量作为测试值，对于变流量系统则应根据实际情况设置一定的时间间隔连续采集流量，流量采集要与温度测量同步进行。

④ 根据系统运行情况设置机组功率测试时间间隔，功率测试的时间间隔应与温度和流量测试同步进行。

9.4.1.3　土壤源热泵系统综合能效的检测方法

土壤源热泵系统的综合能效指整个热源系统输入能量与输出能量的比例，它不是针对某一个设备，而是所有设备包括热泵机组、末端循环泵、土壤源循环泵联合运行的实际性能。

（1）测试参数

① 系统空调侧流量。

② 系统空调侧介质进出口温度。

③ 系统热源侧流量。

④ 系统热源侧介质进出口温度。

⑤ 系统的供冷（热）量。

⑥ 系统总的输入功率。

⑦ 系统的性能参数。

（2）测点布置

① 温度：温度计应尽量布置在系统的总管路上，一般可以布置在分集水器上。

② 流量：流量计应设置在系统总供水或回水管路上，其最佳位置为距上游局部阻力构件 10 倍管径，据下游局部阻力构件 5 倍管径处，若现场不具备上述条件，可根据现场的实际情况确定流量测点的位置。

（3）测试仪表

温湿度测量仪表：玻璃水银温度计、数字式温湿度仪、智能型温湿度自记仪。温度精度要求±0.3℃，相对湿度精度要求为±5%RH。

（4）测试方法　测试方法同热泵机组性能测试方法，但测试位置不同，具体见图 9-1。若系统的某些参数不具备测试条件，可以测试系统的各个设备的相关参数，采用合适的方法计算系统该参数的值，但要同步。比如热泵系统不具备总功率的测试参数，可以分别测试各热泵机组的功率和各循环水泵的功率，进行累加作为系统的总功率。

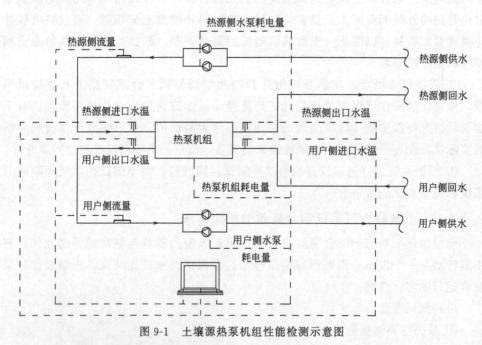

图 9-1　土壤源热泵机组性能检测示意图

9.4.1.4　输送系统性能的检测方法

输送系统主要指热源侧能源输送系统和空调侧能源输送系统，包括末端循环泵、地源侧循环泵。同样输送设备本身都有铭牌参数，主要包括流量、扬程、输入功率等，这些也指实验室额定工况下的运行参数，与实际运行工况不同。这里的输送设备性能检测主要指现场应用实际性能检测。

（1）测试参数

① 水泵流量。

② 水泵扬程。

③ 水泵功率。

④ 水泵效率。

⑤ 系统输送系数。

（2）测试仪表

① 流量测量仪表：超声波流量计，要求精度为±1.5％读数。

② 功率测量仪表：功率计、钳形电力计，要求精度为±2％读数。

③ 扬程测试仪表：压力表、压差变送器，要求精度为1.5级。

（3）测试位置及方法

① 流量：流量测试位置选择和测试方法与机组流量测试相同。

② 功率：功率在各个泵的配电柜进行测试，要求同机组功率测试。

③ 扬程：泵的扬程测试在泵的进出口位置，首先按照相关操作规程在两端预留位置安装压力表或者压差变送器，然后读出两端压力，得出压差即设备实际运行状态下的扬程。

9.4.1.5 土壤源侧特性的检测方法

土壤源热泵是利用浅层大地土壤作为热泵冷热源来进行供暖或供冷的热泵能源利用技术。土壤热源的特点和热物性直接影响土壤源热泵系统的应用效果。因此在项目初期需要对低位热源的热物性进行测试，对于土壤源热泵系统来说，主要参数包括土壤的含水量、热导率、比热容、密度等。这些参数需要在土壤源热泵系统方案确定之前进行测试，其测试方法已在第4章中进行了详述。这里的土壤源侧换热特性主要指系统设计安装完成后，土壤源侧换热系统的实际应用特性，目前尚缺乏针对正在应用的热泵系统热源侧特性成熟的测试方法，建议根据项目的具体情况采用以下方法。

（1）测试参数

① 水温。

② 土壤温度。

③ 热源侧换热量。

（2）测试方法及要求

在系统正常运行的情况下，对土壤源出水温度进行连续监测，并建议对土壤温度进行监测。测试热源侧换热量主要是判断土壤全年的取放热量是否平衡，以及以此判断是否需要启动辅助调峰设备。土壤温度具体测试方法如下。

① 测试位置。测试土壤温度主要是观察土壤温度受井群影响的程度，因此选

择受室外影响比较小的深度，一般认为 20～30m 以下土壤的温度是恒定的，不受季节的影响，所以建议测点布置在离地面 30m 的深度，位置取井群中心附近。

② 测试方法。建议在项目运行之前，在指定的位置打 30m 深的孔，之后将温度测量探头埋到孔底，要求温度测量装置有自动记录温度功能，或者能连接数据采集装置，要求测试持续整个测试周期。

9.4.2 评价方法

9.4.2.1 室内应用效果的评价

对室内外温湿度监测结果进行整理，计算室内温湿度保证率，计算公式如下：

$$PPS = \frac{N_{ps}}{N_{pt}} \tag{9-1}$$

式中，PPS 为室内温湿度保证率，%；N_{pt} 为总的测点数量；N_{ps} 为满足要求的测点数量。

根据室内温湿度保证率对土壤源热泵系统在该项目中的室内应用效果进行评价。

9.4.2.2 热泵机组性能与系统综合能效的评价

(1) 冷热量计算方法　无论是机组性能，还是土壤源热泵系统能效都要涉及换热量的计算，换热量的具体计算公式见式 (9-2)。

$$Q = V\rho c \Delta t_{w}/3600 \tag{9-2}$$

式中，V 为热泵机组（系统）用户侧平均流量，m^3/h；Δt_{w} 为热泵机组（系统）用户侧进出口水温差，℃；ρ 为冷（热）水平均密度，kg/m^3；c 为冷（热）水平均定压比热容，$kJ/(kg \cdot ℃)$。

(2) 机组性能评价方法　按照实测热泵机组制热量（制冷量）和消耗的功率，计算各个时刻土壤源热泵机组的 EER（COP），具体计算公式见式 (9-3)。

$$EER(COP) = \frac{Q}{P} \tag{9-3}$$

式中，EER 为机组制热工况能效比，无量纲；COP 为机组制冷工况能效比，无量纲；Q 为实测制热量或制冷量，kW；P 为机组实际输入功率，kW。

根据计算结果可以得出机组性能随负荷变化的关系曲线，根据变化曲线对热泵机组实际运行性能，包括热泵机组对负荷变化的适应调节能力进行评价。

(3) 土壤源热泵系统综合能效的评价　综合能效是评价土壤源热泵系统的综合性指标，它反映了由制冷（热）设备和输送设备所组成的热泵系统的综合能效。根据测试期间土壤源热泵系统总的供回水介质的温度、系统流量，计算测试期间土壤源热泵系统累计制冷量/制热量和累计输入能量，然后依据式 (9-4) 计算土壤源热泵系统的综合能效。

$$COP_S = \frac{Q_S}{N_S} \qquad (9-4)$$

式中，COP_S 为系统综合能效，无量纲；Q_S 为系统总制冷（热）量，kW·h；N_S 为系统总的消耗电量，kW·h。

根据测试期间系统运行情况及性能对整个土壤源热泵系统的运行可靠性、稳定性和系统能效进行评价。

9.4.2.3 输送系统性能的评价

（1）水泵效率 根据各个水泵流量、扬程、功率测试结果，计算各个输送设备的效率，具体见式（9-5）：

$$\eta = \frac{qH}{360P} \qquad (9-5)$$

式中，η 为水泵效率，%；q 为水泵实测流量，m³/h；H 为水泵实测扬程，mH₂O，$1mH_2O = 9.8 \times 10^3 Pa$；$P$ 为水泵实际输入功率，kW。

根据输送设备运行效率的实际计算结果与其额定工况下效率进行比较，对输送设备的运行效率进行评价。

（2）系统输送系数 系统输送系数是指输送系统输送冷量（热量）的效率，是输送冷量（热量）与消耗能量的比值，具体见式（9-6）：

$$WTF = \frac{Q_t}{N_t} \qquad (9-6)$$

式中，WTF 为水输送系数，无量纲；Q_t 为水系统输送的冷量或热量，kW，计算方法与机组两侧换热量计算方法相同；N_t 为水系统消耗的功率，kW，是指水泵所消耗的功率。

根据输送系统的输送系数对输送系统运行方式的合理性和输送系统的实际运行性能进行评价。

9.4.2.4 土壤源侧换热特性的评价

根据测试周期内热源温度（土壤温度）的测试结果，分析热源温度的变化趋势及土壤源热泵系统运行对热源温度的影响程度，进而分析热源的稳定性和可持续性。对热源的影响可以用单位换热量的温升作为量化指标，具体计算见式(9-7)：

$$\Delta t_q = \frac{t_e - t_s}{q_t} \qquad (9-7)$$

式中，Δt_q 为单位换热量温升，℃/（kW·h）；t_s 为测试结束时热源温度，℃；t_e 为测试开始时热源温度，℃；q_t 为测试周期内累计换热量，kW·h。

9.4.2.5 系统节能效益的评价

土壤源热泵系统的节能效益评价主要指其相对于传统的供暖或空调方式节能

性分析，一般选取一个供暖季或一个供冷季进行分析评价，对于土壤源热泵系统既供冷又供暖的项目，可以综合起来进行评价。以下分别介绍制热工况和制冷工况节能效益的评价方法。

（1）供暖季节能效益评价方法

①负荷估算。负荷估算是节能效益评价的基础，根据热负荷的构成特点，可以根据测试期间室内外温度测试结果、负荷计算结果以及当地历史气象资料对整个供暖季的热负荷进行估算，目前负荷计算主要局限于设计阶段，而设计负荷往往比实际负荷偏大，而要对项目的全年负荷进行测试又不太现实，因此建议采用实测与计算（度日法）相结合的方法来估算全年热负荷。具体见式（9-8）～式（9-10）。

$$Q_y = 24 \times 10^{-3} (\varepsilon KA)_Z (D_{18} + \Delta t Z)$$
$$= 24 \times 10^{-3} (\varepsilon KA)_Z (t_j - t_{ypj} + \Delta t) Z \qquad (9\text{-}8)$$

$$Q_c = 24 \times 10^{-3} (\varepsilon KA)_Z (t_j - t_{dpj} + \Delta t) \qquad (9\text{-}9)$$

式（9-8）除以式（9-9）得出

$$Q_y = \frac{(t_j - t_{ypj} + \Delta t)}{(t_j - t_{dpj} + \Delta t)} Q_c Z \qquad (9\text{-}10)$$

式中，Q_y 为供暖季总热负荷，kW•h；$(\varepsilon KA)_Z$ 为建筑围护结构综合负荷计算参数；D_{18} 为供暖度日数，℃•d；t_j 为基准温度，18℃；t_{ypj} 为供暖期间室外平均温度，℃；Δt 为与基准温度的差值，℃；t_{dpj} 为测试当日室外平均温度，℃；Z 为供暖期总天数，d；Q_c 为测试平均每个周期（24h）总热负荷，kW•h。

②节能效益评价。根据负荷估算结果，结合空调系统运行管理人员提供的运行记录、测试结果和其他相关资料，对测试项目土壤源热泵系统供暖季能耗进行计算。同样根据负荷估算结果，结合各种供暖方式的一般计算效率，计算采用常规燃煤锅炉供暖所需要的能耗。将两种供暖形式的能耗折算成一次能源进行比较，计算土壤源热泵系统相对于常规供暖方式的一次能源节能率。具体见式（9-11）。

$$SEP = \frac{CE_c - CE_g}{CE_c} \qquad (9\text{-}11)$$

式中，SEP 为节能率，%；CE_c 为常规空调系统一次能源消耗量（标准煤），t；CE_g 为土壤源热泵系统一次能源消耗量（标准煤），t。

（2）供冷季节能效益评价方法

① 负荷估算。根据建筑功能及冷负荷形成的特征，依据测试期间负荷随室外环境温度变化情况及各个时间段负荷分布情况和室内外温湿度测试结果，采用合适的方法估算整个供冷季的冷负荷。由于夏季冷负荷构成特点不同于冬季热负荷的特点，采用度日法估算会与实际偏差较大，一般可采用温频法或按照《公共建筑节能设计标准》部分负荷比例法进行近似估算。

② 节能效益评价。根据冷负荷估算结果、实测结果和运行管理人员提供的相

关资料，对土壤源热泵系统供冷季能耗进行估算，采用同样的方法对运用常规水冷空调系统所需要的能耗进行估算，将二者消耗能源折算成一次能源进行比较。

注：对于同时承担冬季热负荷和夏季冷负荷的土壤源热泵系统，可以综合起来对该系统的节能效益进行评价。

9.4.2.6 系统环境效益的评价

(1) 对大气环境影响评价方法 根据土壤源热泵系统相对于常规空调系统的一次能源，参照消耗一次能源所产生的温室气体和污染气体量，对项目应用土壤源热泵系统所带来的环保效益进行评价。主要评价指标和计算方法如下：

① 二氧化碳减排量

$$Q_{CO_2} = 2.47 Q_{bm} \tag{9-12}$$

式中，Q_{CO_2} 为二氧化碳减排量，t/a；Q_{bm} 为标准煤节约量，t/a；2.47 为标准煤的二氧化碳排放因子，无量纲。

② 二氧化硫减排量

$$Q_{SO_2} = 0.02 Q_{bm} \tag{9-13}$$

式中，Q_{SO_2} 为二氧化硫减排量，t/a；Q_{bm} 为标准煤节约量，t/a；0.02 为标准煤的二氧化硫排放因子，无量纲。

③ 粉尘减排量

$$Q_{FC} = 0.01 Q_{bm} \tag{9-14}$$

式中，Q_{FC} 为粉尘减排量，t/a；Q_{bm} 为标准煤节约量，t/a；0.01 为标准煤的粉尘排放因子，无量纲。

(2) 节水性 常规水冷式空调系统需要设置冷却水系统，冷却水系统需要消耗大量的水，包括冷却所需要蒸发水量、漂水量和排污水量。而土壤源热泵空调系统制冷工况运行时，理论上没有水量损失。具体节水量的计算方法，可以根据循环水量按一定的水量损失比例进行估算，也可以根据实际负荷的大小分别计算需要的蒸发水量、漂水量和排污水量后进行累加。

9.4.2.7 系统经济效益的评价

土壤源热泵系统经济效益评价指其相对于传统空调系统的初投资、能耗费用、运行管理费用、使用年限等方面的综合分析评价。

(1) 概念

初投资：指供暖空调各个部分投资之和，包括土建费、设备购置费、安装费和其他费用。

能耗费用：主要指消耗能源的费用，包括燃料费、水费、电费。

运行管理费用：设备维修费、管理费、管理人员工资等。

(2) 计算方法 对于提供增量成本的热泵示范项目可直接根据增量成本计算初投资增量，没有提供增量成本的，根据项目管理人员提供的相关资料（设备价格、安装费用、配合费等）计算该项目空调系统的初投资。另外，在没有相关资料的情况下可以根据热泵系统的形式、热泵机组以及输送设备的品牌等信息，依据行业内一般价格和空调面积估算土壤源热泵项目的初投资。

能耗费用计算，根据节能性计算得出的制冷季或供暖季土壤源热泵系统消耗的能源数量，结合当地能源的价格计算所需要的能耗费用。

运行管理费用计算，根据系统配置情况，自控程度确定大致需要运行管理人员的个数，结合当地工资水平计算一个供冷季或供暖季土壤源热泵系统管理需要的人工费，根据设备具体情况估算一个制冷季或供暖季所需要的维护费用。

（3）评价基础、评价方法　采用寿命周期费用成本法（LCC）对土壤源热泵系统的经济效益进行评价。寿命周期成本法是把供暖空调系统在寿命周期内所有的成本，包括初投资、运行能耗费用、维护费用等通过选择贴现率把未来的成本价值贴现为与之等值的现值累加起来。这一成本可以表现为现值，也可以表现为年值，具体见式（9-15）。

$$ENPV = \sum_{t=0}^{n} \frac{C_t}{(1+i)^n} \tag{9-15}$$

式中，$ENPV$ 为费用现值；i 为贴现率，按银行一年期的利息计算；C_t 为 t 年的成本；n 为寿命周期。

也可以简单地计算静态回收期，将土壤源热泵系统的增量投资成本除以因投资产生的项目实施后每年节约的费用，见式（9-16）。

$$N = \frac{C}{C_s} \tag{9-16}$$

式中，N 为静态投资回收期，a；C 为项目的增量成本，元；C_s 为系统节能所带来的经济效益，元/年。

9.5　能效测评报告

9.5.1　基本要求

土壤源热泵系统能效测评报告应包括形式检查、性能检测及能效评估三部分，具体如下。

9.5.1.1　土壤源热泵系统应用形式审查

主要包括资料完整性、系统完整性、系统外观质量、系统关键部件、系统运行情况检查。

（1）资料完整性　能效测评前应做到手续齐全、资料完整。检查的资料应包括但不限于下列内容：

① 项目立项、审批文件。

② 项目施工设计文件审查报告及其意见。

③ 项目施工图纸。

④ 与土壤源热泵系统相关的施工过程中必要的记录、试运行调试记录等复印件。

⑤ 关键部位的质检合格证书。

⑥ 检测人员认为应具备的其他文件和资料。

（2）系统完整性　应包括下列内容。

① 系统类型、制热/冷量、地源换热器、末端系统、控制系统、辅助设备、辅助材料等应满足土壤源热泵系统设计文件要求。

② 土壤源热泵系统设备机房内应具有完整的运行管理规程。

③ 土壤源热泵系统中介质流动方向和季节工况转换阀门应具有明显标识。

（3）系统外观质量　土壤源热泵系统的外观不应存在明显瑕疵，外表应平整和光滑，接缝严密，系统不应存在渗漏，调节装置应牢固、灵活等。

（4）系统关键部件　土壤源热泵系统的热泵机组、末端设备（风机盘管、空气处理机组等设备）、辅助设备与材料（水泵、冷却塔、阀门、仪表、温度调节装置、计量装置和绝热保温材料）、监测与控制设备以及风系统和水系统管路等关键部件应有质检合格证书和符合要求的检测报告，性能参数应符合设计和国家现行相关标准的要求。

（5）系统运行情况　应符合下列要求。

① 系统的运行调试记录应齐全，并满足设计和相关标准的要求。

② 土壤源热泵系统运行正常，控制系统动作正确，各种仪表显示正确，并有记录时间及检查结果。

9.5.1.2　土壤源热泵系统应用性能检测

性能检测应包括下列基本信息。

① 土壤源热泵系统基本概况，包括工程概况、系统类别、室外气象条件、检测对象与范围。

② 检测依据，包括标准、规范、图纸、设计文件和设备的技术资料等。

③ 主要仪器设备名称、型号、精度等级等。

④ 检测方法和数据处理。

⑤ 检测结果或者结论。

⑥ 检测机构名称、检测人员和检测日期等。

9.5.1.3　土壤源热泵系统应用能效评估

能效评估应包括下列基本信息：

① 土壤源热泵系统建筑应用的机组性能系数与系统能效比。

② 全年常规能源替代量。

③ 年节约费用、静态投资回收期。

④ 二氧化碳、二氧化硫、粉尘减排量。

9.5.2 能效测评报告的组成

基于以上要求，土壤源热泵系统应用能效测评报告主要包括以下部分。

① 能效测评汇总表。

② 项目概况及测评依据。包括测评项目的概况及测评依据所采用的依据。

③ 形式审查。包括形式检查表和形式检查内容。

④ 性能检测。包括性能检测表、检测依据、所采用的检测仪器、检测时间及条件及检测数据附表。

⑤ 能效评估。包括能效评估表和能效评估指标的计算。

⑥ 存在问题及建议。

以上内容中的能效测评表、形式检查表、性能检测表、能效评估表的参考格式分别见表 9-1～表 9-4。

表 9-1 土壤源热泵系统能效测评汇总表

项目名称		项目地址	
建筑类型		建筑面积	
序号	测评指标	测评结果	
1	系统能效比(EER)夏/冬		
2	机组性能系数(COP)夏/冬		
3	全年常规能源替代量(标准煤)/t		
4	二氧化碳减排量/(t/a)		
5	二氧化硫减排量/(t/a)		
6	烟尘减排量/(t/a)		
7	年节约费用/(元/年)		
8	静态投资回收期/a		
备注			
测评结论： □合格 □不合格			
测试评价机构名称(盖章) 年 月 日			
测评人： 审核人： 批准人：			

表 9-2 土壤源热泵系统应用形式检查表

序号		项目	结论
资料检查	1	项目立项、审批文件	
	2	项目施工设计文件审查报告及其意见	
	3	设计文件图纸	
	4	项目关键设备检测报告	
	5	施工过程中必要的记录、试运行调试记录等的复印件	
	6	其他对工程质量有影响的重要技术资料	
系统完整性		系统的类型、制冷/热量、地源换热器、末端系统、控制系统、辅助设备、辅助材料、运行管理方案、系统介质流动方向标识、工况转换阀门标识	
系统外观质量		外表、接缝、调节装置	
系统关键部件		热泵机组、末端设备、辅助设备材料、监测与控制设备以及风系统和水系统管路等关键部件的质检合格证书和检测报告	
系统运行情况		系统的运行调试记录、控制系统动作、仪表显示、记录时间	
备注			

表 9-3 土壤源热泵系统应用能效测评性能检测表

检测工况			
检测条件	室外气象条件	最高/最低温度: ℃; 最高/最低相对湿度: %	
	室内系统工况	空调水系统输送冷热量和室内热舒适参数的测量在系统已连续正常运行 2h 后进行	
检测时间	检测持续时间		
	数据记录间隔		

检 测 结 果

序号	检测参数	单位	检测值	备注
1	地源侧供水平均温度	℃		
2	地源侧回水平均温度	℃		
3	地源侧供回水平均温差	℃		
4	地源侧平均水流量	m³/h		
5	地源侧平均换热量	kW		
6	用户侧供水平均温度	℃		

序号	检测参数	单位	检测值	备注
7	用户侧回水平均温度	℃		
8	用户侧供回水平均温差	℃		
9	用户侧平均水流量	m³/h		
10	用户侧平均换热量	kW		
11	热泵机组功率	kW		
12	热泵机组制热/冷性能系数	—		
13	系统总用电量	kW·h		
14	冬季工况系统能效比	—		
15	夏季工况系统能效比	—		
备注				

表 9-4 土壤源热泵系统应用能效测评能效评估表

序列		测评指标	单位	测评结果
性能指标	1	机组性能系数(COP)夏/冬	—	
	2	系统能效比(EER)夏/冬	—	
节能效益	3	全年常规能源替代量(标准煤)	kg	
环境效益	4	二氧化碳减排量	kg/a	
	5	二氧化硫减排量	kg/a	
	6	烟尘减排量	kg/a	
经济效益	7	年节约费用	元/年	
	8	静态投资回收期	a	
	9	综合评估	—	
备注				

第 10 章
土壤源热泵系统运行维护管理

土壤源热泵系统不仅仅要有好的前期优化设计方案、严格完善的施工质量监控体系，还需有优良的运行维护管理条例，才能充分发挥其节能优势，长期高效稳定运行，延长系统使用寿命，从而可最大限度地节省投资与运行费用。

10.1 土壤源热泵系统的运行管理

运行管理对于暖通空调系统的高效运行十分重要，由于土壤源热泵系统与常规的暖通空调系统相比存在特殊性和复杂性，使得其运行管理显得更加重要。与其他常规系统的运行管理相似，土壤源热泵系统的运行管理主要包括技术资料管理、运行的规章制度、运行人员管理、运行的技术要求、运行的节能要求和运行的安全要求等。土壤源热泵系统的运行管理应以节能、高效为目标，以科学管理为原则。宜充分利用社会服务机构的专业管理与人才资源提高运行管理水平。

10.1.1 技术资料

建立完整的技术资料档案是进行科学运行管理的前提与基础。土壤源热泵系统建设过程中的勘察设计、施工调试、检测验收、维护和评定等技术文件应齐全完整、真实准确，并应保存完好。下列技术文件应当存档，并作为技术管理、责任分析、管理评定的重要依据。

① 系统的设备明细表。

② 主要材料、设备的技术资料、出厂合格证明及进场检（试）验报告。

③ 仪器仪表的出厂证明、使用说明书和校正记录。

④ 设计图纸、图纸会审记录、设计变更通知书和竣工图（含改扩建和维修改造）。

⑤ 隐蔽部位或内容检查验收记录和必要的影像资料。

⑥ 设备、水管系统、制冷剂管路、风管系统安装及检验记录。

⑦ 管道压力试验记录。

⑧ 设备单机试运转记录。

⑨ 系统联合试运转与调试记录。

⑩ 系统综合能效测试报告。

⑪ 维护保养记录、检修记录和运行记录。

⑫ 系统运行的冷、热量统计记录。

⑬ 系统的运行能耗统计记录。

⑭ 安全和功能检验资料的检查记录。

土壤源热泵系统的运行管理记录应按照相关管理制度定时准确填写并存档，填写人应签名。运行管理记录包括主要设备运行记录、巡回检查记录、事故分析及其处理记录、运行值班记录、维修保养记录、设备和系统部件的大修与更换情况记录、年度能耗统计表格、运行总结和分析资料，不停机运行的系统应当有交接班记录。

原始记录应准确、清楚，符合相关管理制度的要求，且保存完好。采用计算机集中监控的系统，应定期备份原始运行数据记录或打印汇总表格。土壤源热泵系统调整变更后的运行与控制策略、升级后的管理软件等资料应形成相关技术文件，并纳入技术资料管理。

对既有土壤源热泵系统实施的设备更新、节能改造、系统扩容等变动项目，应有完整技术文件和资料存档。

10.1.2 运行的规章制度

运行管理者应根据具体的土壤源热泵系统形式、功能及其安装的设备和控制调节系统，建立完善的设备和系统操作规程、常规运行调节总体方案、机房管理规章等相关规章制度。

运行管理者应建立健全运行管理制度，包括设备操作规程、岗位责任制、专职人员负责制、安全卫生制度、运行值班制度、巡回检查制度、维修保养制度、事故报告制度和突发事件应急处理预案等规章制度，组织运行和管理人员认真学习和考核，并张贴在方便阅读之处，做到人人清楚、时时可见。

管理部门应定期检查有关规章制度的执行情况，发现违反规章制度的情况及时纠正。定期召开会议，总结执行规章制度情况。工作人员要熟练掌握设备生产厂家提供的使用说明书及有关技术资料，结合实际制定使用管理计划、操作管理规程和维修保养制度。

管理人员应对工作人员和系统状态进行定期或不定期抽查，并进行各种数据统计和运行技术分析，发现异常应及时纠正。

建设单位或运营单位应对土壤源热泵系统的运行状况、设备的完好程度、能耗状况、节能改进措施等进行季度、年度运行总结和分析，提出修改意见和建议。

在土壤源热泵系统运行期内，土壤源热泵系统的主要设备供应商、控制装置供应商及施工单位应提供不低于国家规定和相关合同承诺的维护保养、技术服务及配件供应等售后服务，并做好维修记录，设备使用者也要对维修记录备份存档。

系统运行中的突发故障与异常现象可采用图片、文件、摄影等直观形象的形式保留，以利于后续分析用。

复合式土壤源热泵系统应制定不同运行模式的切换标准、季节和年度运行预案，并根据实际运行效果进行调整优化。

利用水系统进行冬夏季工况切换的土壤热泵系统，其功能转换阀门应设有明显的状态标识，操作结束后应对转换阀门的密闭性进行确认。

10.1.3 运行人员管理

建设单位或运营单位应当根据土壤源热泵系统的规模、复杂程度、运行时间、自控水平和维护管理工作量的大小，配备必要的专职人员或兼职管理技术人员，建立相应的运行管理和维修班组，购置相应的维修设备和检测仪表等。

土壤源热泵系统使用单位应根据自身技术条件、系统规模等因素选择使用自管、代管或托管等运行管理模式，条件适宜时宜优先选择专业技术服务团队按合同能源管理模式运营。

土壤源热泵系统管理和操作人员应经过上岗前的培训和教育，考试合格后方能上岗。具体培训内容包括土壤源热泵知识、自动化管理系统操作、建筑节能等方面。建设单位或运营单位应当建立、健全管理和操作人员的培训、考核档案。

操作人员应当熟悉其所运行的土壤源热泵系统，树立节能环保意识，做好热泵系统运行的日常记录和责任记录。对忠于职守、安全操作，在工作中成绩突出的集体和个人，有关单位应当给予奖励。

运行管理人员应定期统计调查分析系统运行效果和运行能耗，提高运行管理服务水平。

运行管理人员应定时书面记录土壤源热泵系统的运行参数，其运行记录样表可参考表 10-1。采用计算机能耗监测系统的，应对计算机能耗监测系统定期巡视、检查。

10.1.4 运行技术要求

新安装的土壤源热泵系统在投入运行使用前，须由专业人员对系统进行运行调试。通过调试可以对设计、设备、运转情况、设计参数等进行检验，发现问题后可及时解决。调试的范围涉及地埋管换热系统以及末端系统和自动控制系统等。

有关单位应对土壤源热泵机房内热泵机组的制冷剂泄露定期检查，有报警装置的应定期监测和维护，与末端系统联锁的应保证联动正常，保证系统安全、正常的工作。

有关单位应检查安全防护装置的工作状态、各种压力容器、化学危险物品与油料的存放等情况。

土壤源热泵系统设备的电气控制及操作系统应安全可靠，电源符合设备要求，接线牢固，接地措施符合标准，无过载运转现象。

热泵机组的水流开关应定期检查，确保工作正常。

热泵机组、水泵和风机等设备的基础应稳固，传动装置运转应正常，轴承冷却润滑良好，无过热现象，轴封密封良好，无异常声音或震动现象。

有关单位应按照设备要求定期检查中间换热器的进出口压差，以判断换热器结垢程度，适时清除设备内的水垢。

应定期检查热泵机组的安全阀、压力表、温度计、液压计等装置。高低压保护装置、电动机过载及缺相运行保护、冷凝器断水保护、低温防冻保护、排气温度保护、油压差保护等安全装置必须齐全，定期检验，确保正常工作。热泵机组的冷冻油应油标醒目，油位正常，油质符合要求。

热泵机组的运行情况应符合技术要求，不得有超温、超压现象。定期检查、记录热泵机组冷凝器和蒸发器的水流阻力，若发现其数值超过机组额定阻力值，应及时采取清洗措施。

有关单位应按安全和经济运行的要求，确保土壤源热泵系统各种安全和自控装置的正常运行，如有异常应及时做好记录和报告，并及时进行维修。特殊情况下需要停用安全或自控装置的，应当履行有关审批或备案手续，并告知所有相关供暖空调用户。

服务建筑面积大于 $20000m^2$ 的土壤源热泵系统，其埋管数量多、埋管区域较大，容易出现土壤热失衡现象，宜采用自动化监测管理系统。

表 10-1 土壤源热泵系统运行记录样表

日期	年 月 日	气温		℃		值班人	上午				下午		
时间		08:00	09:00	10:00	11:00	12:00	13:00	14:00	15:00	16:00	17:00	18:00
水源热泵机组	主机启停状态											
	蒸发器进水温度/℃											
	蒸发器出水温度/℃											
	冷凝器进水温度/℃											
	冷凝器出水温度/℃											
	冷凝压力/MPa											
	蒸发压力/MPa											
	主机电压/V											
	主机电流/A											

续表

日期	年　月　日	气温		℃		值班人	上午				下午	
时间		08:00	09:00	10:00	11:00	12:00	13:00	14:00	15:00	16:00	17:00	18:00
空调侧水泵	水泵启停状态											
	进水压力/MPa											
	出水压力/MPa											
	水泵电流/A											
地源侧水泵	水泵启停状态											
	进水压力/MPa											
	出水压力/MPa											
	水泵电流/A											
当日水源热泵主机耗电:(　)kW·h							当日水源热泵耗电:(　)kW·h					
当日用户侧热量表累计:(　)kW·h							当日地源侧热量表累计:(　)kW·h					
备注/异常情况:												

对服务于建筑面积大于 20000m² 公共建筑的土壤源热泵系统,应制定以土壤热平衡为基础的运行方案,并在运行中结合地温监测情况,对土壤热平衡运行方案进行必要的调整。

土壤热平衡运行方案应以全年采暖、空调及生活热水负荷作为基础计算出的全年土壤累计取放热量为依据,结合冷却辅助设备工况下的热泵机组效率等因素来综合制定。确定适宜的冷却辅助散热装置及地埋管的开启时间及长度。土壤的年取放热不平衡率不宜大于 10%。

部分负荷运行时,宜优先使用埋管区域外围地埋管换热器。对于埋管分区布置的,可交替轮换使用不同区域的埋管。

土壤源热泵机组部分运行时,地埋管换热器组群的运行数量宜与之匹配,未开启机组的对应阀门应关闭严密。

地源侧水泵宜根据负荷情况做变流量运行,采取运行管理措施使运行温差接近设计温差,避免大流量小温差运行。

系统供冷供热模式采用水切换方式时,应先关闭水系统的所有阀门,再开启本季节运行所需开启的阀门。

季节开机前，应做好热泵机组、冷冻水系统与地源水系统的检查，确认设备状态良好、配电及自控系统性能正常、季节性切换阀门操作到位。

10.1.5　运行节能要求

运行管理部门应当每年进行一次土壤源热泵系统能耗和供热（冷）量统计。土壤源热泵机组满负荷及部分负荷制冷（热）性能系数（COP）应符合《公共建筑节能设计标准》GB 50189—2005 第 5.4.4 条的要求。

土壤源热泵系统的使用功能和负荷分布发生变化时，或热泵系统存在明显的温度不平衡时，运行管理部门应对热泵水系统平衡调试。

土壤源热泵系统应根据负荷情况及热平衡策略调节主机的开启台数和顺序，使机组运行在高效区。

多台并联运行的同类设备（包括热泵机组），应能根据实际负荷情况，自动或手动调整运行台数，使输出的容量（如冷量、热量、水量、风量、压力等）与要求其提供的参数相匹配。

热泵系统运行时，应根据气候状况、系统负荷和建筑热惰性，结合土壤源热泵系统特性，合理确定提前开机时间和提前停机时间。

具备调速功能的设备，应使其输出能力可自动随控制参数（如供冷量、供热量、供水量、压力等）的变化而变化。

热泵系统地源侧的水泵宜采用变流量措施，以减少单机运行时水泵无谓消耗电能。

当土壤源热泵系统为间歇运行方式时，应根据每天的天气情况和末端负荷情况，在充分考虑建筑的蓄热性能的条件下，确定合适的开停机时间。

土壤源热泵系统回收冷凝热有利于总释热量与其总吸收量平衡的，技术经济分析合理的，也宜回收冷凝热。

土壤源热泵系统供冷工况下，应避免将冷水出水温度调在 7℃ 以下运行。当主机负载不大，在满足系统冷量需要的条件下，可适当提高热泵机组的出水温度，以提高制冷机效率。

完善和提高土壤源热泵系统的自动控制水平。条件允许的，应尽可能的改手动操作为自动控制。

加强管路保温措施的检查和维护，以减少冷、热量的流失。对技术落后、老化、低效率高能耗的设备，逐步实施淘汰。

土壤源热泵系统宜设置独立的供配电计量装置。

10.1.6　运行安全要求

土壤源热泵系统设备保护装置应齐全可靠，供配电符合相关规范的要求。

应定期检查土壤源热泵机房内设备管道的支吊架，发现异常及时维修。

土壤源热泵机房内设备运行时，应避免过载，并定期检查电缆温度。

应及时排除热泵机房内的积水，待积水排除后方可开启机组。

机房内严禁放易燃、易爆和有毒危险品。

热泵系统开停机应遵循"先开启水系统后开启主机"的原则，系统关机则应遵循"先关闭主机后关闭水系统"的原则。

机组在一个运行周期结束后，若长时间停机，应放空机组和管道的存水，并切断电源。再行开机前，应向系统内补水，并对机组进行全面检查，确认正常后方能开机运转。

10.2　土壤源热泵系统的运行维护

10.2.1　维护保养制度

建立完整的土壤源热泵系统运行维护保养制度是进行科学运行管理的可靠保证。采取经常性和季节性维护保养相结合，设备定检和巡检相结合的维护保养措施，可以最大可能地避免设备突发事故的发生。

土壤源热泵系统运行维护保养应建立以下制度。

① 主要设备单机维护保养制度。包括经常性和季节性的保养规程，日常主机点检规程。主要设备包括热泵机组、水泵、中间换热器、水处理设备等。

② 末端设备维护保养制度。末端设备包括空气处理机、散热器或风机盘管等。

③ 控制系统的维护保养制度。包括供配电系统和自动控制系统的维护保养。

④ 地源资源监测制度。包括土壤温度的检测。

⑤ 设备备品备件库存计划制度。

10.2.2　维护保养内容

土壤源热泵系统的维护主要包括热泵机组、地源水系统、中间循环介质系统、电器及控制系统。维护保养包括以下内容。

定期对热泵机组进行检修，更换零部件。每年需更换制冷剂和冷冻机油、干燥剂等，必要时还要对机组和系统进行气密性检查和防腐处理。要做好换热器的除垢、缓蚀处理。要备有一定的配件及专用工具，以便运行中设备出现故障时，能够及时进行检修，尽快使设备投入运行。

设备、阀门和管道的表面应保持整洁，无严重锈蚀，无跑、冒、滴、漏、堵现象。电动阀门应能够正常工作。

土壤源热泵系统主要设备和计量仪表应定期检验、标定和维护。损坏或失灵的仪表装置应当及时更换。

　　热泵机组的保养维护工作内容包括：检查制冷剂的充注量，若缺少到需要补充时，应按规定量补充制冷剂；检查润滑油量，润滑油不能超过规定的油位；在过渡季节要对机组的密封部分进行检查、鉴定和调整；对各部分的测量仪表，如压力表、温度计、真空计、油压计等的指示部分是否正确进行调整。

　　地源换热器的维护。对地埋管换热器定期检查是否有泄漏，发现问题及时解决。

　　水泵保养维护。检查各种泵的运行效率是否正常；启动注水旋塞、放气旋塞、压力密封垫是否正常；运行是否有振动和噪声，有无异常现象；防振橡皮、软管是否正常；进出口压力表是否正常。

　　水处理设备保养维护。水过滤器要定期与不定期清洗、更换滤网；软化水设备中软化剂的定期再生、更换。过滤网应当定期检查和清洗。

　　各种阀门的保养维护。检查阀门的密封性和开闭灵活性，电动阀门的控制执行是否正常，自动排气阀是否正常工作。

　　土壤源热泵系统自控设备和系统应定期检修、维护，定期校检传感器和仪表，以保证系统正常工作。

　　土壤源热泵系统的主要设备的检查孔、检修孔和测量孔，不得取消或遮挡。必要时应当增设检查孔、检修孔和测量孔，以便随时对运行情况进行检测。

　　系统末端设备，如风机盘管、空气处理机组、新风机组、供暖设备等，由运行管理部门统一维护保养，并应定期检查，及时维修，及时更换坏损设备及部件。

　　对每一次的检修、保养都要认真做好记录。

　　土壤源热泵系统一旦发生运行事故，应按事故预案处理。事故发生后，有关管理部门要组织有关人员进行认真的调查研究，分析事故原因、性质，追究责任，严肃处理，并及时填写事故分析报告。对发生事故而损坏的设备，及时维修和更新。

第 **11** 章

土壤源热泵系统工程实例

11.1　浙江某宾馆复合式土壤源热泵系统

11.1.1　工程概况

工程位于浙江省宁波市，为宁波市某学校宾馆，总建筑面积为 12323m²，其中地下室 1172m²，作为机房用，地上 8 层，建筑总高度 31.5m。主楼一楼大厅为大会堂，其他为客房、办公室，裙楼为餐厅等辅助用房。经计算，空调冷负荷为 1140kW，供暖热负荷为 750kW，日常生活热水负荷为 800kW。

11.1.2　地质勘探与岩土热响应测试

依据《地源热泵系统工程技术规范》的要求，在土壤源热泵系统方案设计前，应进行工程场地状况调查，并应对浅层地热能资源进行勘察。为此，针对工程现场进行了地下 84.65m 深度范围内的地质状况勘探，并进行了地下岩土热响应测试。表 11-1 列出了地质勘探获得的埋管现场岩土层分布状况，表 11-2 为岩土热响应测试井参数。

表 11-1　埋管现场岩土层分布状况

深度/m	厚度/m	岩土类型
40.50	40.50	灰色,淤泥质粉质黏土、黏土等
42.60	2.10	浅黄色,砂砾层
49.90	7.30	灰色,粉质黏土
55.85	5.95	砂砾石,上部较松散,下部黏土含量高
79.10	23.25	灰色,粉质黏土,黏土
84.65	5.55	沙砾岩,部分风化

表 11-2　热响应测试井参数

钻孔深度	钻孔直径	埋管形式	埋管材质	埋管内径	埋管外径	回填材料	地下水位
70m	130mm	单 U 形	PE 管	25mm	32mm	沙子	2m

根据以上地质勘察资料可得，该工程所在地地下 79.10m 以上的地层为粉质黏土、黏土和砂砾堆积层。采用土壤作为系统的热源/热汇，工程造价可以控制在相对较低的水平。根据热响应测试结果，测得土壤热导率为 1.266W/（m·℃），导热性能良好，适合作为热泵系统的热源/热汇。综合考虑土壤源热泵技术的节能环保优势及工程项目所在地的地质特点，决定采用土壤源热泵系统作为该宿舍楼空调系统的冷热源。

11.1.3　总体设计方案

本着节能与环保的原则，结合业主的要求及现场具体情况，决定采用复合式土壤源热泵系统＋热水储能装置的设计方案，总体设计方案如下。

地埋管换热器长度设计方面，考虑到夏季空调冷负荷比冬季采暖热负荷大，因此地下埋管换热器的设计以满足冬季采暖为主，夏季则辅以冷却塔作为补充，以满足夏季的排热要求。采用该复合式系统可以实现两个目标：一是可以减少地下埋管的设计长度，从而节省整个系统的初投资（地下埋管与钻孔费用）；二是可以避免因夏冬季节土壤负荷不平衡（夏季向土壤中的排热大于冬季的吸热）而引起长期运行后埋管区域土壤温度逐年升高、热泵进口温度上升而导致热泵性能日益恶化，从而可以提高机组运行效率。

热泵机组的选型上，考虑到机组的负荷率及夏冬季冷热负荷的差异，选用两台热泵机组来满足采暖空调要求，一台按供暖设计负荷要求选型，另一台则按夏季负荷要求选型，冬季开一台采暖，夏季则两台全开。卫生热水方面，选用一台单独的土壤源热泵机组常年提供生活用热水。鉴于热水的供应具有间断性的特点，因此，采用储热水箱加土壤源热泵机组的设计方案，以减小热泵机组的容量及相应地下埋管换热器的长度。

两套土壤源热泵系统埋管布置及运行关系上，考虑到卫生热水系统地下埋管全年只会从土壤中取热，而没有热量来相应补充，从而会使热泵机组的制热效率逐年降低。因此，为了使能源得以充分与有效的利用及热泵机组的高效运行，在整个地下埋管换热系统的布置上，将生活热水用土壤源热泵系统的地下埋管与采暖空调系统的地下埋管相间布置，埋管运行方式上将两套埋管系统交替轮换使用，这样在夏季运行时双方正好可以形成互补性，即夏季空调向土壤中排热时，卫生热水系统埋管正好可从土壤中吸热，一方面可以大大提高卫生热水系统的运行性能，同时也因采暖空调系统地下埋管周围土壤温度的降低而可以提高空调系统的制冷效率。

11.1.4　热泵机组选型

基于上述总体设计方案及计算得到的空调系统设计冷热负荷及卫生热水负荷，选用三台热泵机组，其主要性能参数见表 11-3。其中，1#机组按空调设计热负荷选取，冬夏季两用；2#机组按空调系统设计冷负荷选取，1#与 2#机组共同承担夏季冷负荷，冬季 2♯机组停开。3♯机组根据生活热水负荷选取，以满足常年制取生活热水要求。

表 11-3 热泵机组性能参数

| 机组编号 | 制冷量/制热量/kW | 蒸发器进出口温度/℃ | | 冷凝器进出口温度/℃ | | 制冷/制热输入功率/kW | 外形尺寸(长×宽×高)/mm |
		制冷	供热	制冷	供热		
1♯机组	712/774	12/7	15/6.3	15/27.5	39.6/45	138/181.6	3100×1250×1500
2♯机组	515/551	12/7	15/6.3	15/27.5	39.6/45	91.3/126.5	2990×1210×1450
3♯机组	515/551	12/7	15/6.3	15/27.5	39.6/45	91.3/126.5	2990×1210×1450

11.1.5 地埋管换热系统设计

地埋管换热系统的设计是本工程设计的核心内容，主要包括地埋管换热器形式、管材、管径、管长、竖井数目、竖井间距及冷却塔容量的确定，其设计好坏决定了系统的运行效果及初投资。

根据本工程设计冷、热负荷及现场勘测并地质资料，钻孔埋管采用当前国际上最流行的单 U 形竖直埋管换热器，管路连接采用并联同程式，并选用防腐性能好且价格较低的高密度聚乙烯（HDPE）管作为 U 形管的管材。考虑到管道承压及换热需要，本设计中地埋管换热器采用 De32 的 PE 管，地埋管换热器的埋管长度及布置方式依据空调设计热负荷与热水设计热负荷确定。而地埋管长度的确定涉及负荷、管路系统布置、管材与管径、土壤的热物性参数（地下温度、热导率、热扩散率）及气象参数等，是一个复杂的计算过程。目前，在工程设计时为了避免烦琐的计算，一般均采用简化计算方法。但考虑到设计的精度问题，本工程设计方案首先按简化设计法进行初步计算，然后再采用国际上常用的 IGSHPA 模型来进行详细的设计计算。

11.1.5.1 工程简化设计方法

（1）确定埋地换热器冬夏季土壤中的总吸放热量

$$冬季吸热量: Q_h = Q_1 \left(1 - \frac{1}{COP_h} \right) \tag{11-1}$$

$$夏季放热量: Q_c = Q_2 \left(1 + \frac{1}{COP_c} \right) \tag{11-2}$$

式中，Q_h、Q_1 分别为埋管冬季从土壤中的吸热量与冬季设计采暖热负荷，kW；Q_c、Q_2 分别为埋管夏季向土壤中的放热量与夏季设计冷负荷，kW；COP_h 和 COP_c 分别为热泵机组的制热与制冷性能系数。

对于本工程，当同时考虑卫生热水与供暖要求时，有 $Q_1 = 1250$kW，这里考虑安全系数后取 Q_1 为 1360kW，COP_h 按工程要求取为 4，则可计算出埋管冬季从土壤中的总吸热量为 1020kW。

（2）确定地埋管换热器长度

$$L_h = Q_h / q_1 \tag{11-3}$$

式中，q_1 为单位埋管吸热量，W/m，根据国内外经验，对于垂直 U 形埋管，q_1 一般取值为 $35\sim55W/m$。

参考国内华东地区一些实际工程的经验值，单位埋管换热量可取 $40W/m$，则本工程所需的地埋管换热器长度为 25500m。

11.1.5.2　国际地源热泵协会模型设计法

国际地源热泵协会模型提供了如下计算 U 形埋管换热器长度计算公式：

$$制热工况：\quad L_H = \dfrac{CAP_H \times \left(\dfrac{COP_H - 1}{COP_H}\right) \times (R_p + R_S \times F_H)}{(T_L - T_{MIN})} \tag{11-4}$$

$$制冷工况：\quad L_C = \dfrac{CAP_C \times \left(\dfrac{COP_C + 1}{COP_C}\right) \times (R_p + R_S \times F_C)}{(T_{MAX} - T_L)} \tag{11-5}$$

式中，CAP_H 为热泵处于最低进口流体温度 T_{MIN} 时的供热负荷，W；CAP_C 为热泵处于最高进口温度 T_{MAX} 时的制冷负荷，W；COP_H 为热泵处于最低进口温度时的供热性能系数；COP_C 为热泵处于最高进口温度时的制冷性能系数；T_L 为土壤的年最小温度，$℃$，对于垂直 U 形埋管取土壤全年温度平均值；T_{MIN} 和 T_{MAX} 分别为热泵最低与最高进口流体温度，参考 ASHRAE 标准，$T_{MIN} \geqslant T_{a,min} + (16\sim22)℃$；$T_{a,min}$ 为给定地区最低室外气温，$℃$。R_p 和 R_S 分别为埋管热阻和土壤热阻，$m\cdot℃/W$；F_H 和 F_C 分别为热泵的供热与供冷部分运转系数。

由设计手册可查得宁波市的极端最低室外气温为 $-8.8℃$，则热泵最低进口温度可取为 $T_{MIN}=10℃$，热泵最低进口流体温度 T_{MIN} 对应的供热性能参数参照厂家提供的相关产品样本，根据供热性能参数随进（出）口流体温度的变化，拟合出其性能曲线方程，从而计算确定。土壤特性参数由业主提供的土壤测试报告及查阅相关资料得到。有关的计算参数见表 11-4 所示，将具体的参数代入式（11-4）可计算得到冬季所需埋管的总长度为 26625m。计算结果与工程简化计算结果基本一致。

表 11-4　冬季地下埋管长度设计计算条件

设计热负荷/kW	U 形管参数					
	管材	内径/m	外径/m	当量直径/m	热导率/[W/(m·℃)]	热阻/(m·℃/W)
1250	PE	0.025	0.032	0.04525	0.35	0.076

土壤特性参数			热泵最低进口温度及性能			运转系数 F_H	$T_{a,min}$/℃
类型	最低温度 T_L/℃	热导率/[W/(m·℃)]	土壤热阻/[(m·℃)/W]	T_{MIN}/℃	CAP_H/kW	COP_H	
粉质黏土	17.3	1.266	0.52	9	1008	3.0	0.61	-8.8

根据现场勘测井地质资料，在深度 79m 以上为各种黏土层，而在 79m 以下则

为各种岩石层。考虑到钻孔的难易程度、施工费用以及可用于布置地埋管换热器的场地面积，将孔洞深度确定为 70m，钻孔直径为 110mm，U 形管换热器长度 140m。由此可确定钻孔总数为 182 个，其中 70（14×5）个孔洞（9800m）为生活热水土壤源热泵系统用，112（14×8）个孔洞（15680m）为采暖空调土壤源热泵系统用。

为了避免各管井间的热干扰，本工程选埋管间距为 4.5m，根据现场可用土地面积，拟将地埋管布置在宿舍楼左侧生态停车场到学员楼左侧花坛之间的区域（包括生态停车场、花坛及升旗广场等）。根据总平面图，其场地可用埋管面积约为（107×66）m²，因此可将埋管布置成 14×13，总占地面积约为（63×58.5）m²。其中生活热水系统与采暖空调系统的埋管采用相间布置（见图 11-1，其中第 3、5、7、9、11 排为生活热水机组用埋管，其他为供暖空调机组用埋管），以利于夏季运行时两套系统可以形成互补性。

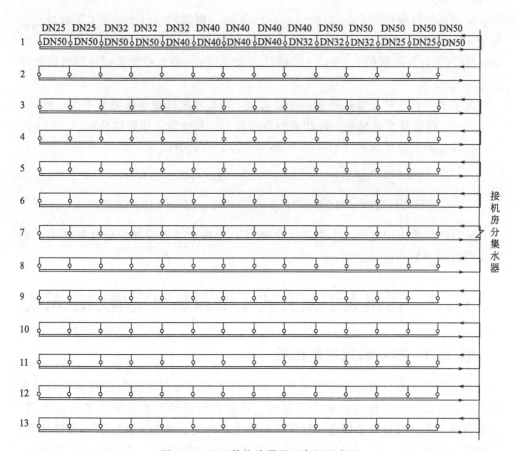

图 11-1　地埋管换热器平面布置示意图

11.1.6　冷却塔容量确定

本设计选用冷却塔作为平衡冬夏季埋管取放热量的辅助冷却设备，从而组成复合式土壤源热泵。对于复合式土壤源热泵系统而言，冷却塔容量的精确计算是一个极其复杂的过程，美国 ASHRAE 提供了一种工程上简化的计算方法，即首先按夏季与冬季的负荷分别计算出所需的埋管长度，然后按式（11-6）即可算得冷却塔的冷却能力：

$$Q_{cooler} = Q_{system} \frac{L_c - L_h}{L_c} \tag{11-6}$$

式中，Q_{cooler} 为冷却塔的设计散热能力，W；Q_{system} 为空调系统环路夏季通过埋地换热器向土壤的排热量，W；L_c、L_h 分别为夏季与冬季运行工况下设计的盘管长度，m。

由前面的计算可知 $L_h = 112 \times 140 = 15680m$，根据式（11-2）可计算出 Q_{system} 为 16562.5kW，依据式（11-5）可计算得到夏季制冷所需埋管长度为 $L_c = 28053m$，将计算得到的 L_c 与 Q_{system} 值代入式（11-6）便可得到所选冷却塔的冷却能力为 690kW。

为了进一步校核土壤热平衡，可以通过下列简单的能量平衡关系来进行检验：

埋管夏季放热量＋冷却塔的冷却能力＝制冷量＋压缩机功耗　　（11-7）

将具体的数值代入式（11-7），可得等式左、右边分别为：

等式左边＝13720×0.055＋690＝1445（kW）

等式右边＝（712＋515）＋（138＋91.3）＝1456（kW）

从计算结果可以看出左右两边基本相等，考虑水平埋管部分的放热能力，则完全可以满足夏季设计要求。

11.2　扬州大学复合式土壤源热泵实验示范系统

11.2.1　实验示范系统概况

为了响应国家节能减排政策号召，大力推进清洁可再生能源在建筑中的开发与利用，在扬州大学地源热泵专项资金、江苏省级教学实验教学示范中心项目、江苏省建筑节能引导专项资金及江苏省科技支撑计划（社会发展）项目等资助下，以扬州大学扬子津校区知行楼（水利与能源动力工程学院实验办公楼）为依托，相继分两期建立了以大地土壤作为能源载体，集太阳能、地热能、空气能等可再生能源综合开发利用于一体的多功能复合式土壤源热泵系统实验示范平台。

该实验示范系统平台既是江苏省可再生能源建筑应用与低能耗建筑示范项目，也是江苏省科技支撑计划（社会发展）项目的实际应用示范。项目定位为集教学、研究生培养、科学研究、科技服务及可再生能源应用示范功能于一体，除了满足常规科研、教学作用外，还可为学院办公楼的实验室与部分办公室提供冬季供暖与夏季空调的服务，其配套建筑为学院楼南楼 1～2 层，配套面积约 2000m²。2009 年 12 月完成了第一期的冷却塔-土壤源热泵复合式系统的建设，2012 年 12 月底完成了第二期的太阳能-土壤源热泵复合式系统的建设。

11.2.2 冷却塔-土壤源热泵复合式系统

冷却塔-土壤源热泵复合式系统由地源热泵机组、地埋管换热系统、保温水箱、室内末端循环系统、冷却塔循环系统、数据采集系统、电气控制系统及管路特性转换等几部分组成，实验系统原理见图 11-2，实物图见图 11-3～图 11-11。

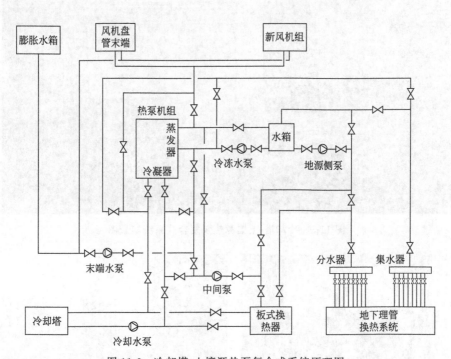

图 11-2 冷却塔-土壤源热泵复合式系统原理图

图 11-2 中地埋管换热系统由 8 个具有不同深度及不同形式的垂直埋管的钻孔构成。埋管形式包括垂直单 U 形、并联双 U 形、串联双 U 形及 1＋2 型埋管。钻孔布置平面图见图 11-12，各钻孔埋管形式及尺寸见表 11-5，不同埋管形式流体进出口示意图如图 11-13 所示。为了完成地下土壤温度场的动态实际测试，在埋管区域不同钻孔的不同深度及半径方向埋设有 72 个 PT1000 的高精度地下温度传感

器（图 11-8），温度测点布置见图 11-14。系统安装了冷却塔作为辅助冷却系统，以研究与探讨土壤热平衡问题及不同冷热源的优化匹配。实验系统地源热泵机组（图 11-4）制冷量为 30kW，外加的辅助冷却塔（图 11-5）容量为 15t。系统末端（图 11-10）由不同规格与样式的风机盘管、空调器构成，可完成系统匹配性的研究及本专业的教学展示。根据需要，通过系统安装的阀门调节，实验系统可完成多种工况的实验研究，包括单管与管群换热性能、地下岩土热物性测试、土壤源热泵供暖/制冷运行特性、大地土壤储能特性、复合式土壤源热泵系统运行特性及地下土壤传热特性等工况的实验。

图 11-3 冷却塔-土壤源热泵复合式系统实景图

图 11-4 土壤源热泵主机

图 11-5 辅助冷却塔

图 11-6 水平埋管

图 11-7 垂直埋管及探头

图 11-8 预埋温度探头

图 11-9 电气控制系统

图 11-10 不同形式的空调末端

图 11-11 地源侧分（集）水器

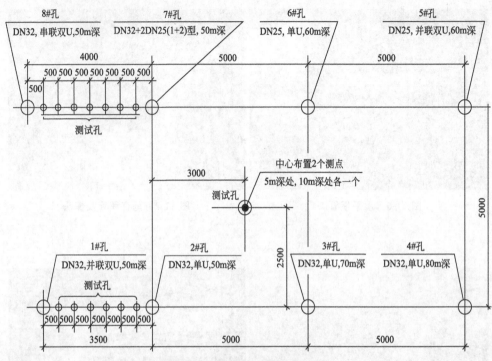

图 11-12 钻孔布置平面图

表 11-5 各钻孔埋管形式及尺寸表

钻孔编号	钻孔直径/mm	埋管直径	埋管形式	埋管深度/m
1	150	DN32	并联双 U	50
2	150	DN32	单 U	50
3	150	DN32	单 U	70
4	150	DN32	单 U	80
5	150	DN25	并联双 U	60
6	150	DN25	单 U	60
7	150	DN32＋2DN25	1 下 2 上型	50
8	150	DN32	串联双 U	50

　　为了研究不同形式埋管换热器的换热特性，在中间换热水箱中安装了可调电加热器，可完成不同埋管形式换热特性的对比研究及同一埋管换热器不同进口温度、不同流量及不同运行控制模式等因素影响的研究。为了进行地下埋管传热性能研究，试验台搭建时，考虑日后地埋管传热研究需要，埋设了 8 个不同形式的地埋管换热器。由于埋管布置时采用同程原理布置，且采用非集管式连接方式，即每个钻孔的地埋管换热器进出口均接到机房中分集水器，因此，便于单独控制与调节，且分析管路换热时可近似认为水平管路换热量相同，从而方便对各埋管

传热性能进行比较。

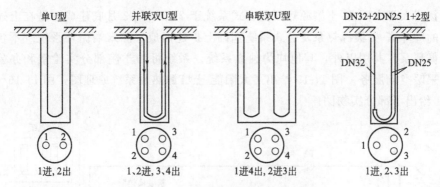

图 11-13 不同埋管形式进出口示意图

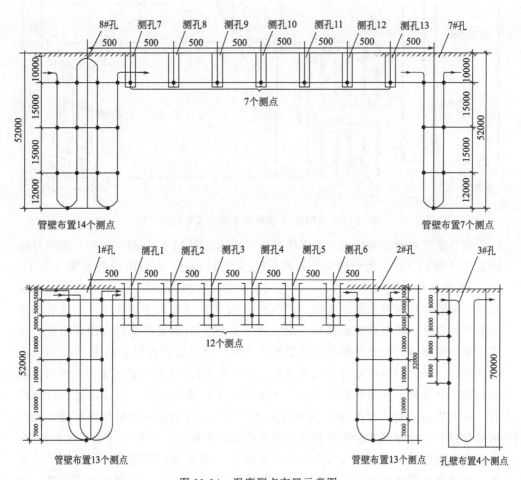

图 11-14 温度测点布置示意图

11.2.3　太阳能-土壤源热泵复合式系统

扬州大学太阳能-土壤源热泵复合式系统于 2012 年 12 月底建成,是在上述第一期的冷却塔-土壤源热泵复合式系统基础上扩建而成。除末端循环系统(不包括末端循环泵)共用以外,其他均为独立系统。系统可为学院部分实验室和办公室提供采暖空调服务。图 11-15 给出了太阳能-土壤源热泵系统原理图,图 11-16~图 11-21 给出了部分实物图。

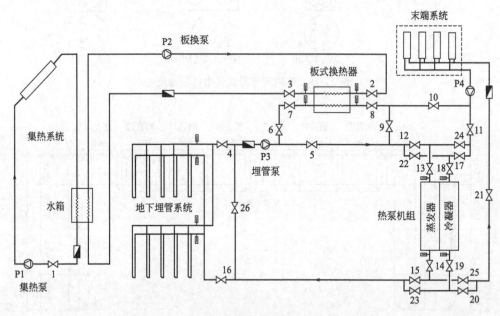

图 11-15　太阳能-土壤源热泵复合式系统原理图

实验系统由七部分构成:室内热泵机组系统(图 11-16、图 11-17)、地埋管换热系统(图 11-18)、太阳能集热蓄热系统(图 11-19)、太阳能控制系统(图 11-20)、板式换热系统(图 11-21)、室内末端系统及数据采集系统。实验水循环系统包括太阳能集热蓄热水循环系统、蓄热水箱-板式换热器水循环系统、地埋管换热器水循环系统、热泵机组水循环系统。通过运行太阳能集热蓄热水循环系统,可将太阳能集热系统收集的热量存储于蓄热水箱,通过运行蓄热水箱-板式换热器水循环系统(开启蓄热水箱与板式换热器之间的水泵),可实现地下埋管系统与蓄热水箱进行热交换,从而实现太阳能与土壤源的不同耦合运行方式。通过运行地埋管、热泵机组及蓄热水箱-板式换热器水循环系统,可实现双热源与热泵蒸发器间的相互耦合。考虑到实验研究目的及系统功能的多样化,在整个管路系统设计中,通过安装阀门的调节及预留接口实现了太阳能-土壤能各运行模式之间的切换。包括:土壤源热泵单独冬季供暖或者夏季制冷运行、太阳能-U 形埋管土壤蓄热、太阳能直接供暖运行、太阳能-土壤源热泵联合供暖运行、太阳能-土壤源热泵交替供

图 11-16　太阳能-土壤源热泵复合式系统实景图

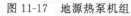

图 11-17　地源热泵机组

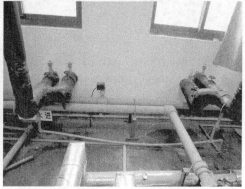

图 11-18　地埋管换热系统

暖运行等工况。

图 11-15 中地埋管换热系统由 16 个 80m 埋深的单 U 形埋管组成，分成两组进行布置，每组 8 个孔，夏季工况，一组埋管进行供冷，另一组埋管可同时进行太阳能地下埋管土壤蓄热，以供冬季使用。过渡季节，可采用现有地下埋管进行太阳能跨季节土壤储能，冬季则利用太阳能和地热能联合供暖。太阳能集热器阵列位于实验楼楼顶，由 15 块平板集热器构成，单块集热面积为 2m²，其有效集热面积为 1.85m²。实验系统设有两个 0.5m³ 的蓄热水箱，用以蓄存太阳能。热泵机组额定功率和制冷量分别为 18kW 和 60kW，末端主要采用风机盘管机组布置于

(a) 屋顶布置集热器阵列   (b) 蓄热水箱

图 11-19　太阳能集热与蓄热系统

图 11-20　太阳能控制系统　　　　　图 11-21　板式换热系统

一至二层实验室与部分办公室。实验系统所用到的主要设备及仪器型号规格详见表 11-6。

表 11-6　太阳能-土壤源热泵复合式系统主要设备及仪器型号规格

序号	设备名称	型号与规格	数量	单位	备注
1	水源热泵机组	型号:KGLS60-2,额定制冷量:60kW,额定功率:9×2kW	1	台	扬州科达冷暖设备有限公司
2	板式换热器	型号:PM10B-61H-4E(II),换热面积:12.81m²,设计温度:150℃	1	组	上海熊猫机械(集团)有限公司
3	平板型太阳能集热板	型号:B-P-G/0.7-T/L-HG-2.0有效吸热面积:1.82m²,板芯吸收率≥96%	15	块	上海哲能赫太阳能有限公司
4	卧式明装风机盘管	型号:FP-68WM,风量:680m³/h,制冷量:3600W,制热量:5400W	50	台	靖江市春意空调制冷设备有限公司

序号	设备名称	型号与规格	数量	单位	备注
5	蓄热 水箱	定制 1m×1m×1m	2	只	陕西华扬太阳 能有限公司
6	板换与蓄热 水箱循环泵	型号：FLG25-160，流量：4m³/h， 扬程 32mH₂O	1	台	上海熊猫机械 (集团)有限公司
7	集热器 循环泵	型号：1ZDB-35，流量：1.8m³/h， 扬程：35mH₂O	1	台	上海熊猫机械 (集团)有限公司
8	地埋管 循环泵	型号：FLG50-160(I)B，流量： 21.6m³/h，扬程 24mH₂O	1	台	上海熊猫机械 (集团)有限公司
9	末端循环泵	型号：FLG50-160(I)A 流量：23.4m³/h 扬程：28mH₂O	1	台	上海熊猫机械 (集团)有限公司
10	电气控制柜	按要求定制	1	组	扬州旭丰电气 设备有限公司
11	镍铬镍硅 热电偶	—	100	m	—
12	涡轮流量计	LWGY 型涡轮流量计	4	只	
13	数据采集仪	TP700 多路采集仪 KT800R 采集仪	2	台	

为了便于探讨太阳能-土壤源热泵复合式系统在不同运行模式下机组性能系数、土壤温度变化以及太阳能-土壤双热源间的耦合特性，实验系统可通过调节阀门和改变水泵运行时间段来实现太阳能-土壤源热泵系统不同运行模式之间的转换。以图 11-15 为分析对象，具体运行模式及流程说明如下。

(1) 夏季土壤源热泵制冷运行模式　夏季，系统按土壤源热泵制冷工况运行，为办公楼提供冷量而进行空调，太阳能集热蓄热系统主要用以提供生活用热水。其运行流程为：

① 室外地埋管放热环路：P3→5→22→18→冷凝器→19→23→16→地埋管→4→P3。

② 室内侧空调末端环路：P4→11→24→13→蒸发器→14→25→21→末端→P4。

阀门 4、5、11、13、14、16、18、19、21、22、23、24、25 开启，其他阀门关闭。

(2) 太阳能-U 形埋管土壤蓄热运行模式　夏季结束后的过渡季节，由于不需要供暖与空调，且生活热水负荷不大。因此，可以利用 U 形埋管将多余的太阳能储存于土壤中，即进行太阳能-U 形埋管跨季节性土壤蓄热，以为即将来临的冬季运行土壤源热泵供热时取出再利用，从而可提高机组的运行效率。其运行流程如下。

① 集热器-蓄热水箱蓄热环路：P1→集热器→水箱→1→P1。

② 水箱-板式换热器循环环路：P2→2→板式换热器→3→水箱→P2。

③ 室外地埋管放热环路：P3→6→7→板式换热器→8→9→12→13→蒸发器→14→15→16→地埋管→4→P3。

阀门1、2、3、4、5、6、7、8、9、12、13、14、15、16开启，其他阀门关闭。

（3）太阳能热泵供暖运行模式　随着冬季室外气温的降低及太阳能辐射强度的减弱，室内热负荷逐渐增加，单靠太阳能提供的热量满足不了供暖温度要求。因此，需要启动热泵机组，将蓄热水箱的水温进行提升后供给房间，即采用太阳能热泵运行工况运行，这样可以同时提高热泵机组及集热器的运行效率。其运行流程为：

① 集热器-蓄热水箱蓄热环路与水箱-板式换热器循环环路同上。

② 板式换热器-蒸发器循环环路：P3→6→7→板式换热器→8→9→12→13→蒸发器→14→15→26→P3。

③ 室内末端循环环路：P4→11→17→18→19→20→21→末端→P4。

阀门1、2、3、4、5、6、7、8、9、11、12、13、14、15、17、18、19、20、21、26开启，其他阀门关闭。

（4）土壤源热泵供暖运行模式　在冬季供暖期，当遇到阴雨天气及夜晚无太阳辐照，太阳能热泵无法正常工作时，可以启动土壤源热泵，即采用土壤源热泵供暖运行模式，其运行流程如下。

① 室外地下埋管换热环路：4→P3→5→12→13→蒸发器→14→15→16→埋管→4→P3。

② 室内末端环路：P4→11→17→18→冷凝器→19→20→21→末端→P4。

阀门4、5、11、12、13、14、15、16、17、18、19、20、21开启，系统其他阀门和水泵关闭。

（5）太阳能-土壤源热泵联合供暖运行模式　太阳能-土壤源热泵联合供暖运行模式是指太阳能和土壤热能同时作为系统的热源，属于实时直接耦合方式。具体为：白天开启热泵机组，太阳能集热器用来加热水箱中的水，开启水泵P2，使土壤和太阳能连续作为系统热源为系统供热，夜间系统关闭。该模式在冬季白天热负荷较大，需连续供热时间较长的场合较为适用。通过联合太阳能使得进入蒸发器的水温升高，改善机组的性能系数；同时还可以减少地埋管的吸热量，有利于土壤温度的自然恢复。其运行流程如下。

① 集热器-蓄热水箱蓄热环路：P1→集热器→水箱→1→P1。

② 水箱-板式换热器循环环路：P2→2→板式换热器→3→水箱→P2。

③ 室外地下埋管换热环路：P3→6→7→板式换热器→8→9→12→13→14→15→16→地埋管→4→P3。

④ 室内末端系统：P4→11→17→18→冷凝器→19→20→21→末端→P4。

阀门 1、2、3、4、6、7、8、9、11、12、13、14、15、17、17、18、19、20、21 开启。其他阀门关闭。

（6）太阳能-土壤源热泵交替供暖运行模式　太阳能-土壤源热泵交替供暖运行模式是指交替使用太阳能和地热能作为热泵热源的供暖运行方式，即在白天有太阳能辐射时启动太阳能热泵供暖运行模式、夜间无太阳能辐射时启动土壤源热泵供暖运行模式。该运行方式主要优点在于可以根据不同的天气条件、不同的负荷要求尽可能在恢复提高土壤温度的前提下选择不同的热源进行供暖，其运行流程如下。

① 太阳能热泵供热运行模式：同上。

② 土壤源热泵供热运行模式：同上。

（7）太阳能-土壤源热泵水箱蓄热运行模式　白天，运行土壤源热泵供暖，同时开启集热器泵将太阳能储存在蓄热水箱中。夜间将蓄热水箱与土壤源热泵联合运行，该运行模式适用于夜间热负荷较大情况。其运行流程如下。

① 白天土壤源热泵供暖模式：同上。

② 白天集热器集热循环环路：同上。

③ 夜间水箱-板式换热器循环环路：同上。

④ 夜间室外地下埋管换热环路：P3→6→7→板式换热器→8→9→12→13→14→15→16→地埋管→4→P3。

⑤ 室内末端系统：P4→11→17→18→冷凝器→19→20→21→末端→P4。

11.3　扬州帝景蓝湾土壤源热泵系统

11.3.1　工程概况

扬州帝景蓝湾为扬州恒通建设集团开发的高档商品住宅，项目位于扬州市江阳中路以南、祥和路以东，距江阳中路 30m，地处扬州开发区 CBD 版块核心。帝景蓝湾占地约 3.4 万平方米，地上总建筑面积 52904.88m²，是由 9 栋 8~11 层小高层及 1 栋 18 层高层国际公寓组成的高档住宅小区，其中居住建筑面积 48733.31m²，会所建筑面积 589m²。帝景蓝湾采用六大高舒适节能先锋科技系统：地源热泵系统、负压式自平衡新风系统、智能家居系统、墙体外聚氨酯发泡保温节能保温系统、外遮阳系统、人车分流系统，环保健康，并被正式列入国家人居环境金牌示范住宅项目。

图 11-22　扬州帝景蓝湾花园

11.3.2　设计依据

① 建设单位对本专业提出的有关意见；

② 有关设计规范：

《采暖通风与空气调节设计规范》GB 50019—2003；

《高层民用建筑设计防火规范》GB 50045—95（2005 年版）；

《地源热泵系统工程技术规范》GB 5036—2005；

《公共建筑节能设计标准》GB 50189—2005；

《民用建筑节能设计标准》JGJ 26—95；

《江苏省住宅设计标准》DGJ 32/J 26—2006；

《江苏省居住建筑热环境和节能设计标准》DCJ 32/J 71—2008；

《通风与空调工程施工及验收规范》GB 50243—2002；

《建筑给水排水及采暖工程施工质量及验收规范》GB 50242—2002；

《城镇直埋供热管道工程技术规程》CJJ/T 81—98；

《埋地聚乙烯给水管道工程技术规程》CJJ 101—2004。

11.3.3　空调负荷计算与热泵机组选型

① 空调总负荷：住宅楼以建筑节能 50％标准设计，采用 DEST 负荷计算软件得出空调冷热及生活热水负荷如表 11-7 所示：

表 11-7　空调负荷计算结果

建筑总面积/m²	夏季空调总计算冷负荷/kW	冬季空调总计算热负荷/kW	生活热水负荷/kW
52904.88	2860	2071.25	307

② 本工程采用土壤源热泵系统，考虑到住宅建筑负荷特点及同时使用系数，

最终确定如表 11-8 所示的空调装机负荷：

表 11-8 空调装机负荷

夏季空调装机负荷/kW	冬季空调装机负荷/kW
2002	1964

③ 根据以上空调装机负荷，热泵机组选型如表 11-9 所示：

表 11-9 热泵机组选型

型号	PSRHH2202-D	PSRHH-Y1351-R
制冷量/kW	844.3	412.7
制热量/kW	909.4	425.2
热回收量/kW	160.5(部分热回收)	424.9(全部热回收)
数量/台	2	1

设计工况条件如下。

夏季：空调供回水温度分别为 7℃ 与 12℃，冷凝器进出水温度分别为 30℃ 与 35℃；

冬季：空调供回水温度分别为 45℃ 与 40℃，蒸发器进出水温度分别为 10℃ 与 5℃；

不同季节运行工况的转换靠阀门的切换实现，冷冻水系统供回水管间采用压差旁通调节控制阀。

夏季主机供冷的同时通过两台部分热回收机组供热水，冬季和过渡季节通过一台全热回收机组供热水。

热水系统配合给排水系统分区设置时，低区供水管路需要设置减压阀，高区回水管路也需要设置减压阀防止高低区串压。

机房管路系统原理图见图 11-23。

11.3.4 地埋管换热器系统设计

（1）埋管形式 根据埋管形式的不同，目前可用的埋管形式主要有水平埋管、垂直埋管及螺旋型埋管。对于水平埋管，其占用地面积大，而且因埋管浅而容易受到室外气温波动的影响；至于螺旋形埋管，其加工比较困难，且运行阻力比较大，水泵能耗相应较高。目前使用最多的是单 U 形管、双 U 形管、套管式管几种形式，其中单 U 形管、双 U 形管又是工程中使用最多的，而双 U 形埋管换热量一般是单 U 埋管的 1.2 倍。考虑到现场可用土地使用面积及埋管换热性能的稳定性，在埋管布置形式上，本工程设计选用垂直双 U 形埋管，即在一个孔洞中埋设两组 U 形管。

（2）埋管间距 《地源热泵系统工程技术规范》建议埋管间距为 3～6m，根据相关的项目经验，本方案设计埋管间距为 5m，如考虑地下水迁移散热影响，能够保证土壤换热器冬夏热平衡。

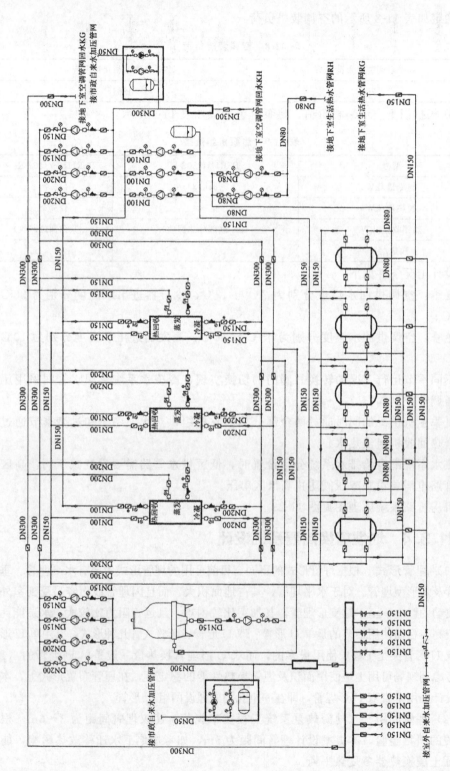

图11-23 帝景蓝湾热泵机房管路系统原理图

（3）钻孔直径　目前国内施工的钻孔直径一般为 110～200mm，根据不同的地质条件采用不同的成孔设备，如钻孔直径过大会造成施工成本过高，同时回填料施工难度增加，会影响使用效果。结合国内外相关施工经验，一般双 U 形管钻孔孔径为 135mm 比较合适，因此，在本项目中钻孔直径采用 135mm。

（4）埋管数量　地埋管换热器根据冬季吸热量设计，经过计算地源能源井共为 520 口。根据该地块的地质报告，埋管按照 55m 深设计，采用并联双 U 形埋管，根据热工测试计算得到本项目所需的钻孔数与换热能力见表 11-10。

表 11-10　钻孔参数与换热能力

钻孔深度/m	钻孔数量/口	埋管方式	垂直管直径/mm	水平管直径/mm	钻孔直径/mm	放热量/kW	吸热量/kW
55	520	并联双 U 形管	25	32	135	2145	1537

（5）埋管的管径　在实际工程中确定管径时必须满足两个条件，其一是管道要大到足够保持最小泵输送功率；其二是管道要小到足够使管道内保持湍流以保证流体与管道内壁之间的换热性能好。对于需要防冻液的地区还要考虑管内循环液流量不宜过大以减少投资的问题。显然，上述两个要求相互矛盾，需要综合考虑。一般并联环路用小管径，而进出口集管则采用大管径。地源侧最大总流量根据设备取 560m³/h，则每个回路（单井）流量即为 1.08m³/h，单回路流量即为 0.54m³/h，经过计算结果比较，此次设计中选用 DN25 双 U 形埋管，并联到 DN32 的水平管。

（6）管路的连接方式　在各孔洞 U 形管路的连接上，其形式有串联和并联两种。串联系统管径较大，管道费用较高，并且压降特性限制了系统能力。并联系统管径较小，管道费用较低，且常常可布置成同程式，当各并联环路之间流量平衡时换热量也相同，其压降特性有利于提高系统能力，同时各并联管路系统的阻力损失也易于平衡。因此，本设计方案在管路连接上选用并联同程式，这也是大多数实际工程优先采用的管路布置连接方式。

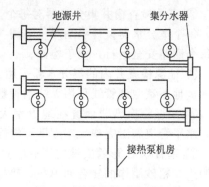

图 11-24　非集管式连接方式

水平管连接有两种，一种是集管式，一种是非集管式。非集管式是将单口井的地埋管管道单独汇总至检查井集分水器。其优点是检修方便，在单口井出现泄漏的情况下，关闭该回路即可，不影响其他回路正常使用，尤其适合在建筑地基下埋管。因此，本次设计采用非集管式，见图 11-24。

11.3.5 地埋管换热器的施工

① 地埋管换热器设计分为 A、B、C、D、E 五个区域，每个区域布置 104 口并联双 U 管，连接到南北两侧的集分水检查井内汇总接入热泵机房（见图 11-25与图 11-26）。集分水检查井内的集水器安装静态平衡阀，五个区域在热泵机房分别设置静态平衡阀，保证整个系统的全面水力平衡。A、B、C、D、E 区域在运行中互为备用，在过渡季节和部分负荷工况下转换运行不同的区域。

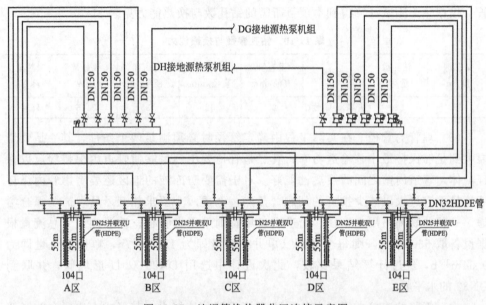

图 11-25　地埋管换热器分区连接示意图

② 室外检查窗井集分水器对每个土壤换热器回路（共 520 个）设计可关断球阀，每个集分水器设计手动涡轮蝶阀（分水器上）和静态平衡阀（集水器上），保证每个回路安全运行，便于检修。

③ 地源检查井内的集分水器采用无缝钢管制作，内外热镀锌。各窗井地埋管主管、地下室空调管线采用无缝钢管敷设。

④ 地埋管换热器埋置在地下室大底板下面。钻孔在车库垫层浇注前进行施工，水平管道施工完毕，车库即可浇注垫层。

⑤ 垂直双 U 形管安装完毕后应立即用回填材料封孔，回填材料宜采用水泥加膨润土、粗砂制作的复合回填料；热导率不小于孔壁热导率。

⑥ 水平地埋管连接管回填土应细小、松散、均匀且不含石块，回填过程应压实、均匀。水平管道密集处可分上下两层敷设，管道之间采用黄沙密实。

⑦ 垫层浇筑后在垫层上进行钻孔埋管施工，水平管道走垫层内（垫层预留位置或开槽），水平施工完毕进行黄沙回填和垫层施工，黄沙回填需密实。

⑧ 地埋管换热器安装前、中、后应进行水压试验，地面试验压力 1.2MPa，

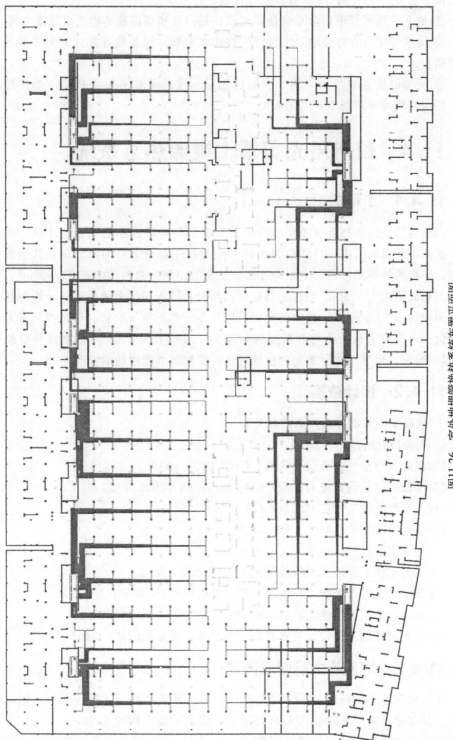

图11-26　室外地埋管换热系统布置平面图

系统试验压力 0.6MPa。安装前后应对管道进行冲洗。

⑨ 地下室地埋管道汇总总管贴梁敷设，最高处和局部最高处设自动排气阀。

⑩ 地埋管穿检查井外墙处需预埋刚性防水套管，地源检查井内支架安装处需预埋钢板。

⑪ 土壤温度监测显示采用 5 台双回路显示仪，测温探头为 PT100 温度传感器，测温线缆为屏蔽线 RWP3×0.5。

11.4 扬州阳光美第土壤源热泵系统

11.4.1 工程概况

阳光美第是由扬州新能源虎豹房屋开发有限公司开发的高档住宅小区，项目位于扬州市新城西区内，具体位置为西外环与孙庄路交叉口的西北角，其地址范围为：东至西外环路以西，南至孙庄路，北至沿山河。总占地面积 112500m²，住宅建筑总面积为 175580m²，含小高层、高层及花园洋房等多种住宅，土壤源热泵配套面积约 $1.7×10^5$m²，其中商业建筑以及小公寓不参与配套。小区按西东方向划分为一、二期项目，分两个系统进行规划，总户数为 1100 户。项目整合新的"恒温、恒氧、恒湿"国际领先的建筑科技，使建筑节能率达到 65%。

11.4.2 设计依据

① 建设单位对本专业提出的有关意见；

② 相关设计规范：

《采暖通风与空气调节设计规范》GB 50019—2003；

《高层民用建筑设计防火规范》GB 50045—95（2005 年版）；

《地源热泵系统工程技术规范》GB 50366—2005；

《公共建筑节能设计标准》GB 50189—2005；

《民用建筑节能设计标准》JGJ 26—95；

《通风与空调工程施工及验收规范》GB 50243—2002；

《建筑给水排水及采暖工程施工质量及验收规范》GB 50242—2002；

《民用建筑热工设计规范》GB 50176—93；

《全国民用建筑工程设计技术措施暖通空调、动力》（2003 年版）。

11.4.3 地下岩土热响应测试

设计前在埋管现场进行了深度为 83m 的地下地质勘探，并进行了岩土热响应测试。钻井过程采用金刚石刀头全程取芯，揭露的最大深度为 83m，表 11-11 列出了钻探井揭露的不同地层的地质构造，表 11-12 给出了地下岩土热响应所采用的测试井参数。

表 11-11　埋管现场岩土层分布状况

深度/m	厚度/m	岩土类型	深度/m	厚度/m	岩土类型
1	1	黏性土	18	1	碎石块
2	1	黏性土	25	7	基岩
4	2	黏质性细沙	35	10	碎石块
6	2	结核石层	40	5	基岩
7	1	淤泥质	45	5	碎石块
9	2	中风化	57	12	基岩
11	2	基岩	68	11	碎石块
15	4	基岩	75	13	基岩
17	2	基岩	83	13	碎石块

表 11-12　试验井埋管的施工和安装数据

试验井编号		1♯测试井	2♯测试井
垂直埋管段	钻井深度/m	83	83
	下管深度/m	80	80
	垂直管总长度/m	160	320
	回填材料	水泥浆＋膨润土＋黄沙	水泥浆＋膨润土＋黄沙
	安装方法	自然下管	自然下管
	钻孔直径/mm	130	130
PE 管	埋管形式	单 U 形	并联双 U 形
	外径/mm	32	25
	内径/mm	26	20

根据钻探结果可得出，地下深度 83m 范围内的地质主要是碎石块、基岩及黏土层等。通过热响应测试得到岩土层的原始平均温度为 17.8℃，两个测试井的测试结果见表 11-13。

表 11-13　测试井散热实验结果和传热量

测试井编号	1♯测试井	2♯测试井
钻孔深度/m	83	83
下管深度/m	80	80
埋管形式	单 U	并联双 U
下管长度/m	160	320
流量/(m³/h)	0.9	1.2
进水温度/℃	37	37
回水温度/℃	32.2	32.5
平均地温/℃	17.8	17.8
换热量/kW	5.02	6.28
排热量/(W/m)	62.8	78.5

根据测试得到的结果，利用热响应实验分析软件可得：地下岩土平均热导率为 2.37W/（m·K），钻孔平均热阻为 0.158（m²·K）/W。对于本工程并联双 U 形埋管，埋管深度为 83m，管道流速为 0.4～0.7m/s，进水温度夏季 30～38℃，冬季运行温度在 5～10℃，经计算可得：夏季每米井深散热量为 70～80W/m，冬季土壤换热器每米井深取热量为 55～60W/m。对于采用单 U 形埋管，埋管深度为 80m，管道流速 0.6～0.7m/s，进水温度夏季 30～38℃，冬季运行温度 5～10℃，经计算可得：夏季每米井深散热量为 55～63W/m；冬季每米井深取热量为 40～50W/m。

11.4.4　空调负荷计算

本项目为住宅类小区系统设计，除花园洋房按建筑节能 65％标准设计（共计 30000m²）外，其他住宅楼均以建筑节能 50％标准进行负荷计算（热水负荷不考虑在内），具体负荷计算结果如表 11-14 所示。

表 11-14　阳光美第空调负荷计算结果

项目	建筑总面积/m²	夏季空调总计算冷负荷/kW	冬季空调总计算热负荷/kW
一期	76236	5864	4105
二期	100864	7760	5430

由于本项目为住宅类，考虑 65％的用户同时使用系数后，可得一、二期的实际装机冷热负荷如表 11-15 所示。

表 11-15　阳光美第空调装机负荷

项目	同时使用系数	夏季空调装机负荷/kW	冬季空调装机负荷/kW
一期	0.65	3812	2668
二期		5043	3530

11.4.5　冷热源配置

根据上述空调计算负荷结果可知，全年累积冷负荷远大于热负荷，如空调冷热负荷全部由地埋管换热器承担会造成土壤温升。考虑到冬夏季冷热负荷的差异及地下冬夏季取放热量的平衡问题，结合项目现场临近河边的优势，为了更高效地利用地能系统，并减少系统钻孔埋管的费用以节省初投资，地埋管换热器的设计以满足冬季采暖为主，夏季不足部分由地表水源热泵来辅助制冷，以满足夏季的排热要求及地下热平衡，即采用地表水源热泵＋土壤源热泵复合式系统。

基于以上冷热源配置方案，并考虑空调主机的备用性，空调主机全部采用土壤源热泵机组，具体选型如表 11-16 所示。

表 11-16　热泵机组选型

机组型号	制冷量/制热量/kW	蒸发器进出口温度/℃		冷凝器进出口温度/℃		制冷/制热输入功率/kW	外形尺寸（长×宽×高）/mm	台数/台
		制冷	供热	制冷	供热			
一期								
PSRHH2002	769.1/829.7	12/7	10/5	30/35	40/45	154.9/186.8	3790×1150×2100	1
PSRHH3903	1525.1/1634.9	12/7	10/5	30/35	40/45	292.6/354.2	4420×1700×2300	2
二期								
PSRHH2702	1070.3/1142.8	12/7	10/5	30/35	40/45	204.1/246.7	4350×1150×2125	1
PSRHH5403	2075.8/2252.0	12/7	10/5	30/35	40/45	421/509.3	4420×1700×2300	2

　　所选热泵机组夏季供给空调系统 7℃/12℃ 的冷冻水、冬季供给 45℃/40℃ 的热水；不同季节运行工况的转换靠水侧阀门的切换实现。冷冻水系统循环水泵采用定水量，地源水系统循环水泵采用变水量，空调侧采用压差旁通调节控制阀、系统工作压力为 0.9MPa（地源侧 0.5MPa）；采用气体定压罐的定压方式（空调侧以及地源侧各一套）。一、二期热泵冷热源系统流程图见图 11-27 和图 11-28。

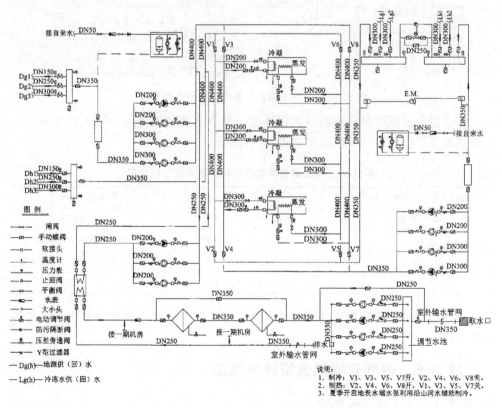

图 11-27　一期土壤源热泵冷热源系统流程图

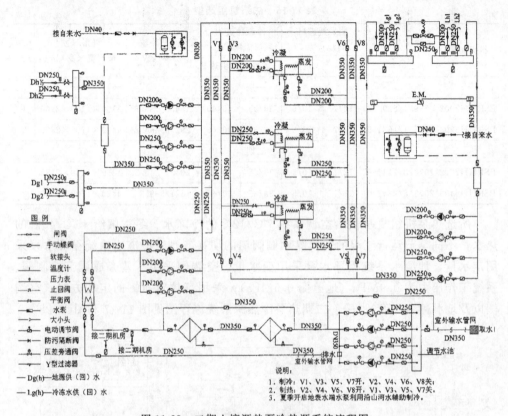

图 11-28　二期土壤源热泵冷热源系统流程图

综合以上夏季冷负荷及热泵机组选型，结合空调使用率（小区入住率），一、二期机组及冷源的运行分配方案如表 11-17 所示。

表 11-17　阳光美第夏季热泵机组与冷源运行分配

小区入住率（空调使用率）	机组开启	夏季冷源分配
20％或 40％	小机 1 台或大机 1 台	水源/地埋管
60％	小机 1 台＋大机 1 台	水源＋地埋管或地埋管
80％	大机 2 台	水源＋地埋管
100％	小机 2 台＋大机 1 台	水源＋地埋管

冬季小区热负荷均由地埋管提供，可根据用户空调使用情况对机组的开启进行配置。

11.4.6　地埋管换热器设计与施工

11.4.6.1　钻孔数量的确定

由该地块的地质报告可知，本地块 10m 以下多以基岩为主，钻孔较为不利，且可利用钻孔深度有限，故埋管按照 80m 埋深设计，采用并联双 U 形埋管。根据地下热响应测试可得，夏季单位井深散热量可取为 75W/m、冬季单位井深取热量可取为 55W/m，则可得一期与二期所需钻孔参数如表 11-18 所示。

表 11-18　阳光美第钻孔设计参数

项目		一期	二期
钻孔数量/口		492	650
夏季	最大释热量/kW	2952	3900
	可提供空调冷负荷/kW	2460	3250
冬季	最大取热量/kW	1968	2600
	可提供空调热负荷/kW	2670	3530

地埋管换热器循环工质为自来水，循环温度夏季为 35℃/30℃，冬季为 5℃/10℃。

11.4.6.2　地埋管系统的施工

① 在埋管布置上，以地下车库面积为主，主要埋设于地下车库 1.5m 以下的地下，其中一期总钻孔数 492 个，二期总钻孔数 650 个。钻孔的排列采用二级分集水器的方式分级阵列，且在每级分集水处设置检查井及关闭阀，以便于检修及调节，具体见图 11-29、图 11-30。

② 地埋管换热器采用并联双 U 形垂直埋管，钻孔深度为 80m，深度根据现场实际情况可适当调整。

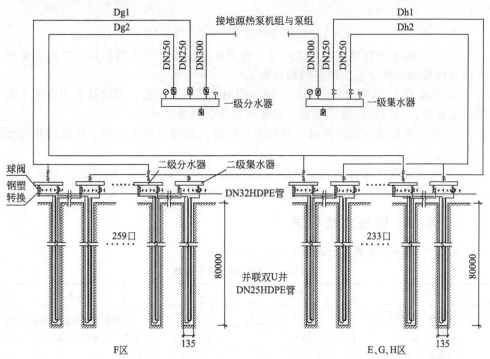

图 11-29　一期地埋管换热系统流程图

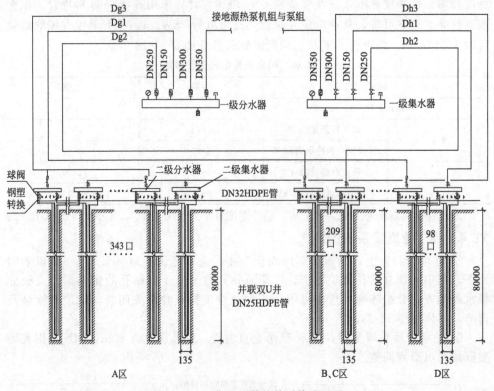

图 11-30　二期地埋管换热系统流程图

③ 所有地下埋管换热器环路的水平管平均分配到分集水器，集、分水器母管上加检修蝶阀；整个系统环路同程设置。

④ 垂直双 U 形管安装完毕后，应立即用回填材料封孔，回填材料为膨润土和泥浆混合浆，采用高压泥浆泵底部压浆回灌保证回填密实性。

⑤ 水平地埋管连接管回填土应细小、松散、均匀且不含石块，回填过程应压实、均匀。

⑥ 地埋管换热器安装前、中、后都应进行水压试验，U 形管地面试验压力 1.4MPa，系统试验压力为 0.5MPa，安装前后应对管道进行冲洗。

11.4.7　地表水源热泵

由上可知地表水源设计参数如表 11-19 所示。

表 11-19　地表水源设计参数

项目	一期	二期	备注
所需水源供冷量/kW	1352	1793	实际取水相关数据根据勘测报告另行调整（建议考虑一定富裕量）
所需河水量/(t/h)	≥280	≥370	
取水初步设计/(t/h)	280	370	

由表 11-19 可知，本工程地表水部分分别对应一、二期的 1 台大机组进行设

计，共需水量至少约 650t/h，取、回水口之间距离初步设计为 300～400m（可尽量加大），防止热污染。

为保证系统的使用寿命及机组安全，本项目采用了加设板式换热器间接换热的闭式循环系统，即河水不直接进入主机，经板式换热器换热后直接回灌入沿山河（板式换热器一、二次换热侧进出口水温根据勘测报告确定）。

参考文献

[1] 黄素逸. 能源与节能技术 [M]. 北京：中国电力出版社，2004.

[2] 中国建筑业协会建筑节能专业委员会编著. 建筑节能技术 [M]. 北京：中国计划出版社，1996.

[3] 夏云，夏葵，施燕. 生态与可持续建筑 [M]. 北京：中国建筑工业出版社，2001.

[4] 周浩明，张晓东. 生态建筑——面向未来的建筑 [M]. 南京：东南大学出版社，2001.

[5] 李华东，鲁英男，陈慧，鲁英灿. 高技术生态建筑 [M]. 天津：天津大学出版社，2002.

[6] Bouma J W J. 耿慧彬. 热泵技术的国际发展趋势 [J]. 制冷技术，1998，(3)：19-21.

[7] Kaygusuz K，Ayhan T. Experimental and theoretical investigation of combined solar heat pump system for residential heating [J]. Energy Conversion & Management，1999，40：1377-1396.

[8] Phetteplace G，Sullivan W. Performance of a hybrid GCHP system [J]. ASHRAE Transactions，1998，104 (1)：763-770.

[9] 蒋能照，姚国琪，周启瑾. 空调用热泵技术及应用 [M]. 北京：机械工业出版社，1997.

[10] 张昌. 热泵技术与应用 [M]. 第 2 版. 北京：机械工业出版社，2015.

[11] 陈东，谢继红. 热泵技术及其应用 [M]. 北京：化学工业出版社，2006.

[12] 张旭. 热泵技术 [M]. 北京：化学工业出版社，2007.

[13] 马最良，姚杨，姜益强. 暖通空调热泵技术 [M]. 北京：中国建筑工业出版社，2008.

[14] 杨卫波. 太阳能-地源热泵系统的理论与实验研究 [D]. 南京：东南大学，2007.

[15] 中华人民共和国建设部. GB 50366—2005 地源热泵系统工程技术规范（2009 版）[S]. 北京：中国建筑工业出版社，2009.

[16] ASHRAE. ASHRAE Handbook Applications (SI) [M]. Atlanta：American Society of Heating，Refrigerating and Air-Conditioning Engineering，Inc. 2003.

[17] 徐伟. 地源热泵技术手册 [M]. 北京：中国建筑工业出版社，2011.

[18] 施明恒，李鹤立. 工程热力学 [M]. 南京：东南大学出版社，1995.

[19] Hepbasli A. Exergetic modeling and assessment of solar assisted domestic hot water tank integrated ground source heat pump systems for residences [J]. Energy and Buildings，2007，39 (12)：1211-1217.

[20] Ozgener O，Hepbasli A. A parametrical study on the energetic and exergetic assessment of a solar-assisted vertical ground source heat pump system used for heating a greenhouse [J]. Building and Environment，2007，42 (1)：11-24.

[21] Chiasson A D，Spitler J D，Rees S J，et al. A model for simulating the performance of a pavement heating system as a supplemental heat rejecter with closed loop ground source heat pump systems [J]. Journal of Solar Energy Engineering，2000，122 (4)：183-191.

[22] Chiasson A D，Spitler J D，Rees S J，et al. A model for simulating the performance of a shallow pond as a supplemental heat rejecter with closed loop ground source heat pump systems [J]. ASHRAE Transactions，2000b，106 (2)：107-121.

[23] Ramamoorthy M，Jin H. Chiasson A D，et al. Optimal sizing of hybrid ground-source heat pump systems that use a cooling pond as a supplemental heat rejecter-a system simulation approach [J]. ASHRAE Transactions，2001，107 (1)：26-38.

[24] Liu X B，Spitler J D. Modeling snow melting on heated pavement surface. Part I：model development [J]. Applied Thermal Engineering，2007，27：1115-1124.

[25] 钱程. 不同气候地区土壤源热泵系统的适宜性评价 [D]. 北京：中国建筑科学研究院，2008.

［26］汪训昌. 关于发展地源热泵系统的若干思考 ［J］. 暖通空调，2007，37（3）：38-43.

［27］Ingersoll L R，Plass H J. Theory of the ground pipe heat source for the heat pump ［J］. ASHVE Transactions，1948，47：339-348.

［28］Ingersoll L R. Theory of earth heat exchanger for the heat pump ［J］. ASHVE Transactions，1951，167-188.

［29］Carslaw H S，Jaeger J C. Conduction of heat in solids ［M］. 2nd Edition. London：Oxford University Press，1959.

［30］Ingersoll L R，Zobel O J，Ingersoll A C. Heat conduction with engineering，geological and other applications ［M］. New York：McGraw-Hill，1954.

［31］Bose J E，Parker J D. Ground-coupled heat pump research ［J］. ASHRAE Transactions，1983，89（2）：375 -390.

［32］Bose J E，Parker J D，McQuiston F C. Design/Data manual for closed-loop ground-coupled heat pump systems ［M］. Atlanta：ASHRAE，1985.

［33］Metz P D. GCHP system experimental results ［J］. ASHRAE Transactions，1983，89（2B）：407-415.

［34］Metz P D. A simple computer program to model three dimensional underground heat flow with realistic boundary conditions ［J］. Journal of Solar Engineering，1983，105（1）：42-49.

［35］Mei V C，Fisher S K. Vertical concentric tube ground coupled heat exchangers ［J］. ASHRAE Transactions，1983，89（2B）：391-406.

［36］Mei V C，Emerson C J. New Approach for analysis of ground-coil design for applied heat pump systems ［J］. ASHRAE Transactions，1985，91（2）：1216-1224.

［37］Mei V C，Baxter C V D. Performance of a ground coupled heat pump with multiple dissimilar U-tube coils in series ［J］. ASHRAE Transactions，1986，92（2A）：30-42.

［38］Mei V C. Theoretical heat pump ground coil analysis with variable ground far-field boundary conditions ［J］. AICHE Journal，1986，32（7）：1211-1215.

［39］Eskilson P，Claesson J. Simulation model for thermally interacting heat extraction boreholes ［J］. Numerical Heat Transfer，1988，13（2）：149-165.

［40］Eskilson P. Thermal analysis of heat extraction boreholes ［D］. Sweden：University of Lund，1987.

［41］Deerman J D，Kavanaugh S P. Simulation of vertical U-tube ground-coupled heat pump systems using the cylindrical heat source solution ［J］. ASHRAE Transactions，1991，97（1）：287-294.

［42］Remund C P. Borehole thermal resistance：Laboratory and field studies ［J］. ASHRAE Transactions，1999，105（1）：439-445.

［43］ASHRAE. Commercial/institutional ground-source heat pump engineering manual ［M］. Atlanta：American Societyof Heating Refrigerating and Air-conditioning Engineerings，Inc，1995.

［44］Kavanaugh S P，Rafferty K. Ground-source heat pumps：Design of geothermal systems for commercial and institutional buildings ［M］. Atlanta：ASHRAE，Inc. 1997.

［45］Yavuzturk C，Spitler J D. Field validation of a short time step model for vertical ground-loop heat exchangers ［J］. ASHRAE Transactions，2001，107（1）：617-625.

［46］Spitler J D. Ground source heat pump system research – Past，present and future ［J］. HVAC&R Research，2005，11（2）：165-167.

［47］Cane R L D，Forgas D A. Modeling of ground source heat pump performance ［J］. ASHRAE Transactions，1991，97（1）：909-925.

［48］Gu Y，Denni L O' Neal. Development of an equivalent diameter expression for vertical U-tubes used in ground coupled heat pumps ［J］. ASHRAE Transactions，1998，104（2）：347-355.

[49] Zhang Q. Heat transfer analysis of vertical U-tube heat exchangers in multiple borehole field for ground source heat pump systems [D]. Lexington: University of Kentucky, 1999.

[50] Chiasson A D. Advances in modeling of ground-source heat pump systems [D]. Stillwater: Oklahoma State University, 1999.

[51] 李家伟. 对土壤热泵装置的研究 [D]. 青岛: 青岛建筑工程学院, 1995.

[52] 高祖锟. 用于供暖的土壤-水热泵系统 [J]. 暖通空调. 1995, (4): 9-12.

[53] 张昆峰, 马芳梅, 金六一. 土壤热源与热泵联接运行冬季工况的试验研究 [J]. 华中理工大学学报, 1996, 24 (1): 23-26.

[54] 赵军, 宋德坤, 李新国. 埋地换热器放热工况的现场运行实验研究 [J]. 太阳能学报, 2005, 26 (2): 162-165.

[55] 刘宪英, 王勇, 胡鸣明. 地源热泵地下垂直埋管换热器的试验研究 [J]. 重庆建筑大学学报, 1999, (5): 21-26.

[56] 李元旦, 魏先勋. 水平埋地管换热器夏季瞬态工况的实验与数值模拟 [J]. 湖南大学学报, 1999, 26 (2): 220-222.

[57] 张旭. 土壤源热泵的实验及相关基础理论研究//殷平. 现代空调3——空调热泵设计方法专辑 [M]. 北京: 中国建筑工业出版社, 2001, 75-87.

[58] 周亚ман, 张旭, 陈沛霖. 土壤源热泵机组冬季供热性能的数值模拟与实验研究 [J]. 东华大学学报 (自然科学版), 2002, 28 (1): 5-9.

[59] 方肇洪, 刁乃仁, 曾和义. 地热换热器的传热分析 [J]. 工程热物理学报, 2004, 25 (4): 685-687.

[60] 刁乃仁, 曾和义, 方肇洪. 竖直 U 形管地热换热器的准三维传热模型 [J]. 热能动力工程, 2003, 18 (4): 387-390.

[61] 高青, 乔广, 于鸣. 地温规律及其可恢复特性增强传热研究 [J]. 制冷学报, 2003, (3): 38-41.

[62] 刘冬升. 地源热泵实验台及同轴套管换热器传热模型的研究 [D]. 长春: 吉林大学, 2005.

[63] 王婧. 土壤源热泵系统的相关研究 [D]. 北京: 北京工业大学, 2004.

[64] 侯立泉, 杨宪魁, 王景刚. 土壤源热泵实验装置的数据采集及控制系统 [J]. 河北建筑科技学院学报, 2003, 20 (1): 15-18.

[65] 杨卫波, 董华. 土壤源热泵系统国内外研究状况及其发展前景 [J]. 建筑热能通风空调, 2003, 22 (3): 52-55.

[66] 杨卫波, 董华, 胡军, 等. 浅议混合地源热泵系统 (HGSHPS) [J]. 能源研究与利用, 2003, 89 (5): 32-35.

[67] 杨卫波, 董华, 苏有亮, 等. 土壤源热泵的研究与开发 [J]. 能源技术, 2003, 24 (6): 241-244.

[68] 杨卫波. 太阳能-土壤源热泵系统的理论研究 [D]. 青岛: 青岛建筑工程学院, 2004.

[69] 杨卫波, 董华, 胡军. 太阳能-土壤源热泵系统 (SESHPS) 及其研究开发 [J]. 能源技术, 2003, 24 (4): 160-162, 165.

[70] 杨卫波, 施明恒, 陈振乾. 土壤源热泵夏季运行特性的实验研究 [J]. 太阳能学报. 2007, 28 (9): 1012-1016.

[71] 杨卫波, 施明恒, 陈振乾. 土壤源热泵供冷供热运行特性的实验研究 [J]. 东南大学学报 (自然科学版), 2009, 39 (2): 276-281.

[72] 杨卫波, 施明恒, 陈振乾. 太阳能-U 形埋管土壤蓄热特性数值模拟与实验验证 [J]. 东南大学学报 (自然科学版), 2008, 38 (4): 651-656.

[73] 杨卫波, 倪美琴, 施明恒. 太阳能-地源热泵系统运行特性的试验研究 [J]. 流体机械, 2009, 37 (12): 52-57.

[74] 杨卫波, 王松松, 刘光远, 等. 土壤源热泵地下埋管传热强化与控制的试验研究 [J]. 流体机械,

2012, 40 (10): 62-68.

[75] 杨卫波, 施明恒, 陈振乾. 基于准三维模型的垂直 U 形埋管换热特性影响因素的分析 [J]. 流体机械, 2012, 40 (4): 56-62.

[76] 朱洁莲. 土壤源热泵垂直地埋管换热器传热特性研究 [D]. 扬州: 扬州大学, 2013.

[77] 地源热泵工程技术指南 [M]. 徐伟, 等译. 北京: 中国建筑工业出版社, 2001.

[78] 严健汉, 詹重慈. 环境土壤学 [M]. 武汉: 华中师范大学出版社, 1985.

[79] 雷志栋. 土壤水动力学 [M]. 北京: 清华大学出版社, 1988.

[80] 陈振乾, 施明恒. 大气对流对土壤内热湿迁移影响的实验研究 [J]. 太阳能学报, 1999, 20 (20): 87-92.

[81] 王果. 土壤学 [M]. 北京: 高等教育出版社, 2009.

[82] 耿增超, 戴伟. 土壤学 [M]. 北京: 科学出版社, 2011.

[83] 黄昌勇, 徐建明. 土壤学 [M]. 北京: 中国农业出版社, 2012.

[84] 高青, 于鸣. 效率高、环保效能好的供热制冷装置——地源热泵的开发与应用 [J]. 吉林工业大学自然科学学报. 2001, (2): 96-102.

[85] 李芃. 垂直埋管式土壤源热泵的研究 [D]. 青岛: 青岛建筑工程学院, 1999.

[86] 张开黎. 垂直埋管土壤源热泵 (U-TUBE) 的供热供冷研究 [D]. 青岛: 青岛建筑工程学院, 2000.

[87] 高祖锟. 土壤热源制冷机组——热泵 [J]. 太阳能, 1999 (4): 18-20.

[88] 电子工业部第十设计研究院. 空气调节设计手册 [M]. 第 2 版. 北京: 中国建筑工业出版社, 1997.

[89] Bose J E. Soil and Rock Classification for Design of Ground-Coupled Heat Pump Systems-Field Manual [M]. Electric Power Research Institute Special Report, EPRI CU-6600, 1989.

[90] Austin W A. Development of an in-situ system for measuring ground thermal properties [D]. Stillwater: Oklahoma State University, 1998.

[91] Sass J H. Thermal conductivity of rocks from measurements on fragments and its applications to determination of heat flow [J]. Journal of Geophysical Research, 1971, 76 (14): 3391-3401.

[92] Choudhary A. A approach to determine the thermal conductivity and diffusivity of a rock in situ [D]. Stillwater: Oklahoma State University, 1976.

[93] 侯方卓. 用探针法测量材料的热导率 [J]. 石油大学学报 (自然科学版), 1994, 18 (5): 94-98.

[94] 谢华清, 王锦昌, 程曙霞. 热针法测量材料热导率的研究 [J]. 应用科学学报, 2002, 20 (1): 6-9.

[95] Austin W A, Yavuzturk C, Spitler J D. Development of an in-situ system for measuring ground thermal properties [J]. ASHRAE Transactions, 1998, 106 (1): 365-379.

[96] Witte H J L, GelDer G J, Spitler J D. In-situ measurement of ground thermal conductivity: The Dutch perspective [J]. ASHRAE Transactions, 2002, 108 (1): 263-272.

[97] Shonder J A, Beck J V. Determining effective soil formation thermal properties from field data using a parameter estimation technique [J]. ASHRAE Transactions, 1999, 105 (1): 458-466.

[98] Jain N K. Parameter estimation of ground thermal properties [D]. Stillwater: Oklahoma State University, 1999.

[99] Eklof C, Gehlin S. TED—a mobile equipment for thermal response test [D]. SweDen: Lulea University of Technology, 1996.

[100] Gehlin S. Thermal response test—Method development and evaluation [D]. Lulea: Lulea University of Technology, 2002.

[101] Gehlin S, Hellstrom G. Comparison of four models for thermal response test evaluation [J]. ASHRAE Transactions, 2003, 109: 1-12.

[102] Yuill G K, Mikler V. Analysis of the effect of induced groundwater flow on heat transfer from a vertical

open-hole concentric-tube thermal well [J]. ASHRAE Transactions. 1995, 101 (1): 173-185.

[103] Gu Y, Denni L O' Neal. Modeling the effect of backfills on U-tube ground coil performance [J]. ASHRAE Transactions, 1998, 104 (2): 356-365.

[104] Chiasson A D, Rees S J, Spitler J D. A preliminary assessment of the effects of ground-water flow on closed-loop ground-source heat pump systems [J]. ASHRAE Transactions, 2000, 106 (1): 380-393.

[105] Beier R A, Smith M D. Minimum duration of in-situ tests on vertical boreholes [J]. ASHRAE Transactions, 2003, 109 (2): 475-486.

[106] Beier R A, Smith M D. Analyzing interrupted in-situ tests on vertical boreholes [J]. ASHRAE Transactions, 2005, 111: 702-713.

[107] Kavanugh S P. Field tests for ground thermal properties - methods and impacts on ground-source heat pump design [J]. ASHRAE Transactions, 2000, 106: 851-855.

[108] Spitler J D, Rees S J, Yavuzturk C. More comments on in-situ borehole conductivity testing [J]. The Source, 1999, 12 (2): 4-6.

[109] 张磊, 刘玉旺, 王京. 两种地埋管换热器热响应实验方法的比较 [J]. 制冷与空调, 2011, 25 (3): 277-280.

[110] Marcotte D, Pasquier P. On the estimation of thermal resistance in borehole thermal conductivity test [J]. Renewable Energy, 2008, 33: 2407-2415.

[111] 王书中, 由世俊, 张光平. 热响应测试在土壤热交换器设计中的应用 [J]. 太阳能学报, 2007, 28 (4): 405-410.

[112] 胡平放, 雷飞, 孙启明, 等. 岩土热物性测试影响因素的研究 [J]. 暖通空调, 2009, 39 (3): 123-127.

[113] 于明志, 方肇洪. 现场测试地下岩土平均热物性参数方法 [J]. 热能动力工程, 2002, 17 (5): 489-492.

[114] 于明志, 彭晓峰, 方肇洪, 等. 基于线热源模型的地下岩土热物性测试方法 [J]. 太阳能学报, 2006, 27 (3): 279-283.

[115] 赵军, 段征强, 宋著坤, 等. 基于圆柱热源模型的现场测量地下岩土热物性方法 [J]. 太阳能学报, 2006, 27 (9): 934-936.

[116] Nairen Diao, Qinyun Li, Zhaohong Fang. Heat transfer in ground heat exchangers with groundwater advection [J]. International Journal of Thermal Science, 2004, 43: 1203-1211.

[117] 杨卫波, 施明恒, 陈振乾. 基于解析法的地下岩土热物性现场测试方法的探讨 [J]. 建筑科学, 2009, 25 (8): 60-64.

[118] 杨卫波, 朱洁莲, 谢治祥. 地源热泵地下岩土热物性现场热响应测试方法研究 [J]. 流体机械, 2011, 39 (9): 57-61, 49.

[119] Weibo Yang, Zhenqian Chen, Mingheng Shi, et al. An in situ thermal response test for borehole heat exchangers of the ground-coupled heat pump [J]. International Journal of Sustainable Energy, 2013, 32 (5): 489-503.

[120] Weibo Yang, Xuan Wu. In-situ thermal response test of the ground thermal properties for a ground source heat pump project located in the Inner Mongolia district// Proceedings of the International Conference on Mechanic Automation and Control Engineering [C]. Hohhot, 2011.

[121] 杨卫波. 一种地下岩土分层热物性现场热响应测试方法 [P]. 中国, ZL2012102078694, 2014.

[122] 杨卫波. 多功能地源热泵地下岩土冷热响应测试装置 [P]. 中国, ZL201220140459.8, 2012.

[123] Kusuda T, Achenbach P R. Earth temperature and thermal diffusivity at selected stations in the United

States [J]. ASHRAE Transactions, 1965, 71 (1): 61-75.

[124] Kavanaugh S P. Simulation and experimental verification of vertical ground-coupled heat pump systems [D]. Stillwater: Oklahoma State University, 1986.

[125] Hellstrom G. Ground heat storage [D]. Sweden: University of Lund, 1991.

[126] Lei T-K. Development of a computational model for a ground-coupled heat exchanger [J]. ASHRAE Transactions, 1993, 99 (1): 149-159.

[127] Muraya N K D L, Heffington W M. Thermal interference of adjacent legs in vertical U-tube heat exchanger for a ground-coupled heat pump [J]. ASHRAE Transactions, 1996, 102 (2): 12-21.

[128] Rottmayer S P, Beckman W A, Mitchell J W. Simulation of a single vertical U-tube ground heat exchanger in an infinite medium [J]. ASHRAE Transactions, 1997, 103 (2): 651-659.

[129] Yavuzturk C, Spitler J D, Rees S J. A transient two-dimensional finite volume model for the simulation of vertical U-tube ground heat exchangers [J]. ASHRAE Transactions, 1999, 105 (2): 465-474.

[130] Yavuzturk C, Spitler J D, Rees S J. A short time step response factor model for vertical ground loop heat exchangers [J]. ASHRAE Transactions, 1999, 105 (2): 475-485.

[131] Bernier M. Ground-coupled heat pump system simulation [J]. ASHRAE Transactions, 2001, 107 (1): 605- 616.

[132] 张寅平, 胡汉平, 孔祥冬, 等. 相变贮能 [M]. 合肥: 中国科学技术大学出版社, 1996.

[133] Bonacina C, Comini G, Fasano A, etal. Numerical solution of phase-change problems [J]. International Journal of Heat and Mass Transfer, 1973, 16: 1825-1832.

[134] Rabin Y, Korin E. An efficient numerical solution for the multidimensional solidification (or melting) problem [J]. International Journal of Heat and Mass Transfer, 1993, 36 (3): 673-683.

[135] 孔祥言. 高等渗流力学 [M]. 合肥: 中国科技大学出版社, 1999.

[136] 林瑞泰. 多孔介质传热传质引论 [M]. 北京: 科学出版社, 1995.

[137] 杨卫波, 施明恒. 基于垂直 U 形埋管换热器的圆柱源理论及其应用研究 [J]. 制冷学报, 2006, 27 (5): 51-57.

[138] 杨卫波, 陈振乾, 施明恒. 垂直 U 形埋管换热器准三维热渗耦合模型及其实验验证 [J]. 太阳能学报, 2011, 32 (3): 383-389.

[139] 杨卫波, 施明恒. 地源热泵中 U 形埋管传热过程的数值模拟 [J]. 东南大学学报 (自然科学版), 2007, 37 (1): 78-83.

[140] 杨卫波, 施明恒. 二区域 U 形埋管传热模型及其实验验证 [J]. 工程热物理学报, 2008, 2 (5): 857-860.

[141] 杨卫波, 施明恒. 基于线热源理论的垂直 U 形埋管换热器传热模型的研究 [J]. 太阳能学报, 2007, 28 (5): 482-488.

[142] 杨卫波, 孙露露, 吴晅. 相变材料回填地埋管换热器蓄能传热特性 [J]. 农业工程学报, 2014, 30 (24): 193-199.

[143] 杨卫波, 施明恒, 陈振乾. 非连续运行工况下垂直地埋管换热器的换热特性 [J]. 东南大学学报 (自然科学版), 2013, 43 (2): 328-333.

[144] 杨卫波, 施明恒. 基于元体能量平衡法的垂直 U 形埋管换热特性的研究 [J]. 热能动力工程, 2007, 26 (1): 96-100.

[145] 杨卫波, 施明恒. 基于显热容法的地源热泵地下埋管周围土壤冻结特性研究 [J]. 暖通空调, 2008, 38 (4): 6-10.

[146] Weibo Yang, Zhenqian Chen, Guangyuan Liu, et al. A two-region simulation model of vertical U-tube ground heat exchanger and its experimental verification [J]. Applied Energy, 2009, 86: 2005-2012.

[147] Weibo Yang, Susu Zhang, Yongping Chen. A dynamic simulation method of ground coupled heat pump system based on borehole heat exchange efficiency [J]. Energy and Buildings, 2014, 77: 17-27.

[148] Weibo Yang, Xingfu Liang, Mingheng Shi, et al. A numerical model for the simulation of a vertical U-bend ground heat exchanger used in a ground-coupled heat pump [J]. International Journal of Green Energy, 2014, 11: 761-785.

[149] Piechowski M. Heat and mass transfer model of a ground heat exchanger: theoretical development [J]. International Journal of Energy Research, 1999, 23: 571-588.

[150] 王松松. 地源热泵地下传热强化与控制模式的研究 [D]. 扬州: 扬州大学, 2011.

[151] 朱洁莲, 杨卫波, 稽素雯. 土壤源热泵地埋管传热强化研究现状及其发展前景 [J]. 制冷与空调 (四川), 2013, 27 (5): 488-493.

[152] 中华人民共和国建设部. GB 50019—2003 采暖通风与空气调节设计规范 [S]. 北京: 中国建筑工业出版社, 2009.

[153] 马最良, 姚杨. 民用建筑空调设计 [M]. 第 2 版. 北京: 化学工业出版社, 2009.

[154] 赵荣义, 范存养, 薛殿华, 等. 空气调节 [M]. 第 4 版. 北京: 中国建筑工业出版社, 2009.

[155] 陆亚俊, 马最良, 邹平华. 暖通空调 [M]. 第 2 版. 北京: 中国建筑工业出版社, 2007.

[156] 陆耀庆. 实用供热空调设计手册 [M]. 北京: 中国建筑工业出版社, 2008.

[157] 马最良, 吕悦. 地源热泵系统设计与应用 [M]. 第 2 版. 北京: 机械工业出版社, 2014.

[158] 赵军, 戴传山. 地源热泵技术与建筑节能应用 [M]. 北京: 中国建筑工业出版社, 2007.

[159] 刁乃仁, 方肇洪. 地埋管地源热泵技术 [M]. 北京: 高等教育出版社, 2006.

[160] 张国东. 地源热泵应用技术 [M]. 北京: 化学工业出版社, 2014.

[161] 杨卫波, 陈振乾. 某节能示范项目土壤源热泵方案设计及其经济性分析 [J]. 流体机械, 2010, 38 (2): 73-78.

[162] 匡耀求, 黄宁生, 朱照宇, 等. 试论大地热流对地表环境与生态演变的影响 [J]. 中国地质, 2002, 29 (1): 86-95.

[163] 匡耀求, 黄宁生, 朱照宇, 等. 大地热流——影响西部环境与生态演变的重要自然因素 [J]. 矿物岩石地球化学通报, 2002, 21 (1): 30-34.

[164] 匡耀求, 黄宁生, 吴志峰, 等. 大地热流对中国西部环境与生态演变的影响及其研究意义 [J]. 地球科学进展, 2003, 18 (1): 22-29.

[165] 盛连喜. 环境生态学导论 [M]. 第 2 版. 北京: 高等教育出版社, 2009.

[166] 马宏权, 龙惟定. 地埋管地源热泵系统的热平衡 [J]. 暖通空调, 2009, 39 (1): 102-106.

[167] 杨卫波. 土壤源热泵地下埋管传热特性及其控制中关键问题的研究 [R]. 南京: 东南大学博士后研究工作报告, 2011.

[168] 杨卫波, 张苏苏. 冷热负荷非平衡地区土壤源热泵土壤热失衡问题研究现状及其关键问题 [J]. 流体机械, 2014, 42 (1): 80-87.

[169] 张苏苏. 冷热负荷非平衡地区土壤源热泵土壤热失衡问题的研究 [D]. 扬州: 扬州大学, 2014.

[170] 王勇. 动态负荷下地源热泵性能研究 [D]. 重庆: 重庆大学, 2006.

[171] 赵军, 陈雁, 李新国. 基于跨季节地下蓄热系统的模拟对热储利用模式的优化 [J]. 华北电力大学学报, 2007, 34 (2): 74-77.

[172] Weibo Yang, Jielian Zhu, Zhenqian Chen. Investigation on the influences of underground thermal imbalance ratio on soil temperature variation of ground coupled heat pump//Xu Zhang, Zhenrong Li, Naiping Gao, et al. Proceedings of the 7th International Symposium on Heating, Ventilating and Air Conditioning [C]. Shanghai: Tongji University, 2011.

[173] Yavuzturk C, Spitler J D. Comparative study of operating and control strategies for hybrid ground

source heat pump systems using a short time step simulation model [J]. ASHRAE Transactions, 2000, 106 (2): 192-209.

[174] Kavanaugh S P. A design method for hybrid ground-source heat pumps [J]. ASHRAE Transactions 1998, 104 (2): 691-698.

[175] Weibo Yang, Yongping Chen, Mingheng Shi, et al. Numerical investigation on the underground thermal imbalance of ground-coupled heat pump operated in cooling-dominated district [J]. Applied Thermal Engineering, 2013, 58: 626-637.

[176] Weibo Yang, Lei Kong, Yongping Chen. Numerical evaluation on the effects of soil freezing on underground temperature variations of soil around ground heat exchangers [J]. Applied Thermal Engineering, 2015, 75: 259-269.

[177] 杨卫波, 陈振乾, 施明恒. 跨季节蓄能型地源热泵地下蓄能与释能特性 [J]. 东南大学学报（自然科学版）, 2010, 40 (5): 979-984.

[178] 杨卫波, 陈振乾, 刘光远. 土壤源热泵系统地下热平衡问题分析// 2009 年中国制冷学会学术会议论文集 [C]. 天津, 2009.

[179] 杨卫波, 施明恒. 混合地源热泵系统（HGSHPS）的研究 [J]. 建筑热能通风空调, 2006, 25 (3): 20-26.

[180] Weibo Yang, Mingheng Shi, Hua Dong. Numerical simulation of the performance of a solar-earth source heat pump system [J]. Applied Thermal Engineering, 2006, 26 (18): 2367-2376.

[181] Weibo Yang, Zhenqian Chen, Mingheng Shi. The alternate operation characteristics of a solar-ground source heat pump system [J]. Journal of Southeast University (English Edition), 2010, 26 (2): 327-332.

[182] WeiboYang, Lulu Sun, Yongping Chen. Experimental investigation of the performance of a solar-ground source heat pump system operated in heating modes [J]. Energy and Buildings, 2015, 89: 97-111.

[183] 杨卫波, 施明恒. 太阳能-土壤源热泵系统联合供暖运行模式的探讨 [J]. 暖通空调, 2005, 35 (8): 25-31.

[184] 杨卫波, 施明恒. 太阳能-土壤源热泵系统（SESHPS）交替运行性能的数值模拟 [J]. 热科学与技术, 2005, 4 (3): 228-233.

[185] 杨卫波, 董华, 周恩泽, 等. 太阳能-土壤源热泵系统（SESHPS）联合运行模式的研究 [J]. 流体机械, 2004, 32 (2): 41-45, 49.

[186] 杨卫波, 施明恒. 基于遗传算法的太阳能-地热复合源热泵系统的优化 [J]. 暖通空调, 2007, 37 (2): 12-17.

[187] 杨卫波, 刘光远, 谢治祥, 吴晅. 一种寒区用太阳能-土壤源热泵复合能源系统 [P]. 中国, ZL201120359242.1, 2012.

[188] 中华人民共和国建设部. CJJ101—2004 埋地聚乙烯给水管道工程技术规程 [S]. 北京: 中国建筑工业出版社, 2004.

[189] 中国工程建设协会标准. CECS 344: 2013 地源热泵系统地埋管换热器施工技术规程 [S]. 北京: 中国计划出版社, 2013.

[190] 江苏省工程建设标准. DGJ32/TJ—2013 地源热泵系统工程勘察规程 [S]. 南京: 江苏科学技术出版社, 2014.

[191] 王松松, 刘光远, 杨卫波. 地源热泵钻孔回填材料的特点及其研究进展 [J]. 能源技术, 2010, 31 (6): 343-346, 350.

[192] 徐伟. 可再生能源建筑应用技术指南 [M]. 北京: 中国建筑工业出版社, 2008.

[193] 中华人民共和国建设部.GB 50019—2003 采暖通风与空气调节设计规范 [S]. 北京：中国建筑工业出版社，2009.

[194] 江苏省工程建设标准.DGJ 32/TJ 130—2011 地源热泵系统检测技术规程 [S]. 南京：江苏科学技术出版社，2012.

[195] 江苏省工程建设标准.DGJ 32/TJ 171—2014 地源热泵系统建筑应用能效测评技术规程 [S]. 南京：江苏凤凰科学技术出版社，2015.

[196] 中华人民共和国国家质量监督检验检疫总局.GB/T 19409—2013 水（地）源热泵机组 [S]. 北京：中国标准出版社，2013.

[197] 中华人民共和国建设部.GB/T 50801—2013 可再生能源建筑应用工程评价标准 [S]. 北京：中国建筑工业出版社，2012.

[198] 江苏省工程建设标准.DGJ 32/TJ 141—2012 地源热泵系统运行管理规程 [S]. 南京：江苏科学技术出版社，2013.

[199] 孙晓光.地源热泵工程技术与管理 [M]. 北京：中国建筑工业出版社，2009.

[200] 张义林，周恩泽，崔红社，等.宁波市某宾馆混合式地源热泵系统设计 [J]. 暖通空调，2007，37（12）：91-96.

[201] 梁幸福.太阳能-土壤源热泵双热源耦合特性及地下蓄能传热强化研究 [D]. 扬州：扬州大学，2014.

[202] 袁东立.地源热泵设计图集 [M]. 北京：中国建筑工业出版社，2010.